粮经作物节水轻简高效技术研究与应用

王俊英　周继华　主编

中国农业科学技术出版社

图书在版编目（CIP）数据

粮经作物节水轻简高效技术研究与应用 / 王俊英，周继华主编 . —北京：中国农业科学技术出版社，2016. 5
ISBN 978 - 7 - 5116 - 2484 - 0

Ⅰ. ①粮… Ⅱ. ①王…②周… Ⅲ. ①粮食作物—节水栽培②经济作物—节水栽培 Ⅳ. ①S504. 8

中国版本图书馆 CIP 数据核字（2016）第 006044 号

责任编辑 鱼汲胜 褚 怡
责任校对 贾海霞

出 版 者 中国农业科学技术出版社
北京市中关村南大街 12 号 邮编：100081
电　　话 (010)82106650(编辑室) (010)82106624(发行部)
(010)82109709(读者服务部)
传　　真 (010)82106650
网　　址 http://www.castp.cn
经 销 者 各地新华书店
印 刷 者 北京富泰印刷有限责任公司
开　　本 787mm × 1 092mm 1/16
印　　张 15
字　　数 400 千字
版　　次 2016 年 5 月第 1 版 2016 年 5 月第 1 次印刷
定　　价 89. 00 元

《粮经作物节水轻简高效技术研究与应用》

编委会

主　编　王俊英　周继华

副主编　周吉红　李仁崑　裴志超　梅　丽　毛思帅

编　委（按姓氏笔画排列）

于　琪　于　雷　王一罡　王元东　王立征
王兴征　王品舒　王俊伟　尤明山　卢瑞雪
冯万红　朱青艳　朱清兰　刘亚佳　刘国明
刘建玲　刘瑞涵　闫加启　杨建国　杨殿伶
李小龙　李明博　李新杰　何绍贞　佟国香
张华生　张志国　张泽山　张　莉　张　婷
张　猛　张　新　陈海啸　罗　军　岳　瑾
宗海杰　郎书文　孟范玉　赵娇娜　赵　鑫
贾占海　徐向东　徐　践　高　娇　黄会伶
曹　伟　曹海军　谌志伟　董　杰　蒋　彬
解春源　满　杰　魏　娜

前　言

根据北京市农业局、北京市财政局下发的《现代农业产业技术体系北京市创新团队建设实施方案（试行）》通知要求，粮经作物产业技术体系北京市创新团队于2013年10月正式组建。团队由技术研发中心、综合试验站和田间学校工作站3部分组成。技术研发中心的依托单位为北京市农业技术推广站，首席专家为王俊英；组建了育种、栽培、农机与信息和产业经济4个功能研究室，聘请岗位专家12人，分别来自中国农业大学、北京市农林科学院、北京农学院、北京市农业局各系统，涉及育种、栽培、农机、植保、信息和产业经济6个领域。在顺义、通州、房山、密云和延庆建立5个综合试验站，聘请试验站站长5人；在顺义、通州、房山、密云、大兴和延庆组建10所农民田间学校，聘请田间学校工作站站长10人。

围绕调结构、转方式、发展高效节水农业，团队在小麦、玉米、甘薯三大粮经作物的新品种选育筛选、轻简栽培、新型农机具遴选、水肥一体化、绿色防控、产业经营服务方式等方面取得了丰硕的成果，初步构建了以灌溉施肥和节水群体为核心的小麦节水轻简高效技术体系、以全程机械化为核心的玉米轻简旱作高效技术体系和以脱毒快繁技术为核心的甘薯优质抗逆高效技术体系。

为系统总结团队两年多来的研究成果，进一步促进新品种、新技术、新产品、新装备的推广应用，我们将近年来的相关研究论文汇编成集。本论文集分为5个专题，分别为：生产现状与产业经济分析、新品种选育筛选与应用、轻简栽培与优质高效技术、节水节肥与绿色防控技术、农机农艺融合与信息化技术，共计36篇论文。

限于作者水平，本文集难免存在不足、不妥之处，热忱欢迎广大读者批评指正。

编　者

2015年11月

目　　录

专题一　生产现状与产业经济分析

专题二　新品种选育筛选与应用

专题三　轻简栽培与优质高效技术

专题四　节水节肥与绿色防控技术

专题五　农机农艺融合与信息化技术

总 述 篇

粮经作物创新团队自 2013 年成立以来，以北京市粮经产业发展的重大科技需求为导向，以提高粮经产业竞争力为核心，以激发科技人员的创新活力为重点，开展科技创新、成果示范和科技服务工作。

团队成员紧紧围绕都市型现代农业发展的要求，贯彻落实“调转节”精神，以小麦节水轻简高效、玉米轻简旱作高效、甘薯优质抗逆高效为产业研发重点，通过新品种选育与应用、高产合理群体构建、科学高效灌水施肥、机械化水平提升、病虫草害绿色防控、粮食作物规模经营、信息管理水平升级等方面，打造“高产、高效、生态、安全、优质”的粮经作物产业技术体系。

近 3 年来，粮经作物创新团队通过落实 4 个统筹和 4 个对接，创新工作思路，凝聚工作合力，全面完成了各项任务，取得了较好的成效。4 个统筹，即目标统筹、岗位统筹、任务统筹和资金统筹；4 个对接，即团队与国家产业技术体系对接、团队之间对接、岗位专家之间、岗位专家与试验站之间对接。

1 产业研发取得丰硕成果

粮经作物创新团队各岗位专家不断探索，深入研究，培育新品种，研发新技术，选择新产品，取得了丰硕的成果。

1.1 新品种选育与筛选

小麦 培育并通过审定了 2 个高产、稳产、节水新品种。其中，农大 5181 通过国家审定，农大 4123 通过北京市审定。此外，还引进了紫粒小麦品种农大 3753，筛选出农大 5181、京麦 7 等节水抗旱小麦品种。

玉米 培育并审定了 6 个玉米新品种。其中，春玉米 MC4592 和 MC703 通过北京市审定，夏玉米 NK971 通过国家审定，夏玉米京农科 728 和 MC812 通过北京市审定，青贮玉米京科青贮 932 通过北京市审定。筛选出农华 101、MC703、登海 618 等适宜全程机械化的玉米新品种。

甘薯 鉴定了 1 个甘薯新品种黄玫瑰，该品种为高产、富含胡萝卜素、鲜食型品种。此外，还筛选出了优质鲜食甘薯品种商薯 19 和广薯 87。

1.2 栽培技术

小麦 开展了高产群体构建和轻简栽培系列技术研究，明确了适宜的整地方式、适宜的种子分级标准和 2 个主栽品种的最大穗容量，明确了缓释尿素一次性底施、限量灌溉下适宜的灌水制度、喷灌施肥优化技术等，初步集成了单产 500kg 的节水轻简高效技术体系。

玉米　开展了轻简旱作技术研究，研究了农华101、MC703、登海618等品种的单粒播种特性和抗旱性差异，完善了春玉米秸秆覆盖免耕播种技术，评价了缓释肥一次性底施的应用效果和适宜类型，明确了玉米籽粒直收的关键技术参数，首次在北京成功实现玉米籽粒直收，初步形成了玉米轻简旱作高效栽培技术体系。

甘薯　开展了优质轻简技术研究，明确了环保育苗方式、薯苗质量与移栽方式、缓释肥料和生长调节剂等的应用效果；利用脱毒技术生产甘薯组培苗及原种，建立脱毒甘薯快繁技术体系；初步形成了甘薯优质轻简高产栽培技术体系。

1.3　新型农机具

近3年来，农机岗位不断引进新机型开展对比实验，遴选了先进的播种机5种、甘薯起垄机2种、追肥机1种、玉米籽粒收获机1种、田间农药喷雾机2种、小麦测产收割机1种。

1.4　水肥一体化技术

按照作物生长发育规律，将水分和养分定时定量提供给作物，实现节水灌溉、精准施肥是节水节肥技术的研究重点。团队成立以来，对不同节水灌溉方式、不同灌溉量和灌溉时期、不同施肥量等进行了大量试验研究，初步实现了节水高效。

节水灌溉方面：初步筛选出了4种节水灌溉方式和相应的水氮组合，筛选出微喷带适宜的间距和长度。指针式喷灌、微喷、滴灌和半固定式喷灌的水分生产效率可达到2.66kg/m^3、2.50kg/m^3、2.26kg/m^3和2.17kg/m^3，比常规灌溉方式节水20%～30%。甘薯倒挂微喷育苗技术和机械化起垄覆膜滴灌施肥技术也显著提高了水分生产效率。

为示范点安装肥液桶及注肥泵，实施喷灌水肥一体化，并明确了水肥比例组合，较普通灌溉可节水20%、节约氮肥33%、增产39%。

1.5　绿色防控技术

近3年来，植保方面引进新技术、新药剂，提高对病虫害的防治效果，确保作物安全、健康生长。

小麦　筛选出高巧、酷拉斯2种新型拌种药剂；筛选出自走式喷杆喷雾机；中后期推广“一喷三防”技术，实现一次施药防治小麦蚜虫、吸浆虫、白粉病和干热风，防止小麦后期早衰，减少了防治次数和农药用量。

玉米　筛选出适宜的封闭除草剂、茎叶除草剂3种；筛选出高架风送液力式喷杆喷雾机；针对玉米钻蛀性虫害，采取以赤眼蜂防治为主的生物防治技术和以太阳能杀虫灯诱杀为主的物理防治技术。

甘薯　筛选出10%噻唑磷颗粒剂、35%辛硫磷微胶囊剂2种防治甘薯茎线虫病的高效低毒药剂，开展了甘薯病毒病病原分离鉴定、不同抗病毒药剂防治甘薯病毒病、土壤处理防治甘薯根腐病等技术研究。

1.6　产业调研

摸清粮经产业现状并探索产业发展趋势、产业贡献和高效管理途径是经济岗位的研究重点。近3年来，经济岗位针对主产区县的小麦、玉米、甘薯产业进行经济专题的实地调研，完成了关于粮经作物产业发展、成本收益结构、要素产出效率、生态经济和节水经济5方面的调研报告，并重点对典型合作社的各级管理者、种粮示范户及农机服务大户等进行经济及管理培训。

1.7 系统建设

以信息化手段实现粮食作物精准化管理是信息化岗位工作的目标。近3年来，信息化岗位不断研究小麦测产系统的应用以及小麦精准灌溉系统，选择了适合北京市粮食耕作的测产系统并配合约翰迪尔收割机联合使用，实现实时处理产量数据、生成谷物流量图和产量分布图等功能，初步完成了小麦精准化测产。

小麦精准灌溉系统是农业信息化技术与小麦节水灌溉相融合的体现，通过这个窗口，可以充分了解小麦的需水状况，实施定时、定量、定式灌溉。

1.8 论文著作

团队各岗位专家将潜心研究的成果不断凝练，完成了多项著作成果。获得《日光温室电热育苗》专利成果11项；出版《小麦高产指标化技术》等著作4部；发表科技论文48篇（其中4篇SCI）；获得“北京市农业技术推广一等奖”奖项8个。

2 示范推广

粮经作物创新团队充分依托综合试验站和田间学校，进行新品种、新技术、新产品的示范推广。通过“技术示范树典型，以点带面促推广”的方式，推动“新品种、新技术、新模式、新装备”在粮经作物产业上的应用，使团队的创新成果服务于民，将成果普写在京郊大地上。

团队不断拓宽新技术的应用范围，积极打造综合示范基地。累计建立小麦、玉米、甘薯3大作物综合示范点31个，总面积659.3hm^2，集成示范团队14个品种、15项节水轻简高效技术。依托10所农民田间学校，累计招收学员381人，组织农民活动日168次，培训农民学员6 173人次，示范新品种1 666.7hm^2、各类新技术1 133.3hm^2，辐射推广新品种9 733.3hm^2、新技术3 466.7hm^2。3种作物平均每667m^{2}增产5.7%以上，每667m^{2}增收6.2%以上。

小麦主推农大211、农大212、轮选987、中麦175、农大5181等5个高产节水品种及精细播种、镇压保苗、节水灌溉、缓释肥深施、一喷三防5项关键技术；玉米主推农华101、京科968、郑单958，夏玉米京农科728、京单28、京单68 6个品种及合理增密、深松蓄水、等雨精量播种、缓释肥一次底施、综合防控5项关键技术；甘薯主推遗字138、商薯19号、龙薯9号3个优质鲜食高产品种及地膜覆盖、密植保苗、控氮补钾3项关键技术。

3 交流观摩

“千里之行始于足下”，一个团队的成长壮大需要不断向前的学习力和创新力，通过交流合作促进研究，在技术观摩中加快成果推广。

为了更快地应用国内最新的研究成果，团队积极与国家小麦、玉米和甘薯产业体系进行交流对接，促进国家团队先进成果在北京生根发芽。为了促进京津冀协同发展，团队积极与河北省兄弟团队进行交流，取长补短，促进团队成果扩大应用。为加强团队内的交流合作，各岗位专家累计到综合试验站及农户田间指导120次，指导技术骨干和农户 4 550人次，使研发成果更具协同性和可操作性。

团队组织综合类大型观摩 6 次，各岗位专家组织专业类观摩 12 次。团队的影响力不断扩大，迄今为止，团队成员和成果在中央 7 套、北京电视台等宣传 12 次，在中央人民广播电台等宣传 7 次，在农民日报、京郊日报等报纸宣传 84 次，在中国农业信息网等网站宣传 414 次。

4 结语

打造团队、力求完美。每一件产品都是一座创造的丰碑，每一次推广都是一个发展的阶梯！成绩，只代表过去的努力。我们相信，在团队成员的精诚努力下，我们必将实现新的跨越。

专题一

生产现状与产业经济分析

北京市三大粮经作物产业现状及需求分析

王俊英　周继华
（北京市农业技术推广站，北京　100029）

摘　要：2013 年，北京市粮经作物创新团队在小麦、玉米、甘薯 3 大作物上开展了产业发展需求调研，目的是为了全面了解北京市小麦、玉米、甘薯 3 种作物产业发展现状，摸清产业发展的主要问题和生产技术需求，明确产业发展方向及重点。本文从产业布局与规模、产量与效益、需求与自给率、从业人员与规模经营 4 个方面总结了产业发展概况；从宏观背景、产业技术现状入手进行了产业问题与需求分析；最后对产业进行了定位，规划了产业发展方向与重点。

关键词：小麦；玉米；甘薯；现状；需求

为全面了解北京市小麦、玉米、甘薯 3 种作物产业发展现状，摸清产业发展的主要问题和生产技术需求，明确产业发展方向及重点，2013 年，北京市粮经作物创新团队围绕小麦、玉米、甘薯 3 大作物开展了产业发展需求调研。

1　调研方法与内容

1.1　调研方法

将调研目标（产业现状及需求）分两个层面：宏观层面和技术层面，针对目标，明确调研对象，分 3 类：①农业行政部门：市农委、市农业局、市统计局等政府部门。②产业技术部门：中国农业大学、中国农业科学院、北京市农林科学院和推广部门。③种植户：合作社、大户、散户等京郊从事小麦、玉米、甘薯的种植者。相关调研方法见表 1。

表 1　粮经作物调研对象及方法

调研作物	调研目的	调研对象	调研方法
小麦 玉米 甘薯	宏观层面现状、问题及需求 技术层面现状、问题及需求	农业行政部门 产业技术部门 种植户（合作社、大户、散户）	走访、座谈、查阅相关网站和文献、小组访谈、调查问卷

调查对象分布在顺义、通州、大兴、密云等 8 个区县。其中，种植户、合作组织达 2 051个，以顺义、通州、房山、密云、延庆为主。具体分布见表 2。

1.2　调研内容

宏观层面，产业规模与分布、产量与效益、需求与自给率、从业人员、技术应用等。

技术层面，产前：气候条件、土壤条件、种子、肥料；产中：整地、播种、品种、密度、灌溉、施肥、农机、植保、产量水平、投入成本、经济效益等；产后：销售渠道、相关企业应用与需求、市民食用偏好等。

表 2　调查对象分布情况

区县	农业行政部门	产业技术部门	种植散户	专业大户	农民合作组织
单位机构	5	14			
顺义			287	36	5
通州			265	18	5
房山			263	33	9
大兴			150	11	5
平谷			10	7	2
怀柔			10	5	
密云			470	30	7
延庆			409	11	3
合计	5	14	1 864	151	36

2　北京市粮经产业概况

2.1　产业布局与规模

2.1.1　*粮经产业分布区域重点突出*　产业分布区域重点突出。粮经作物主要分布在顺义、通州、大兴、房山 4 个平原区和延庆、密云 2 个山区。以 2013 年为例，6 个重点区县的 3 种粮经作物播种面积达 13 万 hm^2，占全市总播种面积的 84%。大兴、顺义是 3 种粮经作物种植规模最大的 2 个区县，分别达到了 2.93 万 hm^2、2.93 万 hm^2，占全市总播种面积的 18.5%、18.4%。

不同作物种植区域分布特征明显。冬小麦、夏玉米主要分布在顺义、通州、大兴、房山 4 个平原区，2013 年 4 个区县冬小麦总种植面积达 3.24 万 hm^2，占全市冬小麦总播种面积的 89.6%。春玉米主要分布延庆、密云 2 个山区，2013 年 2 个区县总种植面积达 3.26 万 hm^2，占春玉米总播种面积的 41.7%。甘薯主要分布在大兴、密云 2 个区县，2013 年 2 个区县总种植面积达 0.3 万 hm^2，占全市甘薯总播种面积的 76.7%[1]。

2.1.2　*粮经作物总面积下降，但规模仍占据第一位*　近年来，由于平原造林工程等的影响，粮经作物种植面积下降较严重。3 种粮经作物播种面积从 2009 年的 216 523hm^2 减少到 2013 年的 154 564.3hm^2，减少了 61 958.7hm^2，减少幅度达 28.62%。其中，小麦、玉米和甘薯的种植面积下降均比较严重，小麦从 2009 年的 60 454.87hm^2 下降到 2013 年的 36 196.4hm^2，减少了 24 258.47hm^2；玉米从 2009 年的 150 760.5hm^2 下降到 2013 年的 114 486.4hm^2，减少了 36 274.1hm^2；甘薯则从 2009 年的 5 307.67hm^2 下降到

2013 年的 3 881. 53hm²，减少了 1 426. 14hm²（表 3）。

表 3　近五年北京市主要粮经作物种植面积　　(hm²)

作物	2009 年	2010 年	2011 年	2012 年	2013 年
小麦	60 454. 9	61 566. 1	58 104. 3	52 183. 0	36 196. 4
玉米	150 760. 5	149 750. 7	140 506. 7	132 021. 4	114 486. 4
甘薯	5 307. 7	5 307. 7	5 090. 5	4 356. 9	3 881. 5
合计	216 523. 0	216 624. 5	203 701. 5	188 561. 3	154 564. 3

目前，粮经作物仍然是北京市第一大宗农作物，2013 年粮经作物总播种面积为 154 564. 3hm²，占全市农作物播种面积的 64. 1%。其中，小麦、玉米和甘薯 3 种农作物总播种面积占全市农作物播种面积的比例达 62. 4%。

2. 2　产量与效益

2. 2. 1　单产提高，总产下降　近 5 年来，粮经作物的平均单产有所提高，从 2009 年的 367. 6kg/667m² 提高到 2013 年的 403. 3kg/667m²，提高了 35. 7kg/667m²，提高幅度为 9. 7%。其中，小麦单产基本稳定保持在 340kg/667m² 左右；玉米单产显著提高，从 2009 年的 396. 9kg/667m² 提高到 2013 年的 437. 8kg/667m²，提高了 10. 3%；甘薯单产在 1 800kg/667m²的水平之上波动较大（表 4）。

表 4　北京市粮经作物平均单产与三大作物单产　　(kg/667m²)

类别	2009 年	2010 年	2011 年	2012 年	2013 年
粮经作物	367. 6	345. 1	387. 7	391. 2	403. 3
小麦	341. 4	307. 4	325. 5	350. 5	347. 7
玉米	396. 9	374. 7	428. 6	422. 1	437. 8
甘薯	2 015. 0	1 869. 0	1 820. 0	1 914. 0	1 804. 0

由于播种面积的下降，虽然单位面积产量有所提高，但粮经作物的总产呈减少趋势，从 2009 年的 124. 7 万 t 下降到 2013 年的 96. 1 万 t，减少了 28. 6 万 t，减少幅度为 23%。其中，2013 年全市春玉米平均产量为 502. 3kg/667m²，总产 5. 45 亿 kg，占全市玉米总产的 72. 5%，占全市粮食总产的 56. 1%，是粮经生产的主力。

2. 2. 2　产值与效益变化不均　全市定点监测结果表明，近 5 年小麦的亩效益年度间变化较大，玉米的亩效益总体保持稳定，甘薯的亩效益有所增加。

2009—2013 年小麦、玉米和甘薯的平均每 667m² 产值分别为 718. 1 元、874. 5 元、2 746. 4元，每 667m² 成本为 529. 8 元、438. 4 元、1 249. 4元，平均每 667m² 效益为 188. 3 元、436. 1 元、1 497. 0元。与 2009 年相比，2013 年小麦、玉米、甘薯每 667m² 效益分别增加 58. 4 元、6. 4 元和 289. 6 元（表 5）。

表5 近5年北京市主要粮经作物平均产值与效益 (元/667m²)

类别	作物	2009年	2010年	2011年	2012年	2013年	合计/平均
产值	小麦	643.0	645.5	764.9	737.5	799.7	718.1
	玉米	793.8	786.9	900.1	928.5	963.2	874.5
	甘薯	2 485.6	2 460.9	2 669.3	3 061.7	3 054.7	2 746.4
成本	小麦	451.7	473.0	572.0	599.5	553.0	529.8
	玉米	352.0	395.0	435.0	495.0	515.0	438.4
	甘薯	1 098.5	1 175.3	1 274.8	1 320.7	1 375.9	1 249.0
效益	小麦	191.3	172.5	192.9	138.0	246.7	188.3
	玉米	441.8	391.9	465.1	433.5	448.2	436.1
	甘薯	1 387.1	1 285.6	1 394.5	1 741.0	1 678.8	1 497.4

2.3 需求与自给率

2.3.1 人口增长快，粮食需求大 2012年全市常住人口达到2 069万人，较2003年增加了613万人，10年间年均增长61.3万人。随着城市人口增长，对粮食的需求还将进一步增加。

2.3.2 粮经总产减少，自给率下降 近年来，由于耕地面积的减少，粮经总产有所减少，全市自给率呈现逐年下降趋势，从2009年的16.8%降低到2012年的13.8%，为全国倒数第二，仅略高于上海的12.7%。其中，2012年小麦需求约在245万t左右，而全市总产为27万t，自给率只有11.0%；玉米籽粒需求约在250万t左右，而2012年全市玉米总产83.6万t，自给率为33%；鲜食甘薯需求约在97.3万t，2012年全市鲜食甘薯总产12.1万t，自给率为12.5%。

2.4 从业人员与经营规模

2.4.1 从业人员多，种植户年龄偏大 目前，京郊粮经作物生产以一家一户为主，从业人数约42万户，户均种植规模3 668.5m²左右，平均从业年龄51岁，平均种植年限为18.7年，经验较为丰富（表6）；初中及以上学历者超过86%。

表6 2013年北京市粮经作物种植户情况

作物	总种植面积（hm²）	全市种植户数（户）	全市户均面积（m²）	平均从业年龄（岁）	平均种植年限（年）
冬小麦	36 196.4	106 474	3 401.7	51	19.5
玉米	114 486.4	309 000	3 735.2	52	18.7
甘薯	3 881.5	5 800	6 670.0	50	10.4
合计/平均	154 564.3	421 274	3 668.5	51	18.7

2.4.2 种植规模小，规模经营比例低 问卷调查结果表明，种植规模在0.67hm²以下农户所占比例最大，为68.4%；0.67~3.33hm²农户占23.3%；3.33~6.67hm²农户占

2.4%，而大于6.67hm^2 的农户仅占5.9%，规模经营面积较小（表7）。以房山区为例，截至2013年年底，全区农业规模经营面积累计达38.33hm^2（经营面积在3.33hm^{2}以上），仅占耕地总面积的1.35%。

表7 2013年北京市粮经作物种植规模

作物	0.67hm^2 以下比例（%）	0.67～3.33hm^2 比例（%）	3.33～6.67hm^2 比例（%）	大于6.67hm^2 比例（%）
冬小麦	73.3	16.8	3.7	6.2
玉米	66.0	26.0	2.0	6.0
甘薯	91.1	4.4	3.0	1.5
合计/平均	68.4	23.3	2.4	5.9

3 北京市粮经作物产业需求分析

3.1 产业宏观背景分析

3.1.1 *粮经作物产业承载着都市农业的多种功能* 粮经作物在都市型现代农业中发挥着生产、生活、生态、休闲和观光等多种功能，是都市农业的重要组成部分。北京粮经产业一方面以绿色安全食品的形式，为都市居民提供能量和营养，确保其身体健康（生产功能）；另一方面也满足了居民休闲、度假、观光、体验、采摘、游乐、教育的需求，促进和增强他们的身心健康（生活功能）；还为首都营造了生态屏障和优美大地景观（生态功能）。农业的生态屏障功能包括两个层次的内容：一是防止、减轻都市外来不利因素对生态环境的破坏与为害，起到防护与保育作用，例如，防止风沙（尘）、水土流失及涵养水源；二是通过加强农业的自净能力和自维持能力，防止农业自身造成的土壤、水体、大气污染，大量、持续不断地接受、存贮、消纳、降解、净化都市排出的气、水、固体废弃物。

3.1.2 *粮经产业发展保证了一定的粮食自给率* 粮食生产一直是党和政府工作的重中之重，2014年中共中央国务院一号文件（简称中央一号文件）提出了“以我为主、立足国内、确保产能、适度进口、科技支撑的国家粮食安全战略”，明确指出要确保谷物基本自给、口粮绝对安全，而且主销区也要确立粮食面积底线、保证一定的口粮自给率。中央农村工作会议指出，耕地红线要严防死守，农民可以非农化，耕地不能非农化，现有耕地面积要保持稳定。中共北京市委常委也同时指出，要守好本市的耕地红线，调动好农民积极性，通过科技应用和加强管理，增加粮食单产效益，努力提高本市粮食自给率。

3.1.3 *政策扶持支持力度大，有利于产业发展* 自2004年以来，随着国家对粮食安全的重视和各项粮补惠农政策的实施及消费结构的调整，京郊粮食生产受到高度重视。市农业管理部门通过加强落实粮食直补、良种补贴、农资综合直补等一系列强农惠农政策，有效拉动了农民从事粮经作物生产的积极性。京郊小麦每667m^2 种植补贴180元（粮食直补70元/667m^2，农资综合补贴60元/667m^2，生态补贴40元/667m^2，中央农作物良种补贴 10 元/667m^2)；玉米每 667m^2 补贴额度达 97 元（种植补贴 32 元/667m^2，农资综合补贴 45 元/667m^2，中央农作物良种补贴 10 元/667m^2)，小麦玉米两茬补贴 277 元，是全国补贴水平最高的省市。此外，北京市实施的农业基础建设与综合开发专项和中央新增农资等补贴进一步加大了补贴力度。这些强农惠农政策的落实对稳定北京市粮经作物生产起到关键作用。

3.1.4 粮田基础条件较好，农机装备较全 近年来，北京市实施了农业基础建设与综合开发规划，包括 4 项工程：农田水利改善、农田培肥工程、田园清洁工程、沟路林渠配套工程，建设了一批高标准粮田，规模达 4.67 万 hm^2，旱涝保收。同时，通过实施农机购置补贴等，配备了一批现代农业装备，机械化水平高。加之粮食高产创建等一系列科技项目的实施，引进筛选新品种和研发集成新技术，在全市逐步建立起环境友好型和资源节约型的粮食作物优质高产高效技术体系，进行了大规模示范，取得显著经济、生态和社会效益。

3.2 产业技术现状分析

3.2.1 品种选育优势明显，种子繁育供应体系有待完善 北京市科研育种单位云集，技术力量雄厚。近年来，每年选育审定的小麦玉米品种不少于 5 个[2]，如近年大面积推广的轮选 987、农大 211、郑单 958 等小麦、玉米品种已成为北京及周边地区良种补贴主推品种。但北京市粮经作物生产中仍存在良种供应机制不健全、种子质量参差不齐等现象，造成小麦田间三层楼、玉米出苗率低，甘薯病毒病严重等。主要原因一方面是受结构调整政策影响，粮经种植面积不稳定；另一方面是良种补贴等政策没有持续性或没有发挥其应有效果。

3.2.2 农业机械化总体水平全国领先，但是发展不均衡 2012 年北京市农业机械总动力为 241.1 万 kW，拖拉机保有量为 14 696台，拖拉机配套农具比为 1∶1.82，全市耕种收综合机械化水平达到 70.49%。小麦耕种收基本实现全程机械化，玉米机播水平为 94.29%，机收水平达到 85% 以上，远高于全国平均水平[3]。而甘薯除了在起垄、覆膜环节上部分使用机械外，生产用工量最大的育苗、移栽、收获等环节仍主要依靠人工完成。随着大量农村劳动力转移至城市及其他行业，甘薯种植面临着劳动力缺乏以及用工成本高的问题，对甘薯生产机械的需求越来越迫切。

3.2.3 病虫草害防治高于全国水平，但提升空间很大 2012 年北京市小麦病虫防治面积 20.94 万 hm^2/次，小麦中后期“一喷三防”技术全市推广 4.03 万 hm^2/次，防治效果 92.8% 以上，高于全国防治处置率 90% 以上[4]。全市小麦专业化统防统治面积占应防面积的 53.8%，高于全国小麦重大病虫专业化统防统治比例 30%。可见，北京地区小麦病虫草害防治成效优于全国多数省市，但与国际上小麦种植发达国家相比，北京地区小麦病虫草害控制水平还有很大提升空间。农户对病虫草害预测预报渠道不了解，仅靠经验判断防治适期，往往错过最佳用药时机。同时，农村劳动力转移导致留守农民知识技术水平下降，对先进的防控技术接受慢，防治病虫害时仍在使用一些高毒农药，而且连续、重复施药，导致病虫害抗药性发生。施药技术掌握不到位，容易发生打药不均匀和农药中毒事件。另外，植保环节机械化程度低也受种植方式和经营模式的制约，大型植保机械无法为一家一户自主经营模式的农户服务，加之农艺技术也远远不能适应新型高效植保机械的作业需求，阻碍了植保机械与农艺的融合。

3.2.4　栽培技术体系已初步集成，推广应用到位率亟需提高　主栽品种突出，但种子质量参差不齐。对农户种植的品种应用情况调查结果表明，小麦所选品种以农大 211 和轮选 987 等多穗型品种为主；玉米以郑单 958 等耐密型占绝对主导地位，所占比例高达 80.0% 以上；甘薯以密选 1、龙薯 9 为主。但种子（种苗）来源渠道复杂，有自留种、换种、外地购买、农资经销店购买等多种方式，如玉米相同品种经销品牌多达 17 个，造成种子质量参差不齐，一些种子发芽率低，整齐度差，造成田间缺苗断垄，出苗质量差。

关键栽培技术日益成熟，应用到位率低。2012—2013 年，北京市主推了 14 项关键栽培技术：小麦以精细整地为核心的 4 项关键技术（精细整地播种、保苗安全越冬、春季因苗管理、后期一喷三防）[5]，玉米以合理增密为核心的 6 项关键技术（合理增密、机械深松、精准播种、增钾施肥、农艺节水、防灾减灾），甘薯以密植保苗为核心的 4 项关键技术（科学育苗、地膜覆盖、密植保苗、控氮补钾）等，增产增效明显，但总体技术应用到位率比较低，如 2013 年小麦精细整地播种和春季因苗管理等 2 项关键技术落实到位率仅在 60% 左右，制约着小麦单产的进一步提高。

4　主要问题与需求

4.1　宏观层面

4.1.1　近年面积出现快速下降，仍需履行承担维护粮食安全责任　近年来，粮经作物面积不断减少，粮经作物种植总面积由 2009 年的 216 523hm^2 减少到 2013 年的 154 564.3hm^2，种植面积快速大幅下降已成事实。但 2004—2014 年，连续 11 年每年的中央一号文件关注农业，特别是 2013 年 12 月召开中央农村工作会议指出“三农”问题是全党的重中之重，特别强调了各省、自治区、直辖市都要对粮食生产负责，必须要种粮，权利义务要履行。中共北京市委常委会也指出北京市也要自觉承担维护国家粮食安全的责任。

4.1.2　种植户以散户为主，规模化经营成为切实需求　种植户组织结构以散户为主，影响新技术的应用。调查发现，小麦、玉米散户比例高达 90% 以上。一家一户分散经营增大了新品种、新技术推广的难度，同时还严重制约了大型农机具的普及。适度规模经营已经成为北京市都市型现代农业的切实需求。

4.1.3　部分环节机械化薄弱，需提高机械化生产水平　目前在小麦、玉米追肥和病虫草害防治上，缺乏相关适用机具，机械化程度较低，小麦草害防治机械化率仅为 30.8%，病虫防治机械化率在 16% 左右；甘薯育苗、移栽、收获等环节仍主要依靠人工完成，起垄、移栽机械化率不足 10%；小麦、玉米播种和玉米收获等关键环节作业质量差。加强农机农艺融合，加快推进薄弱环节机械化发展，提高农业机械化水平，是实现都市型现代农业的必要措施之一。

4.1.4　生产成本大幅上涨，节本增效的需求日益迫切　随着社会的发展，农用生产资料价格不断增加，2009—2013 年复合肥价格上涨 42.9%，尿素价格上涨 21.6%，磷酸二铵价格上涨 18.5%，同时近年来劳动力成本大幅增加，涨幅达 71.4%；而决定产值的粮经价格平均增幅不超过40%，制约着效益的增加，在很大程度上影响了农民种粮的积极性。进一步提高土地产出率、劳动生产率和资源利用率也成为粮经产业实现“高产、高效、生态”目标的需求。

4.1.5 生态效益隐性化，粮经产业综合作用需再认识　粮田在生态作用上发挥着重要作用，例如，小麦在冬季、早春和春季有很好的抑尘效果；玉米其吸纳二氧化碳、释放氧气、净化空气的能力较强；甘薯耐旱、耐贫瘠，能有效利用永定河冲击平原沙壤地和贫瘠山坡地土地资源，薯垄起到拦截和减缓流水的作用，减轻对表土地冲刷，有利于水土保持和植被覆盖。2004年北京市农业局与中国农业大学联合对不同类型生态系统服务价值比较研究结果表明，冬小麦生态服务价值可达2 952元/667m^2，农田各类作物的单位面积生态服务价值大小排序为小麦>饲草>玉米>杂粮>经济作物>豆类>蔬菜，特别是冬小麦—夏玉米种植模式生态服务价值最高。因此，大力发展粮经作物，通过种满、种严、种齐、种好，建设生长良好、整齐划一的高标准粮田，既是实现农业最基本的高产生产功能的有效措施，又是深入开发都市型现代农业生态功能的重要手段。而近年来粮田的生态作用被严重低估，其生态效益越来越不被重视，也限制了粮经产业的发展。

4.2 技术层面

4.2.1 品种选育与应用　当前小麦、玉米和甘薯主栽品种产量潜力挖掘已接近最高值，且种植年限均较长，存在品种退化、晚熟、病害严重等问题，亟需新的高产优质新品种更新换代。

小麦：主要问题是主栽品种推广年限长，缺乏高产后备品种。目前主推品种轮选987已推广10年，存在晚熟、纯度变差等问题；中麦175推广7年，分蘖成穗率偏低，植株较高，很难创高产；相对高产稳产的农大211和农大212也已推广7年和4年[6]。面临后备高产品种缺乏的问题，需要选育贮备。

玉米：一是主栽品种单一，新品种优势不突出，品种更新换代慢。春玉米生产中，郑单958、中金368和中单28占69.5%。郑单958品种的产量潜力和抗性已出现退化现象，中金368和中单28抗倒性差、不适宜密植和机械化收获。而农华101、京科968等新品种面积不超过10%。夏玉米中，春播品种郑单958占到播种面积的40%以上，该品种在北京夏播并未经过审定，存在生育期偏长、后期成熟度较差等问题，现有夏玉米缺乏早熟高产品种，制约着夏玉米产量的提升。二是种子质量差，难以满足单粒播种要求。春玉米品种的种子品牌多达17个，种子质量参差不齐，其中春玉米主产县种子芽率满足单粒播要求的只有12%。

甘薯：一是鲜食品种单一且严重退化。2013年以食用型春薯为主，主栽品种只有遗字138、龙薯9号和密选1号3个品种，鲜食品种比较单一。大兴和密云两个甘薯主产区84.2%的种植大户在座谈交流中明确表示渴求优良的鲜食甘薯新品种；63.1%的种植大户反映目前北京地区主栽品种因感病退化严重，尤其是遗字138。二是脱毒种薯（苗）生产能力严重不足且质量较差。2013年育苗量占需求用量的43%，其中脱毒薯苗仅占16%；薯苗质量相对较差，薯苗百株重比发达地区低130～150g。

4.2.2 农机作业　小麦：一是整地质量差。92.9%的农户反映耕整地环节存在质量问题，主要是漏耕、旋耕深度不够、翻耕深度不够、耕后地表平整度差、耕后地表残茬较多、有立茬、碎土效果不好等，分别占本环节全部问题频次的 17.0%、19.5%、13.5%、17.2%、11.2%、10.8%、10.8%。二是播种质量不达标。94.1% 的农户认为播种环节存在质量问题，反映比较集中的几个问题主要是漏播、断条、播深不合适、播种不均匀、播种衔接不好以及种子和肥料离的太近，分别占本环节全部问题频次的 24.2%、16.8%、16.2%、12.9%、10.5%、5.1%；播深变幅可达 2 ~ 8cm。三是施肥环节机械化程度低，缺少合适机具。底肥机施率为 36.3%，追肥机施率仅为 9.6%。

玉米：一是播种机具作业质量不稳定。据调研数据，反映比较集中的几个问题主要是漏播、断条、播种不均匀、播种深浅不合适，分别占本环节全部问题频次的 20.7%、16.2%、14.5%、12.9%，作业质量有待于进一步提高，同时有 88.9% 的农技人员认为需推广精播技术。二是玉米中期管理机械落后、机具缺乏。中耕机具保有量少，加上劳动力短缺，目前玉米实施中耕作业的很少，机械化中耕施肥作业仅占 1.8%。三是玉米收获机质量不稳定。据调研数据，反映比较集中的几个问题主要是行距不匹配，丢穗（认为收获环节存在此问题的频次占所有问题频次的 29.20%，以下比例数字含义相同）、剥皮效果不好（27.61%）、破损多（20.25%），作业质量有待于进一步提高。

甘薯：甘薯耕整地作业虽然机械化程度较高，但是实际机械作业中存在的问题较多，农户普遍反映旋耕和翻耕深度不够、有漏耕、碎土效果不好等，耕整地作业质量需要进一步提高。另外，相应的专用配套机型短缺。调研显示，68.4% 的种植大户反映甘薯生产机械化问题亟需解决，47.4% 和 36.8% 的种植大户反映缺乏甘薯适宜配套农机具，目前北京乃至全国的甘薯生产机械化程度在移栽、起垄、田间管理、割蔓、收获等环节仍处于很低水平，制约了甘薯产业的发展。

4.2.3 植保防治环节 小麦：一是绿色防控技术应用比例低，生产中应用比例不超过 20%；一家一户分散种植，统防统治率只有 18.7%。二是机械化率低，杂草机械化防治率为 16.0%，病虫机械化防治率为 16.9%。

玉米：一是苗期和中后期病虫草害防治效果不理想。密云仅 31.0% 的农户进行了土壤封闭处理，且由于土壤墒情差、药剂不对症等原因造成除草效果较差，82% 以上农户又进行了 2 次除草作业。玉米大喇叭口期防治适期短，技术性强，此时期发生的病、虫害仍然缺乏有效的防治技术。二是大型植保机械缺乏。现有植保机具大多是背负式，技术落后，手动式喷雾（粉）机的拥有量仍占植保机械总数的 80.3%，大型植保机械仅占 0.57%。

甘薯：病害发生日趋严重，最严重的是根腐病和茎线虫病，分别占 57.9% 和 42.1%，导致大量减产。据北京市植保站田间调查，一般发病田可造成减产 10%，严重地块减产达 80% 以上，同时甘薯质量下降，严重影响了农民生产的积极性。

4.2.4 栽培环节 小麦：一是保苗越冬技术仍需普及，50% 以上的农户冬季不镇压。二是播期播量搭配不合理，早播播量偏大易倒伏，晚播播量偏小群体少，很难形成合理的高产群体获得高产。三是灌溉方式落后，61% 地块还是地面灌溉，灌溉定额大，667m^2 均灌水量达 180m^3 左右。四是肥料运筹不科学，26.8% 的农户底肥只施用磷酸二铵，53.3% 的农户种肥当底肥施，春季实施“一炮轰”追肥的比例高达 35%[8,9]。

玉米：一是种植密度偏低。密云地区农民习惯稀植大穗的种植方式，调查发现仍有13.7%的农户每667m^2 在3 000株以下，不足合理密度数量的66.7%。二是追肥到位率低，61.2%农户人工追肥，劳动强度大；37%的农户不追肥，容易引发玉米后期脱肥早衰。三是机械化作业配套栽培技术缺乏。京郊玉米生产在播种、中耕、收获3个环节存在单粒播最适密度、最适追肥期、最佳收获期等栽培技术难点，仍需进一步研究解决。

甘薯：一是优质高产栽培技术相对滞后。调研表明68.4%种植大户反映非常渴求新技术，73.7%的种植户想了解如何合理施肥以确保薯苗不疯长，89.5%的种植户希望使用甘薯专用肥料。二是专用物资种类少，配套技术推广乏力。种植户对农药、农膜和窖藏技术的需求分别是47.4%、42.1%和47.4%，急需建立标准化高产栽培技术体系。

4.2.5 *产业经济、信息化方面* 由于北京粮经产业存在生产经营规模总体较小、京郊劳动力机会成本较高、要素配置不合理以及相关法律和经济条件制约土地流转等问题，宏观上导致粮经产业技术经济收益和规模经济难以实现；微观上致使占群体比例较大的小规模经营农户增收总幅度和增收动力不足，科技投入和要素生产潜力不能充分挖掘。由此整体上制约了产业竞争优势的充分发挥。

作物产量是多种影响作物生产因素形成的结果，是变量作业管理的重要依据。目前，粮经产量预测，主要基于卫星遥感信息的作物估产和农情监测系统。但遥感信息技术适合于宏观管理，对种植面积的估计比较准确，但对亩产预测却有其局限性，有一定偏差，在大面积估产时不能满足专业化要求。而且，遥感估产模型多是依据植被指数与农学参数间的相关性而建立的回归模型，具有很强的经验性，普适性较差。

5 产业定位、发展方向与重点

5.1 产业定位

按照北京都市型现代农业发展的要求，通过新品种选育与应用、高产合理群体构建、科学高效灌水施肥、机械化水平提升、病虫草害绿色防控、粮经作物规模经营、信息管理水平升级，打造“高产、高效、生态、安全、优质”的粮经作物产业体系。

5.2 发展方向

5.2.1 *提高土地产出率* 通过新品种、新技术的应用，进一步提高单产，实现有限土地资源的更高的粮经产出。

5.2.2 *提高资源利用率* 通过水肥一体化、机械化中耕追肥、低毒高效农药等新技术的应用，实现资源利用率最大化。

5.2.3 *提高劳动生产效率* 通过进一步提升农业机械化水平和作业质量，提高作业效率，降低人工投入，实现节本增效。

5.2.4 *提升生态安全水平* 通过加强高效低毒农药和新型植保机械应用研究，提高其防治率和应用率，实现高效用药。同时通过打造高标准粮田进一步发挥农作物防沙固碳的生态作用。

5.2.5 *促进产业稳定发展* 通过制定粮经作物布局规划、提出规模经营促进意见、提高新品种新技术应用率和信息化水平，实现高产高效，稳定和提高种植户收入，使种粮成为赚钱的行业，使粮农成为体面的职业，从而促进粮经产业持续稳定发展。

5.3　发展重点

5.3.1　小麦　小麦生产将重点集中在顺义、通州、房山和大兴4个区的平原大板块农田区，以高产创建活动为引领，解决北京市小麦生产环节的品种、栽培（耕整地、播种、肥水）、农机和植保等方面的关键问题，形成指标化的北京市小麦高产栽培技术体系，并在主产区建立示范点进行示范推广，带动全市小麦实现优质高产稳产。

5.3.2　玉米　立足进一步提高玉米单产和简化栽培管理措施，在创新研究基础上，实施农机农艺深度融合，创建“京郊玉米高产轻简栽培技术体系”。实现京郊春玉米生产全程无人工作业、单产和经济效益再上新台阶。

5.3.3　甘薯　筛选高产抗病、优质、专用、资源高效型、环境友好型的甘薯新品种。开展种苗和种薯标准化栽培、病虫害防治、农机与农艺结合等高效栽培技术研究和集成示范。加快窖藏技术示范与推广，促进甘薯加工企业的发展，增加薯农的收入。

参考文献

[1]　北京市统计局．北京市统计年鉴［M］．北京：中国统计出版社，2009—2013.

[2]　北京市种子管理站．北京市品审会审定通过40个新品种［J］．北京农业，2012：17.

[3]　王德成，张领先，等．我国农业机械化发展经济效应的研究［J］．农机化研究，2015，12：34－37.

[4]　张金良，谢爱婷，等．北京市小麦“一喷三防”技术试验示范研究［J］．北京农业，2014，09：12－14.

[5]　王俊英，周吉红，叶彩华，等．北京小麦高产指标化栽培技术［M］．北京：中国农业科学技术出版社，2014：12.

[6]　周吉红，毛思帅，孟范玉，等．北京第八代小麦主推品种特点及其应用［J］．作物杂志，2015，01：20－24.

[7]　毛思帅，周吉红，王俊英，等．冬小麦种子大小对群体指标和产量的影响［J］．作物杂志，2015，03：161－163.

[8]　周吉红，毛思帅，王俊英，等．构建合理群体因苗因墒科学管理实现小麦高产高效［J］．作物杂志，2015，04：109－114.

[9]　王俊英，周吉红，孟范玉，等．北京市小麦高产指标化技术体系集成研究与应用［J］．作物杂志，2015，05：85－89.

北京春玉米生产经营现状分析——基于9区县的调查

卢瑞雪[1]　刘瑞涵[1]　王俊英[2]　周继华[2]　裴志超[2]
（1. 北京农学院经济管理学院，北京　102206；
2. 北京市农业技术推广站，北京　100029）

摘　要：通过对北京地区春玉米生产经营的成本收益等情况进行调研，发现农户生产中面临着规模化水平低、机械化水平低、效益低和种植意愿总体不强等问题。建议通过促进土地规模经营、提高机械化和社会化服务水平等，保护春玉米种植者生产积极性，提高北京地区的春玉米生产能力。

关键词：春玉米；成本收益；规模经营

春玉米作为北京粮农主产的重要粮食作物之一，种植上因雨热同季而属于节水栽培。研究北京春玉米的生产经营现状以及其中存在的主要问题，能够为完善北京粮食产业经济政策提供相应的参考。

1　调查方法与样本特征

本次调研分为预调研与正式调研两个阶段。在预调研阶段，一方面收集宏观资料，掌握北京的春玉米的主产区分布；另一方面与主产区春玉米种植农户进行了座谈，初步了解农户生产经营基本概况。据此确定研究思路并设计问卷。初始问卷设计完成后，抽选25个农户进行预调研，并在此基础上对问卷进行修改和完善，最终形成了正式问卷。

正式问卷分为两部分，第一部分为春玉米生产现状调查，主要涉及春玉米的生产效益调查、生产条件调查及种植意愿调查。第二部分是春玉米种植者的基本情况调查。正式调查在2013年12月至2014年7月进行，调查区域为延庆、密云和怀柔等9个区县，调查对象包括春玉米个体种植户、种植专业合作社以及村集体种植组织。

本次调研共发放并回收问卷300份，其中，有效问卷288份，有效率为96%。根据2013年各区县的春玉米播种面积来确定问卷发放数量，较好地反映了北京市玉米生产状况。在延庆和密云等春玉米优势产区分配的问卷占50%以上。调研样本通过在各区县不同村进行随机抽样获取。调查方式为调查者与被调查者一对一的现场问卷访谈。被调查样本基本特征见表1。

表1　样本基本特征

样本特征		有效百分比（%）	样本特征		有效百分比（%）
性别	男	39.07	文化程度	小学及以下	5.54
	女	60.93		初中	45.58
				高中/技校	32.53
				大专	13.25
				本科及以上	3.10
年龄	25～35	6.18	种粮年数	n＜10年	8.60
	36～45	26.80		10≤n＜20年	20.86
	46～55	44.34		20≤n＜30年	38.81
	56～65	20.62		30≤n＜40年	22.58
	＞65	2.06		n≥40年	9.15

2　北京春玉米生产现状调查

2.1　成本调查

2.1.1　物质与服务费用　春玉米种植的物质与服务费用为6 544.35元/hm^2，其中以直接费用为主，达到6 005.55元/hm^2，间接费用为538.8 元/hm^2。其中，农机作业费和肥料费占直接费用的77%。春玉米较夏玉米多了一个春耕作业环节，但北京市春玉米种植主要分布在密云、延庆等区域，受地势和地块大小的影响，不方便于进行大型机械作业，因此，调查结果显示为春玉米农机作业费低于夏玉米的农机作业费。此外，春玉米灌溉投入成本为74.4 元/hm^2，农药投入成本为201 元/hm^2（图1）。

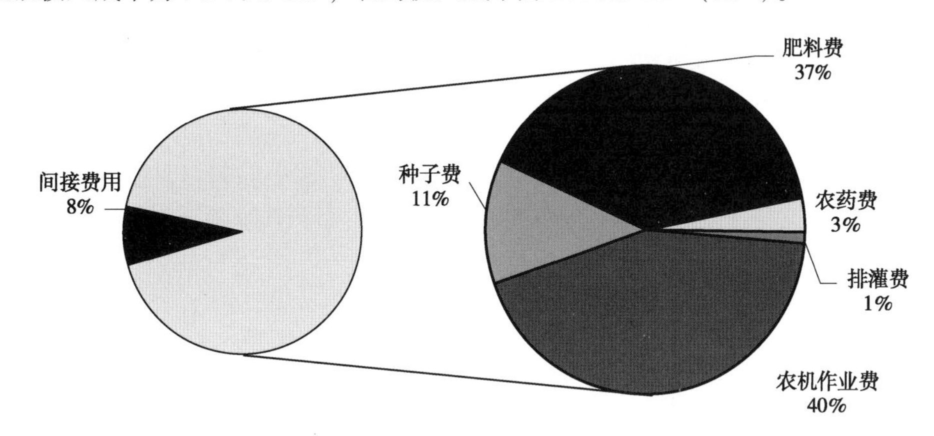

图1　北京地区春玉米生产物质与服务费用构成

2.1.2　人工成本　人工成本是春玉米种植生产过程的主要成本之一，包括耕地、整地、施肥、播种、灌溉、打药、收获、运输、晾晒等系列农事活动产生的人工费用。本研究将人工成本分为家庭用工成本和雇工成本2部分。雇工成本按照生产者实际支付的雇工费用计入，家庭用工成本按照雇工价格和家庭用工人数进行折算。

北京春玉米生产的每亩用工量为 2.97d（按照每天工作时间 8 小时折算），依照调查统计的北京市 9 个郊区的雇工平均价格 100 元/d 计算，春玉米生产的人工成本为 4 455元/hm^2。

2.1.3 土地成本 土地成本包括流转地租金和自营地折租两部分。其中，流转地租金是指春玉米种植者通过土地流转获得土地支付的费用，若种植者的土地为自营地，则根据调研地点当年的耕作特点（一年一季）和流转地租金的平均值折合计算。本次调研数据折算得到的 2013 年春玉米的土地生产成本为 1 500元/hm^2。

2.1.4 总成本 按照“生产总成本 = 物质与服务费用 + 人工成本 + 土地成本”的核算方法[1]，2013 年北京地区春玉米的生产总成本为 12 499.35元/hm^2。

2.2 收益调查

调查得出 2013 年北京春玉米平均单产为 15 930kg/hm^2。延庆县的春玉米单产最高，达到 20 400kg/hm^2；其次为大兴区，单产为 17 250kg/hm^2；怀柔区的夏玉米单产最低，为 12 000kg/hm^2。2013 年北京春玉米的平均售价格为 1.05 元/kg。综合 2013 年北京春玉米的生产成本和收入，可得出该年度春玉米的利润和成本利润率，详情见表 2。

表 2 2013 年北京春玉米成本收益情况

单产 （kg/hm^2）	收购价格 （元/kg）	单位收入 （元/hm^2）	单位成本 （元/hm^2）	单位利润 （元/hm^2）	成本利润率 （%）
15 922.65	1.05	16 718.85	12 499.35	4 219.5	33.76

2.3 种植意愿调查

本次调研的 9 个区县春玉米的平均排灌次数为 0.5 次/年。在延庆和密云 2 个春玉米主产区，受地势和水源的限制，超过 2/3 的种植者以雨养旱作、靠天吃饭为主要耕种方式。因此，目前京郊春玉米是典型的节水型生产。

北京春玉米的机械作业主要集中在耕地、播种和收获 3 个环节。由于春玉米种植主要以家庭为单位，地块分散、面积小，数据显示播种面积不超过 0.2hm^2 的农户占总样本的 25%，这部分农户的机械化程度较低，单块玉米种植面积在 0.07hm^2 左右的农户在收获环节多为人力作业，土地细碎化在一定程度上阻碍了大型机械作业的推广应用。

通过调查种植者的种植意愿发现，除了少数春玉米种植合作社有增加种植面积的意愿外，64% 的个体种植者想减少种植面积或者放弃种植，36% 的个体种植者想保持种植面积不变。个体种植者不增加种植面积的原因主要包括春玉米种植收益少、风险高。

3 北京春玉米生产面临的困境

3.1 家庭经营，种植规模化和机械化水平低

北京春玉米以分散的家庭生产为主，比起蔬菜、花卉、甘薯类的专业合作社，北京市春玉米专业合作社组织较少，合作社规模不大，组织结构松散。每个种植户的种植面积多集中在 0.33hm^2 以下，密云县河南寨春玉米的平均种植规模为 0.1hm^2/户，这种经

营模式束缚了劳动生产力，降低了粮食种植的产业化水平和规模效益，造成了一定程度上人力和土地资源的浪费。

同时，地块分散、土地细碎化不利于大型机械的使用，增加了人力成本，降低了北京春玉米生产机械化水平。而机械化水平又直接影响着北京春玉米的生产效率。因此，规模化经营是北京市春玉米的发展方向。

3.2　劳动力结构不合理，种植效益低

农村中绝大部分青壮年劳力选择了在市区工作或者外出务工，留守农村的是年老、年幼和妇女 3 类人群。调查结果显示，北京春玉米种植者中年龄超过 46 岁的占到了调查总体的 67.02%，年龄在 36 岁以下的种植者仅占总体的 6.18%，粮食种植者偏向老龄化。粮食种植群体老龄化使得劳动效率降低和粮食种植生产经营粗放。同时，由于这类人群的受教育水平偏低，不容易接受先进的技术和经营管理方式，降低了科学种粮的水平，阻碍了科技进步在春玉米种植方面的推广应用，加大了春玉米生产发展的难度。

3.3　种植意愿总体不高

种植成本的不断增加使得春玉米种植效益较低。目前北京春玉米种植利润不仅低于其他行业，还低于种植业内部的其他产业。京郊农产品成本核算监测点的统计结果显示[1]，2013 年，北京市郊区 16 个种植品种的平均利润为 135 685.1元/hm^2，其中花卉的利润达到363 323元/hm^2，种植效益最高；其次为西瓜、草莓和食用菌 3 个品种。而本次调查得出春玉米的利润仅为 4 219.44 元/hm^2，为花卉利润的 1.2%。

春玉米种植效益低严重挫伤了农民的种植积极性。除此之外，全球气候变暖，干旱、洪涝灾害频发，不同年度同期温差较大，加之病害虫害逐年加重，种粮风险增大，在一定程度上也使得农户避开粮食种植。

4　北京春玉米生产发展对策

4.1　提高春玉米生产的规模化和机械化水平

农业现代化的本质特点是规模化、集约化、产业化和标准化。对于春玉米种植而言，就要使土地、资金、技术、人才等各种投入要素形成规模并产生聚合。通过土地在不同生产经营者之间合理的流转、承包和转租，使土地向种植高手、种植大户、生产企业、种植专业合作社组织集中，才能有效解决种植规模小、成本高、资源浪费严重、生产效率低问题，促进春玉米生产实现规模化。要进一步加大农机购置补贴力度，减少种植者生产成本，提高农业机械装备和作业水平，促进北京郊区农业机械化发展。同时，要进一步完善农机社会化服务体系，加强农机公共服务能力建设，全面提高粮食生产中农业机械的使用率。

4.2　保护北京春玉米种植者的积极性

第一，要加大春玉米种植的财政补贴力度，进一步完善补贴发放办法。第二，通过提高春玉米的价格来保证种植者的收益[2]，把一部分农民特别是青壮年留在土地上。第三，加强加大农业保险宣传和实施。鼓励种植者投保，同时政府、保险公司也需要完善农业保险的法律法规、丰富保险项目，切实保障春玉米种植者的利益。第四，对农资市场进行严格监管，严格控制其价格和质量，保障农资购买者的利益。第五，大力发展

种植专业合作社等组织，建立和完善春玉米生产发展的社会服务化体系，为春玉米产业的发展创造优良的外部环境。

4.3 依靠科技提高种植收益，同时吸引青壮年人才加入粮食生产

第一，要培养和壮大一支技术攻关和科技创新队伍，根据北京春玉米主产区县的地理位置和气候特征，针对阻碍北京春玉米发展的因素，培育新品种，创新栽培技术，推进北京春玉米生产稳步提升。第二，要进一步加强科技服务体系建设，在种粮区县培养一批全科农技员，实现农业科技进村入户，到达种粮区域的田间地头。第三，提高北京粮食种植者的科学文化素质和综合管理水平，通过技能培训和科普工作来提高春玉米种植者的种植技术和管理水平[3]，为北京粮食产业发展培养一批素质高、眼界宽、技术硬的种植能手高手，保证春玉米生产经营者可以合理安排种植生产，从而提高其种植收益。

参考文献

[1] 国家发展和改革委员会价格司．全国农产品成本与收益资料汇编 2013 [M]．北京：中国统计出版社，2013.

[2] 朱玲玲．中国粮食生产影响因素实证分析 [J]．重庆科技学院学报：社会科学版，2014 (01)：60－62.

[3] 张道新，彭春瑞．江西粮食生产面临的困境与对策 [J]．江西农业大学学报：社会科学版，2010 (09)：1－4.

本文已发表于《北京农学院学报》2015 年第 01 期

北京地区春玉米种植农机农艺技术融合问题与建议

李小龙　高　娇　闫子双

（北京市农业机械试验鉴定推广站，北京　100079）

摘　要：北京春玉米机械化水平不断提高，但随着农业现代化的发展，农机农艺发展不融合已成为制约劳动生产率、土地产出率和资源利用率提高的突出问题。根据大量调研数据，介绍了北京地区春玉米种植现状，从农艺、农机和土地规模等方面分析制约玉米种植农机农艺技术融合的问题及原因，并从农机农艺融合机制体系建设、技术培训、补贴政策和土地流转等方面提出进一步推进玉米种植农机农艺融合的建议。

关键词：北京；玉米；农机；农艺；融合

随着国家农机购置补贴政策的实施，玉米生产机械化水平不断提高，但农机与农艺发展不协调制约了机械化进一步发展，引起国内外专家高度重视。农机农艺融合已成为需要农机、农艺专家联合开展的攻关研究，农机作业要为农业的高效优质、增产增收及低耗安全服务，农艺技术的发展均以农机为实施手段，因此，农艺技术的研究则要优先考虑机械化生产实施的可行性[1]。北京地区春玉米生产中，农机农艺不融合的现象严重，制约了玉米生产机械化水平的提升[2]。实现农机农艺的有效融合，对促进玉米稳产增产和农民持续增收，推进农业现代化有着十分重要的意义[3-5]。笔者围绕北京地区春玉米生产现状开展大量调研，以春玉米优势产区密云、延庆为主要调研区县，以有一定种植面积的通州、房山、顺义和大兴4个区为辅助调研区，调研对象主要为普通农户、种植大户和农机服务组织等群体，调研形式主要采用座谈会、抽样问卷调查等方式，共回收有效问卷904份，访谈的普通农户、种植大户和农机大户共120户，进行典型农机服务组织访谈30户。通过广泛、深入调研，基本了解了北京春玉米生产现状，掌握了农机农艺融合中存在的问题，也为进一步分析问题产生原因和提出对策建议提供了依据。

1　北京地区春玉米生产现状

1.1　春玉米生产概况

1.1.1　*种植面积*　由图1可知，北京市春玉米种植面积呈现稳中有降的特点。2008—2013年，种植面积稳定在6.67万 hm^2 以上，2010年达8.97万 hm^2，而后逐渐降低。2013年春玉米播种面积为7.23万 hm^2，占全市玉米播种面积（11.45万 hm^2）的63.14%。

1.1.2　*单产情况*　由图1可知，2008年以来，春玉米单产整体呈现波动性提高的趋势。其中，2009 年和 2010 年单产较低，分别只有 5.67t/hm^2 和 5.47t/hm^2，不足 6t/hm^2；2013 年达到 7.53t/hm^2。

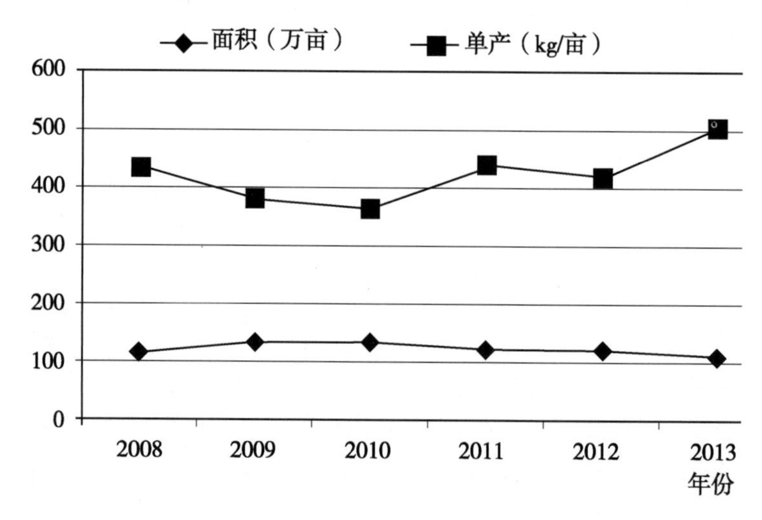

图 1　2008—2013 年京郊春玉米种植面积和单产

1.1.3　分布情况　北京市春玉米在 9 个玉米产区县均有分布，但种植面积较大的为延庆和密云两个北部山区县，种植面积分别为 1.81 万 hm^2 和 1.87 万 hm^2，占全市春玉米种植面积的 50.8%。

1.1.4　品种及种植模式　延庆主要种植品种为郑单 958，其次是先玉 335；密云主要种植品种为中金 368 和中单 28。北京市春玉米主要为平作，耕整地主要是旋耕或翻耕，还有部分深松 + 旋耕或翻耕 + 旋耕，小部分实行免耕播种。

1.2　春玉米生产机械化现状

1.2.1　总体情况　据 2012 年北京市农机化统计年报数据，北京市春玉米耕整地环节基本实现机械化，机播面积占可机播面积的 94.29%，机收面积占可机收面积的 85%，其他作业环节机械化水平相对较低。

1.2.2　各作业机械化情况　针对玉米生产过程中的不同环节，对农机服务组织开展的玉米种植的机械化水平调查（见表 1）表明，整地、播种、收获和秸秆处理机械化水平相对较高，追肥、中耕、植保喷药和晾晒脱粒等环节的机械化作业水平总体较低。

表 1　玉米不同种植环节机械化作业水平

	整地	播种	中耕	植保	灌溉	追肥	收获	秸秆处理	晾晒
机械化水平（%）	78.7	89.8	31.9	34.0	52.4	14.3	60.4	78.3	47.6

（1）整地播种环节机械化水平相对较高。耕整地的机械化水平为 78.7%，播种机械化水平为 89.8%，其中，精量播种技术推广普及速度较快。据 2012 年农机化统计年报数据，2012 年春玉米精少量播种占机械播种面积的 13.4%，比 2011 年增加 10.5%。

（2）中期管理环节，人工作业率高，机械化水平相对较低。据 2012 年北京市农机化统计年报数据显示，手动式喷雾（粉）机的拥有量占植保机械总数的80.29%，而大型植保机械仅858台，占植保机械总数的0.57%。节水灌溉类设备324套，而中耕、追肥机械数量在农机化统计年报上则没有数据记载。

（3）收获环节，受访的农机服务组织中85%已经开展玉米机械化收获作业，收获形式是机械摘穗+秸秆粉碎还田，占81.2%；其中，有31.6%受访农机服务组织拥有果穗剥皮功能的收获机，这一比例会随着农民需求的不断高涨而提高。

2　存在的主要问题

2.1　农机方面

农机为农业技术的物化载体，其主要问题在于作业质量问题，以下按环节分析农机作业质量。

2.1.1　耕整地　通过调研发现（图2），在耕整地机械化作业中存在的机具作业质量问题，表现在5个方面：①耕整地深度不够，翻耕、深松和旋耕深度达不到农艺要求；②漏耕，机具作业衔接行之间存在漏耕现象；③耕后地表残茬多，翻耕、旋耕后地表残茬过多，影响播种；④耕整地后地表高低不平；⑤碎土效果不好，耕整地后有土块出现。

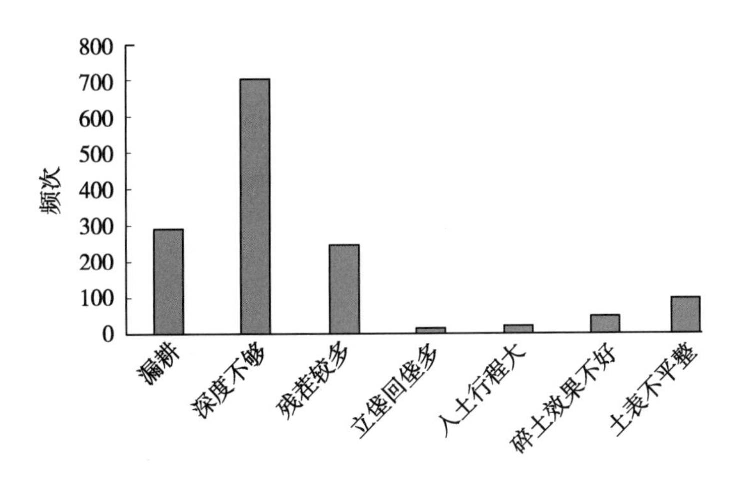

图2　春玉米耕整地机械化作业的主要问题

2.1.2　播种环节　调研发现，机播作业过程中质量问题，主要表现5个方面（图3）：①漏播；②播种不均匀；③断条；④播种深浅不合适；⑤衔接行出苗情况差。其中，带施肥装置的播种机作业质量存在机器漏种肥、施肥不均匀及种肥距离近问题。

2.1.3　中期管理环节

（1）植保环节：调查显示，背负式植保机械仍是春玉米最主要的植保机械，这些机具技术落后，“跑、冒、滴、漏”现象严重，作业效率低下，很难做到病虫害的及时统防统治。玉米是高秆作物，缺少先进的高地隙大型植保机械或者农药喷洒机。

（2）中耕追肥环节：调研发现，中耕追肥机具缺乏，很多农户直接省略此环节，还有部分农户采用改装的简易工具进行半人工作业，效率低且作业质量差。

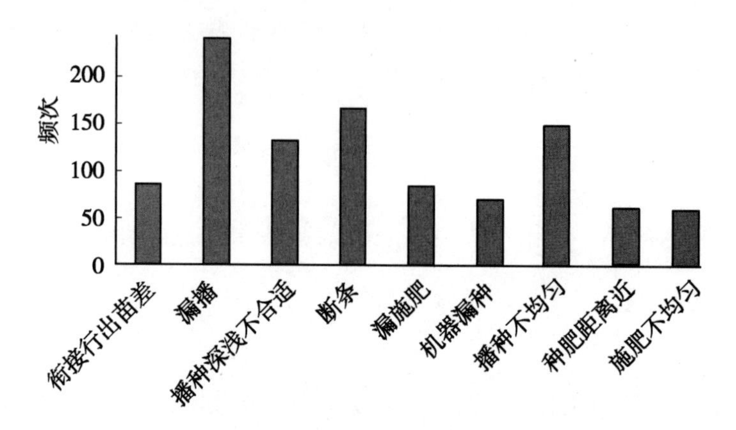

图3　春玉米播种机械化作业存在的主要问题

（3）灌溉环节：调研发现，农机服务组织不提供灌溉服务，仅在自己流转的一定规模的土地上铺有灌溉设备，普通农户缺少灌溉设备。

2.1.4　收获　调研发现（图4），不带剥皮的玉米收获机作业质量问题为丢穗多；带剥皮的玉米收获机作业质量问题是丢穗多、剥皮效果差和破损多。还有部分农户反映玉米收获后留茬高，需要再进行一次秸秆粉碎。

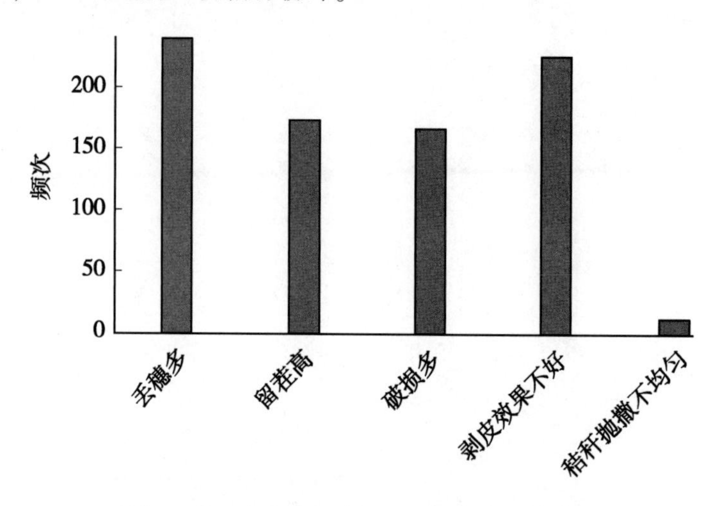

图4　春玉米收获机械化作业存在的主要问题

2.2　农艺方面

2.2.1　种植行距不统一　调查显示，京郊玉米种植方式多样，行距变幅在400～750mm，播种密度变幅在4.5万～7.5万株/hm^2。农机播种行距选择600mm的占40.0%，普通农户播种多选择500～600mm行距；有些人工播种的地块，行距甚至在400mm左右。行距不统一不仅增大了作业难度，降低机器生产效率，而且增大了收获损失率。除此之外，行距不统一还会对追肥、植保和灌溉等田间管理作业造成困难。

2.2.2　品种问题　（1）品种特性不适应机械化作业。

现有品种不适应机械化作业的两大特性：①现有品种多为稀植、高秆、大穗，不适合机械化作业，不利于中期机械化管理；②玉米生育期偏长、晚熟，玉米果穗苞叶厚、长、紧，结穗高度不一致，秸秆后期易折断，导致机收作业效率低、剥叶不净、损失率高，收获质量差。

（2）精播玉米种子普及率低。

①低发芽率种子数量多。在我国，种子发芽率85%即为合格种子，此类型种子适合条播，由于成本低，普及率较高。②精播种子价格高。发芽率在93%～96%的适合精量播种的种子价格高，老百姓接受程度低，大部用了发芽率85%的种子，致使精量播种后出现缺苗。

2.2.3　*肥料不利于机械化施用*　调查发现，71.1%的农业技术人员认为化学肥料容易受潮，堵塞施肥机械肥料出口，是现有化肥不利于机械化施用的首要原因；59.6%的被访者认为粉末状肥料不利于机械施用；而23.9%的被访者认为肥料颗粒过大，不匀、不稳定也是不利于机械施用的因素。

2.3　土地规模

全市农机合作组织的调研数据显示，农机合作社作业的地块<3.33hm^2的占总作业面积的55.3%，地块宽度多为10～20m；地块面积在3.33～6.67hm^2的占总地块的23.3%；>6.67hm^2的连片地块占总地块的23.4%，地块宽度多在100～200m（图5）。延庆县、密云县种植户的调研数据显示，散户平均种植面积为1.65hm^2，合作社为3.42hm^2。

由以上调研数据可知，农机作业地块有55.3%小于3.33hm^2。散户和种植合作社种植规模大部分都在3.47hm^2以下，其具体连片地规模应当更小。据调研，作业地块宽度<20m的，大型作业机具及玉米收获机很难回转、进地。另外，小规模经营的地块中，经常有同一块地不同种植环节的作业需由不同的服务组织或农机户来完成，由于各农机服务组织、农机户的机具配置情况参差不齐，容易造成播种、植保与收获机具作业不配套，各环节作业很难达到农机农艺融合的要求。

3　原因分析

3.1　融合机制体系不健全

3.1.1　*农机农艺技术部门条块分割*　长期以来，农机与农艺呈现条块分割的发展模式，自成体系，客观上阻止了农机农艺融合。

3.1.2　*未建立农机农艺融合的机制*　20世纪90年代，北京市农业局与农机局等相关部门曾创建过农机农艺协作组织与会商制度，但随着后来农田分产到户经营，农机农艺部门间的定期沟通和会商逐步取消，目前没有农机农艺部门的会商机制，对于统筹协调解决农机化发展中遇到的困难和问题不利。

3.1.3　*未完善适应机械化作业的种植技术体系*　由于体制上的农机农艺分离，导致生产中技术方面各自为主，没有形成完善的机械化作业的种植技术模式。如品种选育家，主要考虑品种对自然环境的适应性、抗病性和丰产性，未考虑到其对机械化作业的适应性，导致主要种植品种特性在播种、收获上不完全适应机械化作业；种子质量参差不齐，传统栽培以多下种子保苗率，未对种子质量有严格要求，导致种子质量不适应玉米精量播种技术，制约了精量播种机械化技术的推广应用；传统栽培追求高产，任意改变玉米种植行距，玉米收获机不对行收获，导致收获质量差。

3.2　部分农机具质量较差，机艺融合难落地

春玉米部分农机作业质量较差，其中主要原因是机具本身质量问题。

3.2.1　*部分小型农机具本身不是补贴产品*　近几年，北京市重点对玉米机收等环节加大补贴力度，补贴对象侧重于农机大户、农机服务组织。小型农机户购买整地机、播种机等机具时图便宜，购置的部分小型机具或背负式玉米收获机不是北京补贴产品，机具质量不过关、不适应北京种植情况，造成作业质量不高。

3.2.2　*机具老化，更新换代慢*　农机具更新换代补贴政策尚处于探索阶段，还不健全，农机拥有者更新换代农机具成本高，不愿自主进行更新换代，存在超期“带病”作业现象，导致农机作业质量低。

3.2.3　*机具维修保养不到位，造成机具质量下降*　一方面小型农机户缺乏农机保养意识，虽进行农机保养，但保养程序不完善，保养不到位、不彻底；另一方面缺少场库棚。中小型农机服务组织申请农机库棚建设用地难度大，造成大部分农机具只能露天放置，风吹雨淋，加速机械老化，质量下降。很多小型农机户甚至没有专门停放农机的场地，直接将农机放在房前屋后，机具老化程度更加严重。

3.3　从业人员意识不强，机艺融合度差

3.3.1　*种植户缺少机艺融合观念*　受传统种植观念影响，大部分种植户认为窄行距种植能带来群体高产，要求农机按照此模式进行种植，导致收获时收获机与玉米行距不对行，造成收获损失率高等问题。种植户传统观念的存在，导致了农机农艺融合发展缓慢。

3.3.2　*农机手素质不高*　农机手的素质不高主要表现在两个方面：①思想上不重视。从事农机作业的机手年龄普遍偏高，客观上造成他们接受新知识能力较差，主要依靠经验进行作业，很少重视农机农艺融合问题。调研还发现，农民普遍反映部分机手作业态度不认真，主要原因是缺乏责任意识、没有监督机制。②部分机手操作不熟练。主要原因是现有制度下，取得相关拖拉机驾驶证书就可以进行相关耕整地、播种和植保等作业，而这部分机手对相关机具如何调整、如何操作没有系统深入学习，尤其没有接受过实际操作学习，也没有专门机构对其进行细化考核。

3.3.3　*农机农艺融合培训不足*　很多机手对具体农艺知识了解不足，农机农艺部门培训有待加强。一方面农机部门往往注重农机具操作、维修、保养方面的培训，忽视农艺技术培训；另一方面，农艺部门注重对农民种植户和种植大户进行培训，而随着近些年来农机化技术水平的不断提高，农户直接参与种地的程度越来越低，玉米种植主要环节大多由机手完成，农艺部门缺少对机手进行农艺技术培训，也是造成机手作业不合农艺要求的原因。

3.4　土地流转难，小规模土地机艺融合难

3.4.1　*农户不愿意土地被流转出去*　一方面，随着城市化建设不断扩展，以及百万亩植树造林的影响，土地占用补偿费不断上涨，很多农户担心利益被侵占或分享，宁可不种地也不愿意出租；另一方面，部分年纪大的农民对土地留恋，以土地为根，即使租金

很高也不愿意出租土地。部分农户自家土地少，认为自己种着也不累，流转出去也没有其他工作可做，不愿将土地流转出去。

3.4.2　土地租金上涨，抑制土地流转　近几年，土地流转费用逐年增长，京郊区县土地租金普遍达到1.5万元/hm^2，流转土地的组织或种植大户种地成本增加，但粮食价格增长缓慢，使得种粮效益降低，部分种植大户还出现赔本情况，造成流转土地的积极性降低。

3.4.3　国家政策不明晰　一方面，国家土地流转方面的政策更多的在于探索、鼓励和号召土地流转，还没有如何具体扶持、扶持谁来进行土地流转的可行政策。另一方面，农资补贴不到位。如农资直补应是补给种地农户的，转租出去的农户虽然实际上不再种地但仍可以享受同样补贴，而实际种地的租户却得不到相应的补贴，这也影响到土地流转。

4　推进北京市春玉米农机农艺融合的对策措施

北京市春玉米农机农艺技术融合不足，其原因是多方面的，要在技术方面实现农机农艺融合，需要从机制、政策引导、技术培训和土地流转等多方面进行推动，技术融合不是一蹴而就的，需要长期努力。

4.1　建立合作研究机制

4.1.1　建立市级农机农艺融合技术专家组　改变农机化技术与农艺技术相分离的科研和推广方式，建议成立北京市农机农艺融合技术专家组，由农机、栽培、种子、土肥、植保等科研和推广服务机构技术专家组成，相关企业参与，负责农机农艺技术研究、技术集成配套，针对重点薄弱环节制定科学合理、相互适应的农艺标准和机械作业规范，开展农机农艺技术培训和技术指导等。根据工作需要，技术专家组可分设若干专题小组，各小组明确组长和成员，共同做好技术研究、技术配套和技术指导工作。同时，各区县也要成立相应的农机农艺融合专家组。

4.1.2　建立农机农艺融合的磋商机制　针对品种问题，开展适宜机械化作业的玉米品种研究；针对种植行距不统一问题，开展不同行距机械化栽培研究；针对播种质量问题，开展适宜机械播量研究；针对中耕追肥环节机具缺少，开展中耕追肥机选型、改进研究。

4.1.3　完善适应机械化作业的栽培技术模式　研究制定科学合理、相互适应的春玉米生产农艺技术规程和全程机械化作业标准规范，推进春玉米标准化规模化生产。在一定区域范围内统一品种和种植模式，因地制宜确定全程机械化、关键环节机械化技术路线和适宜机型，为农机农艺融合技术模式的建立提供技术支撑。

4.2　加强政府政策引导

4.2.1　提高农机具质量　加强对作业农机具质量监督、检查，确保作业机具质量过关；扩大农机具推广目录范围，将短缺农机具列入补贴目录；加大农机补贴政策宣传力度，引导农户购置补贴机械；完善更新报废政策，加速老旧机械更新换代。

4.2.2　提高农资质量和补贴力度　相关部门推荐高品质利于机械化作业的种、肥，并宣传引导农户应用高品质种、肥，给购买高品质种、肥的农民进行补贴。

4.3 加强技能培训

4.3.1 *在教材编写、课程设置等方面实现机艺融合* 借鉴上海在农机培训课程上增加针对农艺方面课时的经验，北京市农机与农业部门要共同配合，把农机与农艺作为产业技术整体，统一修订编写教材，改进教具。

4.3.2 *在授课过程中实现机艺融合* 借鉴山东在春耕、“三夏”“三秋”前，省农机、农业技术部门共同举办玉米播种培训班的经验，北京市农机与农业、土肥、植保和种子等有关技术部门共同组织农机、农艺技术专家开展播种、施肥、植保及收获等农机、农艺相结合、相配套、相促进的技术研究。市着重抓区县级基层农技、农机推广人员农机农艺技术培训工作，区（县）抓农机手和农民培训。

4.3.3 *开展农机农艺融合的技术宣传活动* 充分尊重农民的意愿和调动他们的积极性，引导他们学习和掌握农机农艺融合的新知识新技术，走出一条靠农民创造、靠市场运作和靠服务完善的路子。

4.3.4 *加强农机职业技能鉴定工作创新* 一方面，在职业技能鉴定工作中加入相关农艺方面考核内容，如不同的耕作深度，不同播期、地力、管理水平下播种量的确定，农药量的控制等，积极引导农机手不仅提高操作机具的技能，而且掌握与农机作业相关的农艺技术。另一方面，加强春玉米整地、播种等方面的培训鉴定，提高农机作业质量，减少机械故障，提高机具利用效率。

4.4 加强土地流转，促进规模化经营

完善土地流转政策，形成规模化、产业化农业体系，推进机械化的发展。

4.4.1 *消除土地社会保障功能，推进土地自由流转* 为散户农民建立最基本的生活保障、医疗保障和养老保障等制度，逐步消除土地的社会保障功能，从而彻底解除各方参考主体对土地自由流转的思想顾虑。

4.4.2 *完善农村土地治权结构，保障土地流转合法利益* 要以对3权（所有权、承包权和经营权）分离的土地产权关系的维护与实现为出发点，以土地流转（让渡）的产权属性、功能属性和供求关系3个维度为土地治权结构建构的基础，建立政府、中介组织、集体和农户4位一体的农村土地治权结构，从而有效地处理农村土地流转中的各种权益关系，保障农民实现土地流转的合法权益。

4.4.3 *完善土地流转中介组织，促进土地高效有序集中* 要在现有的3权分离现状和与此相适应的土地治权结构下，充分发挥市场机制在土地流转中的作用，进一步培育中介服务组织，形成土地流出—中介服务组织—土地流入的土地流转机制，实现土地流转从散户到散户的分散性自发流转向散户到中介到大户（农机合作社）的有序化、市场化和组织化流转的转变，为土地的规模经营提供快速、高效的土地流转与聚集机制。

4.4.4 *完善土地流转扶持政策，扶持相关主体推动土地流转* 出台具体可行的流转政策，并在资金上给予倾斜。建议重点扶持村集体、农机合作社等主体，积极给予政策、补贴资金，缓解地租上涨压力，真正促进土地流转，形成规模化、集约化种植模式。具体收益可按农户流转土地面积大小与农民实行股份制共享，提高农户流转土地的积极性。

参考文献

[1] 张东兴. 农机农艺技术融合推动我国玉米机械化生产的发展 [J]. 农业技术装备，2011 (9)：22－25.
[2] 郝丰园. 专家齐聚共促玉米生产农机农艺融合 [J]. 农业技术装备，2011 (17)：16－21.
[3] 王立群. 农机与农艺融合推进玉米生产机械化发展步伐 [J]. 农业装备与车辆工程，2011 (11)：18.
[4] 李清明. 农机农艺融合助推玉米生产实现全程机械化 [J]. 当代农机，2011 (1)：16－17.
[5] 王庭茂，于帅. 农机农艺融合促进玉米机收：访谈中国农业大学教授、国家玉米产业技术体系农机岗位专家张东兴 [J]. 农业机械，2011 (28)：72－73.

该文发表于《农业工程》2013 年 11 月第 3 卷

北京市甘薯育苗生产与需求现状及发展建议

李仁崑[1] 梅 丽[1] 王立征[2] 张 新[3] 闫加启[3] 何绍贞[4]
(1. 北京市农业技术推广站，北京，100029；2. 密云区农业技术推广站，北京，101500；3. 大兴区农业技术推广站，北京，102600；4. 中国农业大学，北京，100193)

摘 要：对从北京市密云、大兴、房山、延庆、顺义的16个乡镇随机抽取的116户甘薯种植户的薯苗需求情况进行调研，再选取密云、大兴、房山、延庆7个乡镇的41户甘薯育苗户进行育苗生产情况调研。结果发现：北京市甘薯育苗及生产存在甘薯种植面积零散、育苗质量参差不齐、种薯（苗）生产销售非专业化、脱毒种（苗）普及率低、甘薯贮藏损失率高等问题。建议：优化甘薯品种布局、创新甘薯脱毒技术，推广绿色环保高效育苗方式，打造京郊“籽种农业”，辐射京津冀，带动甘薯产业协同发展。

关键词：甘薯；育苗；需求；生产；调研

发展种植抗旱、耐瘠薄甘薯作物，可充分利用山区土地资源，促进京郊都市型现代种业、高效节水农业的发展，满足都市消费者对营养健康食品的需求。种薯育苗是甘薯生产中关键环节，应用节能高效的育苗技术可培育健康优质薯苗，有效促进甘薯种植的增产增效。

为全面摸清京郊甘薯种植主产区甘薯育苗生产基本情况及发展制约因素，加快甘薯育苗新技术推广与普及，提高甘薯育苗数量和质量，推广应用脱毒种薯（苗），满足京郊甘薯生产需要，并辐射带动京津冀甘薯产业持续稳定发展，2015 年 3 月采取问卷调研的形式，对京郊甘薯主产区开展了甘薯薯苗需求及甘薯育苗生产情况的调研。

1 调研区域及调研内容

调研区域：从京郊甘薯主产区密云、大兴、房山、延庆、顺义 5 个郊区县的 16 个乡镇随机抽取 116 户甘薯种植户进行薯苗需求情况调研，再选取密云、大兴、房山、延庆 7 个乡镇的 41 户甘薯育苗户进行育苗生产情况调研。116 户调查农户中密云 24 户（西田各庄镇 12 户、太师屯镇 12 户）、大兴 84 户（榆垡镇 26 户、魏善庄镇 3 户、庞各庄镇 55 户）、房山 4 户（韩村河镇 2 户、琉璃河镇 1 户、大石窝镇 1 户）、延庆 3 户（沈家营镇 2 户、井庄镇 1 户）、顺义 1 户（南彩镇 1 户）。41 户甘薯育苗户中密云 22 户（太师屯镇 11 户、西田各庄镇 11 户）、大兴 17 户（魏各庄镇 2 户、庞各庄镇 9 户、榆垡镇 6 户）、房山韩村河镇 1 户 1 户、延庆沈家营镇 1 户。

调研内容包括：甘薯种苗来源、种苗购买渠道、育苗品种、种薯处理方法、种薯贮藏损失的原因等。问卷回收后，由甘薯相关技术人员共同交流讨论，分析调研结果并形成调研报告。

2 种植户基本情况

116户调查样本中，甘薯主产区密云区24户、大兴区84户，分别占样本的20.7%和72.4%。其他3个区县农户占样本的6.9%。从事大田作物的占调查农户的47.5%，从事2种以上农业活动的占58.6%。种植户文化程度以初中文化程度居多，占样本量的66.4%。家庭年收入以0.5万~2.0万元收入居多，占样本量的75.8%。甘薯种植面积以0.13~0.33hm^2/户的一家一户为主，占样本量的71.8%，平均甘薯种植面积0.23hm^2/户；3.33hm^2以上的6户，占5.8%，平均甘薯种植面积20.68hm^2/户。

3 北京地区甘薯育苗生产现状

3.1 甘薯育苗品种及对种薯的选择

被调查农户选择育苗品种主要包括鲜食烘烤型、淀粉型、紫甘薯等，代表品种有遗字138、北京533、商薯19、密选1号、紫罗兰等。其中，选用遗字138品种育苗的农户占总样本量的49.1%，其次为龙薯9号和密选1号，分别为20.0%和14.5%。

京郊育苗农户多数采取自留种育苗方式，占66.7%。不愿意外购的原因主要包括：可按自己和市场需求来育苗；质量有保证；专业育苗户为销售盈利；怕买到带病菌的苗；信息不流通，购买不到。且在调查的41户育苗农户中，农户均未使用脱毒种薯。

3.2 育苗成本

3.2.1 *甘薯育苗户的育苗规模及收益* 调查数据（表1）显示，41户甘薯育苗农户的平均育苗面积为161.1m^2，其中，以大兴庞各庄镇、密云太师屯镇、密云西田各庄镇的育苗户数居多。育苗面积超过500m^2的有2户，分别为房山区韩村河镇和大兴榆垡镇育苗户。农户平均用种量为22.1kg/m^2，平均百株重421g，总出苗量平均为2 972.4株/m^2，以密云高岭镇车道峪村单位面积出苗量最高，为4 131.8株/m^2，相比大兴区魏善庄镇的单位面积出苗量1 563.0株/m^2高出1.8倍。这与种薯品种、种薯大小及苗床管理有很大关系[1]。百株重平均为421.43g，百株重的差异与育苗密度、育苗品种及管理水平有很大关系。不同调查乡镇的育苗成本存在差异，成本介于107.1~200.0元/m^2；由于不同乡镇甘薯种苗外卖价格（0.1~0.2元/株）和总出苗量(1 563.0~4 375.0株/m^2）的差异，造成育苗生产效益差异很大，介于64.4~510元/m^2，以大兴榆垡育苗效益最低，延庆沈家营育苗效益最高。

表1 调查农户的育苗规模及育苗收益

区县	育苗户数（户）	育苗面积极值（m^2）	平均育苗面积（m^2）	用种量（kg/m^2）	百株重（g）	总出苗量（株/m^2）	总成本（元/m^2）	外卖价格（元/株）	毛收入（元/m^2）	效益（元/m^2）
房山	1	500	500.0	20.0	425.0	4 375.0	200.0	0.15	656.0	456.0

（续表）

区县	育苗户数（户）	育苗面积极值（m^2）	平均育苗面积（m^2）	用种量（kg/m^2）	百株重（g）	总出苗量（株/m^2）	总成本（元/m^2）	外卖价格（元/株）	毛收入（元/m^2）	效益（元/m^2）
大兴	9	15～70	27.2	21.7	440.0	1 589.0	118.0	0.13	206.6	88.6
	2	50～80	65.0	20.0	415.0	1 563.0	107.1	0.13	203.2	96.1
	6	10～660	380.0	20.0	430.0	1 817.0	117.3	0.10	181.7	64.4
密云	11	72～180	116.2	23.9	440.0	4 131.8	174.9	0.15	619.8	447.4
	11	15～40	23.6	24.4	420.0	3 781.3	185.9	0.16	605.0	420.2
延庆	1	16	16.0	25.0	380.0	3 550.0	190.0	0.20	710.0	510.0
平均/合计	41	15～660	161.1	22.1	421.4	2 972.4	156.2	0.15	454.6	297.5

3.2.2　甘薯育苗户的各项育苗成本　41 户育苗户的育苗总成本平均为 156.2 元/m^2，包括种薯、用工、肥料、苗床、农药及其他成本。其中，种薯成本平均为 86.1 元/m^2，占总成本的 55.1%，所占比例最高；其次为人工成本，平均为 27.0 元/m^2，占总成本的 17.3%；苗床成本（包括竹竿、棚膜等耗材）平均为 21.7 元/m^2，占总成本的 13.9%；其他成本（包括水电或大柴开支等）平均为 13.9 元/m^2，占总成本的 8.9%；肥料成本平均为 7.0 元/m^2，占总成本的 4.5%；农药费用最低（主要为多菌灵防治黑斑病等），平均为 0.4 元/m^2。

表 2　被调查农户的育苗各项成本

区县	乡镇	种薯成本（元/m^2）	用工成本（元/m^2）	肥料成本（元/m^2）	苗床成本（元/m^2）	农药成本（元/m^2）	其他（元/m^2）	总成本（元/m^2）
房山	韩村河	95.0	46.0	18.0	25.5	0.5	15.0	200.0
	庞各庄	73.3	5.6	0.2	28.7	0.2	10.0	118.0
大兴	魏善庄	65.0	4.0	0.3	27.5	0.3	10.0	107.1
	榆垡	77.0	5.3	0.2	26.7	0.2	8.0	117.3
密云	太师屯	95.1	40.0	10.0	11.9	0.6	17.3	174.9
	西田各庄	97.5	44.4	10.0	11.9	0.5	21.6	185.9
延庆	沈家营	100.0	44.0	10.0	20.0	0.5	15.5	190
平均		86.1	27.0	7.0	21.7	0.4	13.9	156.2

3.3　育苗方式

育苗方式分为冷床保温育苗和加温温床育苗两大类[2]。京郊山区密云、房山、延庆等地 3—4 月由于地温较低，均采用加温式温床育苗方式，平原区大兴等地区 3—4 月地气温相对较高，多采用冷床保温育苗。本次被调查农户的育苗方式有火炕育苗、槽子畦中电热线育苗、塑料大棚里冷床育苗、日光温室中冷床育苗、日光温室电热线育苗、日光温室节能吊炕 6 种。其中，以火炕育苗所占比例最多，占 75.4%，绿色节能日光温室育苗方式仅占 2.4%。应加大绿色节能高效育苗方式的普及推广。

3.4　育苗销路

75.4% 的育苗户所育种苗仅供自己及亲戚朋友使用，24.6% 的育苗户所育种苗外售，主要在本县农贸市场出售，少数育苗户将种苗销售到河北周边，这部分育苗户的育苗面积介于15～180m²，平均育苗面积50m²，可见，本市育苗多是自给自足，只有个别地区初具“规模化育苗+销售”生产模式，全市整体未形成良性规范化的育苗产业。

3.5 种薯、种苗的处理方法

黑斑病、甘薯根腐病、甘薯茎线虫病这3种病害是北方春夏薯区常见的主要病害[3]。调查中，农户对种薯处理方法多采用药剂温汤浸种或排种后药剂喷淋。使用的药剂主要有多菌灵或百菌清或代森锌（光谱杀菌剂）蘸根、辛硫磷蘸根等。

3.6 贮藏条件及损失

种薯收获后损失率介于6%～70%，平均为14%，以损失率介于10%～20%居多。种薯入库前受冻害、带病，通风不良、温度高，湿度大是造成种薯损失的主要原因，分别为33.3%、21.2%、9.1%。因此，提高贮藏技术、降低损失率是北京市甘薯产业发展中一项亟待解决的问题。

3.7 甘薯育苗中面临的问题

调查农户反映目前甘薯生产中面临的问题，除种薯贮藏损失率高外，主要为秧苗问题和劳动力问题。

秧苗问题主要是没有优质脱毒种薯，秧苗数量不足、秧苗弱、成活率低、秧苗供应时间与农时不对称，分别占52.2%、24.4%、19.5%、3.9%。其中，农民对优质脱毒种薯的诉求度最高。甘薯育苗生产中多是一家一户的分散育苗，导致费工费时，成本较高，拔苗、排种、浇水、烧火等环节均需人工参与。本次调研数据显示人工成本平均为27.0元/m²，占育苗总成本的17.3%，占诉求的38.7%。其次为劳动力年龄偏大、劳动力不足、劳动能力差3方面问题，分别占问题比例的32.3%、17.7%、11.3%。

4 北京地区甘薯薯苗需求分析

4.1 甘薯生产者对甘薯薯苗的购买意愿

116户甘薯生产者中的76.4%愿意外购种苗，自己育苗并从事甘薯生产的只占6.7%，还有16.9%的生产者采取自己育苗+外购的方式。其中，116户生产者中的88.7%表示只要有质量合格的薯苗并愿意外购薯苗。其中，48.0%的调查农户表示愿意从正规的育苗公司。60.5%的农户认为目前薯苗价格偏高，主要原因是种苗成本占生产成本比例偏高，调研数据显示甘薯种苗占甘薯生产成本的比例均值为32%。

4.2 甘薯生产者对脱毒甘薯的接受程度

目前，甘薯生产上主要依靠生产和推广脱毒种苗来减轻病毒病的为害，其增产效果十分显著，脱毒甘薯较未脱毒甘薯增产幅度为24.2%～33.4%[4]。脱毒甘薯在调查农户中具有较高的认知度，96%的农户认为脱毒甘薯能够抗病和增产，并表示愿意购买。

4.3 甘薯生产者对脱毒甘薯期望价格

由于脱毒种薯（苗）生产四级快繁步骤多，生产周期需2～3年，因此成本相对较高，一般为普通种（薯）苗价格的2～3倍。但89.3%的调查农户表示愿意购买，多数农户可以接受的脱毒种薯价格为不高于普通种（薯）价格的0.5倍，因此，在推广脱毒甘薯同时，应研究降低甘薯脱毒成本的途径。

5　育苗存在问题与建议

5.1　调研发现甘薯育苗生产中的问题

5.1.1　*甘薯种薯多样化，种植面积零散化*　调研中发现京郊甘薯种植品种多达12个以上，且主栽品种优势不突出，未形成良好的品种布局。种植方式多以一家一户为主，未形成集约化、规模化种薯快繁及育苗生产方式，且甘薯种薯自留种现状严重，很难保证种薯（苗）的纯度和质量。

5.1.2　*育苗方式多种多样，育苗质量参差不齐*　京郊甘薯育苗户根据不同气候生态条件，采取多种多样的育苗方式，因此单位面积出苗数量和质量差异较大，未实现育苗效益最大化。

5.1.3　*甘薯育苗规模小而散，销售方式非专业化*　调研41农户中仅有2户育苗面积≥500m^2，大多育苗户采用自给自足式育苗方式，一家一户生产，满足自己或亲戚的育苗需求。种苗外售的农户占24.6%，平均育苗面积50m^2，多在周边农贸市场自由贸易，只能带动身边小范围甘薯的种植，没有形成规模化、工厂化的育苗规模，难以形成“客户需求引领—企业精准销售—农户订单生产”的生产、销售的服务链条。

5.1.4　*脱毒甘薯种薯（苗）市场普及率有待提高*　甘薯是无性繁殖作物，经过各世代感染并积累病毒之后，导致品种退化，产量降低。茎尖培养是目前防治植物病毒病的最有效方法[5]。但甘薯脱毒茎尖剥离难度较大，有效的检验监测机制不成熟，导致育苗户无从获得优质脱毒种薯（苗）。2015年北京地区检测出8种病毒，有毒株检出率95.8%。此次调查的41户育苗农户均未使用脱毒种薯（苗）。

5.1.5　*甘薯种薯贮藏技术急需改进*　甘薯种薯冬季贮藏技术一直困扰着薯农，由于病害防治、温湿度控制、管理方法及设施不完善，甘薯种薯储藏期间易发生病变，引起烂薯窖，造成极大经济的损失。

5.2　京郊甘薯育苗未来发展建议

5.2.1　*优化品种结构，丰富品种布局*　以优质、高产、轻简为核心，选育、引进、筛选抗病新品种，根据京郊气候资源优势形成甘薯特色种植区域，以主栽品种为重点，搭配特色品种，形成适宜京郊甘薯生产的品种布局。

5.2.2　*创新甘薯脱毒技术、提升脱毒甘薯质量*　利用北京市北部山区气候资源，整合首都科技力量，开展适宜京郊种植的主栽品种甘薯脱毒复壮工作，并通过技术创新、研发与简化甘薯脱毒组培技术，提升脱毒甘薯组培苗的质量与数量，形成甘薯组培脱毒标准化操作技术规程。

5.2.3　*建立甘薯种薯（苗）规范化、标准化示范基地*　通过扶持工厂化育苗企业的发展，建立稳定的甘薯脱毒茎尖苗和种薯扩繁生产基地，形成脱毒甘薯标准化高效繁育“原原种—原种—良种”的三级扩繁生产技术体系。

5.2.4　*推广示范绿色环保高效甘薯育苗方式*　推广普及甘薯电热线加温和倒挂微喷绿色环保水肥一体化高效育苗方式，提升甘薯育苗质量与数量。通过采取对基层育苗户补贴种薯的方式，推广应用脱毒薯苗，节本增效、惠民增收。

5.2.5　*提高种薯贮藏技术水平，降低贮藏损失率*　依托繁殖及生产基地建立规范化甘薯贮藏窖，提升贮藏技术：适宜收获、控温控湿、通风防潮、防治病害。今后，可探索通过物联网设备数字化控制贮藏条件，将损失率控制在10%之内，并加强培训，指导农民安全贮藏。

5.2.6　*完善种苗产后销售环节，建立互联网服务链条*　加强与互联网销售企业合作，建立“客户需求引领—企业精准销售—农户订单生产—推广全程服务”的生产、销售的服务链条，打造京郊“籽种农业”，辐射京津冀，带动甘薯产业协同发展。

参考文献

[1]　陈慧芳. 甘薯发芽特点及苗床管理 [J]. 陕西农业科学，2010，56 (6)：104.

[2]　聂明建. 甘薯的育苗方式 [J]. 农家致富顾问，2012 (8)：21.

[3]　殷宏阁. 甘薯病虫害综合防控技术 [J]. 河北农业，2015 (5)：22.

[4]　廖平安，靳文奎，郭春强. 脱毒甘薯的增产潜力分析 [J]. 作物杂志，2002 (6)：16.

[5]　杜希华，张慧娟. 脱病毒对甘薯某些生理特性的影响 [J]. 植物生理学通讯，1999，35 (3)：185.

该文发表于《作物杂志》2016年03期

顺义区粮食作物灌溉现状调研报告

杨殿伶　刘建玲　刘国明　冯万红
（顺义区农业科学研究所，北京　101300）

摘　要：为摸清顺义区粮食作物灌溉现状，我们于2014年12月至2015年1月对全区部分种植户、合作社及重点镇农业科人员进行了调研，调研采取现场访谈、问卷调查、座谈等形式。通过调研得出：①农民有一定的节水意识，但还需要进一步提高；②缺乏灌溉制度指导；③小麦作为耗水粮食作物，生产中缺乏抗旱品种和抗旱技术的推广。针对存在问题提出以下几点建议：①大力推广小麦节水技术；②推广旱作农业生产模式及雨养技术；③建立管水制度试点，并逐步推广；④出台相关节水补贴政策。
关键词：粮食作物；节水；旱作雨养

1　调研时间

根据北京市粮食创新团队办公室的要求，为了摸清顺义区粮食作物灌溉现状，顺义区粮经作物产业技术体系创新团队于2014年12月至2015年1月，经过调研策划、工作准备、现状调查、分析汇总等一系列过程，完成了顺义区粮食作物灌溉现状调研。

2　调研组织与方法

2.1　受访者选择的方法

调研样本采取便于统计的方式随机抽取，范围涉及顺义区的冬小麦+夏玉米种植户210户、春玉米种植户36户、4个合作社以及部分重点镇农业科技人员。

2.2　调研方式

调研资料的采集方法包括政策咨询、现场访谈、问卷调查、走访、座谈、文献检索等。其中，访谈采用了问题收集分析、打分排序等工具。

3　粮食作物产业现状

2014年，顺义区17个镇（除天竺、南法信外）种植粮经作物，共占地13 200hm^2，播种面积20 733.3hm^2，其中小麦面积7 533.3hm^2，玉米面积12 800hm^2，其他（豆、薯、花生、牧草等）400hm^2。

粮田面积2 000hm^{2}以上的2个镇，1 333.3～2 000hm^{2}的1个镇，666.7～1 333.3hm^{2}的5个镇，333.3～666.7hm^{2}的4个镇，333.3hm^{2}以下的5个镇。

全区粮食经营主体12 611户，从业人员22 440人。共涉及本区农户12 431户，涉及本区合作社（租地自营）11家，其中从业人员21 923人；涉及外来经营主体164户，其中从业人员480人，占所有从业人员2.1%。

顺义区现有粮经地块大部分成方连片，而且，已有30%左右的粮田流转到大户和合作社手中，规模化生产程度有所提高。近年来，顺义区以稳定面积，主攻单产，增加总产，改善品质为目标，狠抓优良品种的推广和各项节本增效技术措施的落实，使全区粮食综合生产能力稳步提高。特别是在籽种农业、节水农业、生态农业方面做了大量工作。小麦籽种产业有了一定规模，平均每年建设小麦籽种繁育田1 333.3hm^2，且拥有一套比较完善的繁育技术；节水农业，每年都安排节水试验和示范工作，而且从2006年开始，通过综合节水、玉米雨养旱作、生物覆盖等相关节水项目，在工程节水和农艺节水相结合等方面取得了一定的成绩和经验。

4　粮食作物灌溉现状

4.1　农户对农业节水的认识

46.1%的农户认为十分有必要节水，42.2%的农户认为节水有一定的必要性，10%的农户认为无所谓，1.7%的农户认为完全没有必要节水。

4.2　农户参加节水培训情况

调查的农户中，只有3户经常参加节水培训，25.2%的农户没有听说过这样的培训，45.2%的农户很少参加，28.3%的农户知道但没有参加培训。

4.3　粮食作物节水目的

26.3%的农户认为节水的目的在于节省水电费，70.2%的农户认为是节约水资源，只有3.5%的农户认为省工。

4.4　灌溉方式及使用此方式的原因

91.3%的农户都采用的是喷灌；8.7%的农户采用的是沟灌的方式，主要集中在木林镇的东沿头、西沿头，牛山的北孙各庄村。采用沟灌的农户除过去习惯外，还有就是觉得操作简单、产量高；而采用喷灌的农户中有5%的人觉得是政府制定或推广的，80%的农户认为省水省工。

4.5　灌溉水来源及是否够用情况

所调查的农户中95.5%的农户采用地下水进行灌溉，只有4.5%的农户采用雨水和地下水，这是由于这些农户种植的作物为春玉米，一般都是等雨播种。对于灌溉水是否够用的情况，54.8%的农户浇灌时总有足够的水，想灌就灌；41.7%的农户在平时灌溉时够用，一旦出现用水高峰就不够；3.5%的农户一般都不够用。

4.6　水费支付方式及价格

从水费的支付方式看，都是采用每家一张电卡，浇水时须插入自己的电卡，根据水泵用电量交电费，这种方式避免了农户间产生矛盾。目前农户灌溉产生的费用都是电费，每度电价格0.55~1元，各村定价不等，主要是村内要将管道维护费用、线损、人员费用等加到电费中。

4.7　喷灌使用情况

4.7.1　*设备来源*　调查农户中，99%的农户所使用的喷灌设备是政府统一出资购买安装的，只有1%的农户是自己购买的，主要是种植大户。

4.7.2 喷灌设备易损坏部位 调查农户中，47%的农户认为接口处易损坏，28.5%的农户认为喷灌管易损坏，13.5%的农户认为阀门易损坏，11%的农户认为喷头易损坏。

4.8 灌溉制度参数的确定依据

40%的农户是凭过去经验来确定每次灌水的水量、每次灌水持续时间及总的灌溉次数等灌溉制度参数，15%的农户有技术人员指导或自己阅读相关技术资料确定，30%的农户主要依据作物的生育期和长势进行灌溉，15%的农户根据土壤墒情进行灌溉。

5 主要粮食作物灌溉次数及灌溉量情况

5.1 小麦

于振文等人[1]认为，小麦一生中总耗水量约为400～600ml。通过调查，顺义区36.5%的农户小麦全生育期灌溉4次水，灌溉量为185m^3/667m^2；55%的农户灌溉5次水，灌溉量平均为225m^3/667m^2；4.5%的农户灌溉6次，灌溉量为250m^3/667m^2，4%的农户灌溉3次，灌溉量为170m^3/667m^2。调查中，农户认为小麦全生育期亩灌溉量应为140～300m^3，平均为210m^3。

5.2 夏玉米

22%的农户夏玉米种植中只浇1次水，灌溉量为45m^3/667m^2；68%的农户夏玉米灌溉2次水，灌溉量为85m^3/667m^2；10%的农户夏玉米灌溉3次水，灌溉量为110m^3/667m^2。调查中，农户认为夏玉米全生育期亩灌溉量应为30～120m^3，平均为80m^3。

5.3 春玉米

调查春玉米种植户共36户，57%的农户只灌溉1次，灌溉量为35m^3/667m^2；40%的农户灌溉2次，灌溉量为80m^3/667m^2；只有3%的农户灌溉3次，灌溉量为110m^3/667m^2。调查中，农户认为春玉米全生育期亩灌溉量应为60～110m^3，平均为95m^3。

6 粮食灌溉中存在的问题

（1）农民有一定的节水意识，但还需要进一步提高。一方面，只有极少的农民参加过节水方面的培训，另一方面，还有近30%的农户认为节水的意义主要在于节省水电费用和用工，还没有真正意识到节水的重要性。

（2）缺乏灌溉制度指导。粮食作物种植过程中，目前仍有约40%的农户靠经验来确定灌溉制度参数，这是灌溉量偏高的主要原因之一。

（3）小麦作为耗水粮食作物，生产中缺乏抗旱品种和抗旱技术的推广。

（4）不收取水资源费，在一定程度上农户不考虑此因素，灌溉时本着多浇的思想，放松了节水意识。

7 粮食作物节水建议

根据北京市提出的调结构、转方式、大力发展节水农业的思想，粮食生产工作重点由单纯追求高产高效向生产、生态、节水共赢方向转移，全面推进粮经生态节水种植模式和技术，保障粮食安全生产，营造优美景观农业。现就顺义区粮食作物节水方面提出如下建议：

7.1　大力推广小麦节水技术

小麦属越冬性作物，对治理裸露农田、抑制大气扬尘和保持土壤水分具有重要作用，是北京重要的生态作物之一。但小麦又属于耗水型作物，为确保小麦既发挥生态优势又能做到节水，应全面推广应用小麦节水技术，主要包括抗旱节水新品种、喷灌施肥、培肥保墒、保护性耕作、化学抗旱、测墒灌溉和绿色防控等技术，实现粮田喷灌节水设施和节水技术全覆盖。

7.2　推广旱作农业生产模式及雨养技术

针对部分无灌溉条件的地区，以及地下水严重超采区的大田作物生产，积极推广旱作农业生产模式—种植春玉米。在生产中完全依靠土壤水和雨水，实现零用灌溉水。主要技术措施包括选择抗旱品种、抢墒等雨播种、长效肥一次底施、保护性耕作（深松保墒、秸秆粉碎还田等）、化学抗旱、培肥保墒等技术。

7.3　建立管水制度试点并逐步推广

根据作物种类和土壤类型，选择一定的示范点，定期定点监测土壤墒情和作物长势，结合作物需水规律和气象条件，制定土壤墒情和作物旱情分级评价指标体系，对农田墒情和作物旱情进行分析和判定，并提出具体的灌溉方案和抗旱措施，指导示范区农民或有关部门科学管理农田水分，减少不必要的灌溉，节约宝贵的水资源。

7.4　出台相关节水补贴政策

（1）建议增加采用节水技术所需农资补贴，增加和完善喷灌等节水设备，确保各项节水措施的落实到位，最终达到减少农业用水目的。

（2）对因使用节水技术而造成的减产给予补偿。

（3）建立用水奖励机制，对粮田灌溉用水进行定额，对低于用水定额农户进行奖励。

参考文献

[1]　于振文．全国小麦高产创建技术读本［M］．北京：中国农业出版社，2012.

北京市甘薯机械化生产现状及发展建议

张 莉 熊 波 高 娇 李传友 闫子双

（北京市农业机械试验鉴定推广站，北京 100079）

摘 要：北京市甘薯机械化生产技术相对落后，作业机具的专用化、高效化和系列化程度较低，不仅落后于水稻、小麦、玉米等粮食作物，也落后于马铃薯、花生等地下结实作物，其耕种收综合机械化指数距北京市平均水平尚有较大距离。本文分析了北京市甘薯机械化生产现状，指出存在的主要问题，并提出相应的发展对策。

关键词：甘薯；机械化；现状；北京

甘薯是劳动密集型的地下结实作物，我国虽是甘薯生产大国，但机械化作业程度却不高，其耕种收综合机械化指数约26%[1]。北京地区甘薯种植生产的各个环节仍以人工为主。随着劳动力的转移，农村劳动力已严重缺乏，再加上缺少甘薯生产急需的轻便配套机械，以及农机农艺结合的高效轻简化实用技术，甘薯生产机械化程度明显低于其他作物，这成为甘薯产业发展的重要限制因素。本文针对北京地区甘薯生产现状开展调研，分析存在的主要问题，并提出发展对策。

1 甘薯种植生产现状

1.1 基本情况

据统计数据，2013 年北京市甘薯种植面积为 3 866.7hm^2，主要分布在大兴区和密云县。北京甘薯栽培以垄作种植为主，主要生产环节是耕整地、施肥、起垄、铺膜、薯苗移栽、田间管理、割蔓、挖掘和捡拾收集。

1.2 机械化情况

目前甘薯生产环节机械化水平偏低。耕整地、起垄铺膜/起垄、施底肥机械化水平相对较高，其他环节机械化作业水平较低，薯苗移栽、植保作业、割蔓和收获仍停留在人工、依靠畜力或借助其他大田机械完成作业的阶段。

1.2.1 耕整地

（1）耕整地模式。因种植甘薯地块的土质不同，耕整地方式也多种多样。据调研，采用翻耕—起垄耕整地模式的种植户占调研总数的 59.2%，采用旋耕—起垄耕整地模式的种植户占调研总数的 37.0%，采用翻耕—旋耕—起垄耕整地模式的种植户占调研总数的 3.8%。

（2）机具作业及机具来源。因耕整地环节可以用其他大田机械完成作业，机械化水平相对较高。甘薯耕整地起垄机主要有单一功能作业机和复式作业机，其中，复式作业机可一次完成施肥、旋耕、起垄、镇压和覆膜等作业或能完成上述几个功能的组合。人工进行翻整地作业和机具作业分别占种植户总数的 29.03% 和 70.97%。翻耕机具作业中自有机具作业占 23.07%，农机服务组织作业占 76.93%；进行旋耕的种植户中，自有机具作业占 33.34%，农机服务组织作业占 66.66%。

1.2.2　施底肥　施底肥可以用其他大田机械完成作业，机械化水平相对较高。施底肥的种植户中，人工作业占 71.74%，自有机具作业占 6.52%，农机服务组织作业占 21.74%。

1.2.3　起垄　甘薯多为小规模地块农户分散种植，种植模式多样，垄距垄高差别较大。

起垄方式。起垄覆膜的种植户占 61.48%，起垄不覆膜的种植户占 38.52%。进行起垄覆膜的种植户中，人工作业占 71.43%，自有机具作业占 10.71%，农机合作社机具作业占 17.86%。起垄不覆膜的种植户中，人工作业占 62.14%，自有机具作业占 18.93%，农机服务组织作业占 18.93%。

垄形。种植户采用的垄距为 50～120cm，垄高为 20～40cm，垄形多样。由图 1、图 2 可知，垄距选择 90cm 和 100cm 的居多，垄高主要为 30cm。

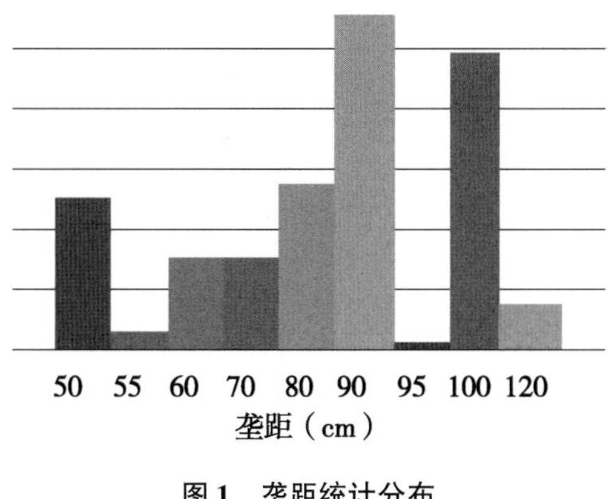

图 1　垄距统计分布

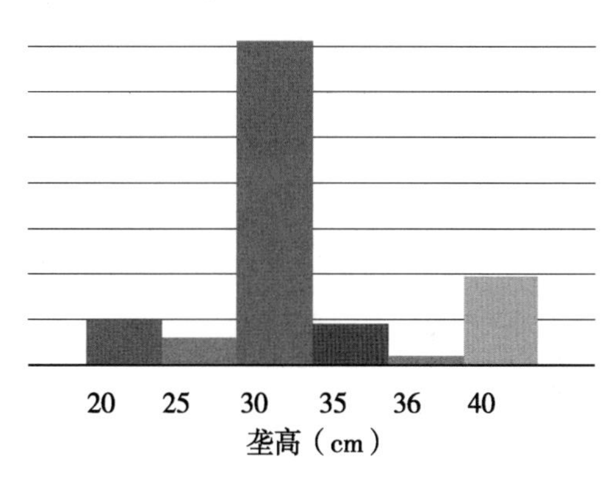

图 2　垄高统计分布

1.2.4　薯苗移栽　薯苗移栽主要有斜插法、水平栽插法、直插法、船底形栽法和钩形栽插法，其薯苗入土角度、深度均有区别。北京市种植户采用船底形栽法的居多。据调查，人工作业占 85.11%，自有机具（含自制改装辅助作业工具）作业占 8.51%，农机服务组织作业占 6.38%。

1.2.5　收获　收获是甘薯生产中用工量和劳动强度最大的环节，其用工量占生产全过程的 42% 左右，主要包括割蔓、挖掘、捡拾、清选和收集等环节。据调研，割蔓环节人工作业的种植户占调研总数的 78.38%，自有机具作业占 2.7%，农机服务组织作业占 18.92%；甘薯收获环节人工作业的种植户占调研总数的 70.21%，自有机具作业占 12.77%（大部分为改制简易挖掘犁），农机服务组织作业占 17.02%。

2　甘薯农机化生产存在的问题

2.1　种植制度复杂多样

栽插环节。甘薯苗的大小、叶片、入土方式、浇水和覆膜等具有多样性，机具的适应性受影响很大，使机械化移栽机具的研发和推广受到较大制约。

割蔓环节。甘薯藤蔓生长茂盛，匍匐缠绕严重，加大了机械化清除难度。甘薯藤蔓通常长1.5～2.5m，产量多达30t/hm^{2}[2]，机械割蔓粉碎量大；尤其是生长后期垄体塌陷，垄沟起伏不定，割蔓的高度变化较大，难以清理干净，易造成割蔓机具振动大、伤割刀和安全性差，影响后续挖掘收获作业。

收获环节。甘薯薯块生长深、质量大和结薯范围宽，造成收获机入土深、负荷大。甘薯单个平均质量超过250g，生长深度20～28cm，结薯范围25～35cm[3]。机械化挖掘收获时土薯分离量大、机具负荷大和伤薯率高，易造成机具部件磨损，缩短机具使用寿命。甘薯皮薄，收获时易被薯土分离装置蹭伤，对鲜食型甘薯的贮藏和出口不利。

种植环境。北京市甘薯种植土壤有沙壤土、壤土等，种植田块大小不一，大部分田块较小，种植环境相当复杂，机具难以适应多种环境作业。

种植农艺。甘薯种植农艺繁杂造成作业机具与动力配套难。种植户采用大垄、小垄、单行和双行皆有，间作套种长期存在，且垄形、垄距差距较大，与国内现有的拖拉机轮距难以匹配，致使作业机具与配套动力难以选择。

2.2 关键环节缺乏适用机具

国内甘薯生产机械除耕地、起垄和田间管理等环节多借用其他作物通用机型，技术相对成熟外，移栽、割蔓和收获等重要环节尚缺少可靠性较高的机型。目前，国内生产甘薯作业机具的企业虽有几十家，产品种类也多达数十种，但由于结构设计、制造工艺和选材用料等因素，造成机具制造质量差、可靠性低和辅助人工过多等问题，难以满足种植户的生产需求。

2.2.1 耕整地环节　现有甘薯旋耕起垄机仍存在着土壤耕层浅、起垄高度不够、垄体紧实度差易塌陷、垄距不规范和垄侧坡度角不规范等问题，影响后续栽插、薯块生长及收获作业；此外，机具结构强度差和可靠性低等问题也较为突出。

2.2.2 移栽环节　在移栽环节，目前国内已有不覆膜条件下的甘薯裸苗移栽机，但是北京地区73.33%的农户采用膜上栽插方式，目前满足膜上移栽要求的移栽机较少，并且效率低、成本高，不经济。

2.2.3 收获环节　甘薯收获机械使用率很低，当前仍以人工作业为主，仅部分种植户采用简易挖掘犁，少数地区采用了切蔓机、挖掘收获机，但藤蔓切碎率低、垄沟藤蔓清除效果差、挖掘伤薯率高、作业功耗大和设备使用寿命短等问题依然十分突出。国内还缺少作业集成度高和综合效益显著的机械化联合收获技术装备。

2.3 种植地块分散不利于规模化机械作业

通过调研了解到，农技部门和农机合作组织均认为地块大小是阻碍机械化水平提高的重要原因。据调研数据，0.13hm^{2} 以下占59.40%，0.13～0.33hm^{2} 占26.32%，0.33～0.67hm^{2} 占6.77%，0.67～3.33hm^{2} 占3.76%，3.33hm^{2} 以上占3.76%。地块面积过小、不同农户的地块交错分散、无法完成机械展开或回转及无法连片作业是影响机械化作业的最不利因素。

3　原因分析

3.1　农机农艺融合不足

甘薯生产机械化技术落后与甘薯作物农机农艺的适配性差有很大关系。由于甘薯种植规模影响，甘薯种植机械研发滞后，以往甘薯品种的育种和栽培目标主要集中在高产、抗逆和抗病虫害等问题上，而没有考虑机械化作业因素，给机具的研发、推广和作业质量均造成较大影响。

3.2　甘薯作业机具研发生产滞后

①长期以来，北京市各级政府及农机科研机构关注的重点是设施蔬菜、小麦和玉米等种植面积较大作物的生产问题，政策制定、立项支持和平台建设都给予了倾斜，致使种植面积较小的甘薯行业机械研发队伍少，从业人员不多，更缺少专业的研发生产制造企业。②甘薯生产机具的研发基本是参照马铃薯生产机械，缺少基础理论支撑和农机农艺适配性的深入研究。③研发推广多集中在中小功率段、较为简易的设备，而技术含量较高的移栽机、联合收获机研发还很薄弱。

3.3　部分农机手的职业技能和职业素质差

①随着农业机械的增加和农机服务组织的发展，越来越多的农民加入到农机手队伍中来，机手上岗系统培训不足，缺乏系统的田间作业技能训练，技术素质普遍较差。②机手及作业质量监管系统不健全，造成机具使用管理不善，机具调整不到位，能源浪费严重，不能充分发挥机具效能，从而影响了田间作业质量。

3.4　种植地块规模小

目前，京郊种植甘薯土地虽然有一部分已经流转到种植大户手中，由农机服务组织统一进行规模化种植，但是集约化程度还比较低。主要原因：①农民受传统小农经济思想影响，加上近年来承载于土地上的各种负担已经消除，各种支农惠农政策不断出台，各种补贴不断增多，大多数农民不愿流转土地，大部分耕地仍由一家种植。②农田流转政策宣传力度不够，部分地区农民对土地流转补贴政策理解不深，导致农田流转不畅通。③农户间自由的转包是无法实现连片耕作的，只有集体通过调整地块，才能实现这个目标。而目前集体经济组织调整地块的功能没有得到发挥，所以，绝大部分农户之间的自由转包不能连片，对甘薯种植规模经营没有太大的促进作用[4-5]。

4　对策措施

近年，随着甘薯消费需求的不断趋增以及农村劳动力大量转移，解决甘薯生产机械化问题已成为亟需攻克的任务。

4.1　加强农艺与农机融合

建立农机农艺融合联合攻关机制，成立农机农艺融合专家组，针对甘薯生产机械化薄弱环节，联合制订农机农艺融合方案，研制、选型和引进相关机具。加强农机与农艺技术融合研究，吸取美国、日本等国经验，培育适宜机械化作业的品种，研究制定规模化、标准化和轻简化的适宜机械化作业的甘薯生产农艺技术规程，在栽培技术上应区域化统一种植模式[3,6]。

4.2 加大资金支持和政策引导

充分发挥政府部门的主导作用，突出甘薯生产机械研发，引进借鉴国外和其他作物生产机械，突破机械栽插和施肥机具，完善培垄、收获机具，并列入农机补贴目录。另一方面需要政府加大对甘薯生产机具的购置补贴、甘薯机械化作业补贴，提高农民使用机械作业的积极性。

4.3 加强对机手的培训与监管

重点针对农机服务组织开展作业质量及技术培训，加强对农机手的上岗培训，逐步实行农机手上岗准入。对现有的机械化程度较高的环节，制定机械化作业规范，加强对机手的职业技能和职业素质的培训，提高机手的作业水平，端正机手工作态度。完善机手作业质量监管制度，保证作业质量，提高农民采用机械化作业的意愿。

4.4 推进土地流转和重整

积极进行土地流转和土地重整，对小面积、分散分布和缺少机耕道等种植地块进行组合或重新规划，使之适宜机械化尤其是大中型机具作业[7]。

参考文献

[1] 胡良龙，胡志超，王冰，等．国内甘薯生产机械化研究进展与趋势［J］．中国农机化，2012（2）：14－16.

[2] 史新敏，李洪民，张爰君．迷你型甘薯简易机械化栽培技术［J］．作物杂志，2009（1）：120.

[3] 胡良龙，胡志超，谢一芝，等．我国甘薯生产机械化技术路线研究［J］．中国农机化，2011（6）：20－25.

[4] 纪灿离，冀彬，许永杰．制约农村土地流转因素分析［J］．农业·农村·农民，2009（4）：23－24.

[5] 张路雄．我国耕地制度存在的问题及政策选择［J］．红旗文稿，2009（6）：9－12.

[6] 许天瑶．专家谈农机农艺融合［J］．农业机械，2011（15）：2224.

[7] 马标，胡良龙，许良元，等．国内甘薯种植及其生产机械［J］．中国农机化学报，2013，34（1）：42－46.

该文发表于《农业工程》2013年11月第3卷

专题二

新品种选育筛选与应用

北京第八代小麦主推品种特点及其应用

周吉红[1]　毛思帅[1]　孟范玉[1]　王俊英[1]　朱青艳[2]
刘国明[3]　佟国香[4]　曹海军[2]
（1. 北京市农业技术推广站，北京　100029；2. 北京市通州区农业技术推广站，北京　101101；3. 北京市顺义区农业科学研究所，北京　101300；4. 北京市房山区农业科学研究所，北京　102446）

摘　要：目前，北京小麦已实现了 8 次品种更新换代，平均单产 5 100. 0kg/hm^2 左右，较 1949—1957 年的 645. 0kg/hm^2 提升了近 7 倍，较 1978 年提升 50. 5%，新品种的选育与推广发挥了重要的增产作用。笔者结合试验与示范，对北京市目前主推的第八代小麦品种农大 211、农大 212、轮选 987 和中麦 175 与第七代主推品种京 9428 从生长发育、产量因素等方面进行了比较评价。结果表明，目前的第八代品种之所以能获得更高产量，具备以下特点：一是株高在 75 ~ 80cm，较第七代品种降低 5 ~ 10cm，具备了增加穗数提高产量的基础；二是分蘖力强，成穗率高，最高穗数较第七代品种增加 150 万穗/hm^2 以上，穗粒数与第七代品种相当，千粒重较第七代品种有所降低，更适合高产稳产栽培管理；三是抗寒性、抗倒性、抗干热风能力增强。第八代小麦品种更适合密植创高产。

关键词：小麦；新品种；特点；应用

品种是粮食增产的关键要素之一，是推动产量提升的基础，依靠科技创新提高单产，增加总产，是保证我国粮食安全的重要途径。近 11 年我国小麦连年丰收，在国家粮食丰产科技工程和农业部组织的小麦高产创建活动中出现了一批万亩高产田，单产和总产持续增加，全国各地涌现出许多高产典型，这主要是小麦科技研究进步、科技成果应用与转化起了重要作用，同时说明大面积提高小麦单产还有较大的潜力[1]。北京市小麦育种科研力量雄厚，新选育的品种对北京乃至河北、天津等地的小麦生产发挥了很好的增产作用。据北京市种子管理部门资料，当主栽品种发生抗逆性变差、纯度退化、面积大幅减小，而新审定品种种植面积快速增加，逐渐代替退化中的主栽品种成为新的主栽品种时，即实现小麦品种的更新换代。从 1949 年至今，北京小麦品种已实现了 8 次更新换代，单产水平逐渐提高。1949—1957 年第一次换代时平均单产 645. 0kg/hm^2；1958—1964 年实现第二次更新换代，平均单产 1 042. 5kg/hm^2，较第一次提高 397. 5kg/hm^2，提升 61. 6%；1965—1971 年实现第三次更新换代，平均单产 1 525. 5kg/hm^2，较第二次提高 483. 0kg/hm^2，提升 46. 3%；1972—1982 年实现第四次更新换代，平均单产 2 763. 0kg/hm^2，较第三次提高 1 237. 5kg/hm^2，提升 81. 1%；1983—1990 年实现第五次更新换代，平均单产 4 239. 0kg/hm^2，较第四次提高 1 475. 0kg/hm^2，提升 53. 4%；1991—1999 年实现第六次更新换代，平均单产 5 728. 5kg/hm^2，较第五次提高

1 489.5kg/hm^2，提升35.1%；2000—2010年第七次更新换代，实现了从高产向优质高产的转变，平均单产5 049.0kg/hm^2，单产较上次下降679.5kg/hm^2，降幅11.9%；2011年随着农大211、农大212、中麦175和轮选987等高产品种的大面积推广，逐步替代了以京9428为主的第七代品种，平均单产稳中有升。目前北京市平均单产5 100.0kg/hm^{2}左右，较1949—1957年的645.0kg/hm^{2}提升了近7倍，较1978年的3 388.5kg/hm^{2}提升50.5%[2-5]。由此可见，品种是产量提高的重要因素，是增加总产量保证我国小麦供应的主要途径[6-7]。笔者对北京目前主推的第八代小麦品种和第七代主推品种进行了比较评价，为小麦育种者和生产管理者提供必要的依据。

1 第八代和第七代主推品种生长发育比较

为了比较第八代和第七代主推品种在生长发育和产量等方面的差异，2011—2013年，连续三年开展了品种比较评价试验，总结出了两代品种的差异和特点。

1.1 生育期及所需积温比较

试验表明，第八代品种在适期播种（9月28日、29日播种）条件下，全生育期天数在262～270d，平均为266d，与第七代主推品种京9428比较，轮选987晚2d，其余3个品种早1～2d，平均早1d左右。第八代品种全生育期所需>0℃积温平均为2 157.8℃，除轮选987较京9428多25.4℃外，其余3个品种较京9428减少44.5℃。总体上，第八代品种生育期较第七代品种早1d左右，全生育期所需积温减少27.0℃（表1）。

表1 各品种生育期及所需积温

品种	2011年		2012年		2013年		平均	
	天数(d)	积温(℃)	天数(d)	积温(℃)	天数(d)	积温(℃)	天数(d)	积温(℃)
轮选987	267	2 165.5	266	2 170.1	270	2 295.1	268	2 210.2
农大211	265	2 108.8	263	2 090.6	267	2 248.1	265	2 149.2
农大212	265	2 108.8	263	2 090.6	267	2 248.1	265	2 149.2
中麦175	264	2 081.3	262	2 061.5	266	2 224.6	264	2 122.5
京9428	266	2 138.6	265	2 144.1	268	2 271.6	266	2 184.8

1.2 第八代和第七代主推品种植株发育比较

1.2.1 第八代品种株高降低5～10cm 第八代主推品种轮选987、农大211、农大212和中麦175株高在75～80cm，平均76.9cm，较第七代主推品种京9428株高降低了8.1cm，从第一节至穗下节，节间长度分别较后者降低了2.3cm、1.1cm、2.7cm、0.9cm和1.3cm。株高降低，特别是基部节间变短，大幅度提高了品种抗倒伏能力，为增加群体创高产奠定了基础。各品种穗长和每穗小穗数与京9428无明显差异（表2）。

表2　各品种植株性状

品种	株高（cm）	第一节间长（cm）	第二节间长（cm）	第三节间长（cm）	第四节间长（cm）	穗下节间长（cm）	穗长（cm）	小穗数（个）
轮选987	75.0	4.8	8.1	12.4	18.2	24.0	7.5	14.7
农大211	75.8	5.5	8.0	12.6	17.6	24.3	7.8	16.3
农大212	76.2	5.3	8.5	12.7	18.0	24.1	7.6	15.6
中麦175	80.0	8.1	9.5	15.1	20.1	20.1	7.6	15.7
京9428	85.0	8.2	9.6	15.9	19.4	24.4	7.5	15.5

1.2.2　*第八代品种冬前叶片变小*　适期播种下，第八代品种冬前均长到6叶露尖，其中1~5叶均逐渐变长、变宽，第6叶未展开。轮选987与其他品种比较叶片短1cm左右。农大211第1叶与轮选987相近，不到7.5cm。中麦175第1叶最长，达到8.5cm。叶片宽度从第1叶的0.3~0.4cm增加到第5叶的0.7~0.8cm。第八代品种叶片宽度均较京9428窄0.1~0.2cm（表3）。

表3　各品种冬前各叶片长、宽　（cm）

品种	第1叶		第2叶		第3叶		第4叶		第5叶	
	长	宽	长	宽	长	宽	长	宽	长	宽
轮选987	7.4	0.3	11.8	0.4	12.0	0.5	13.3	0.6	13.3	0.7
农大211	7.3	0.3	12.5	0.4	13.6	0.6	14.2	0.6	16.0	0.6
农大212	7.9	0.3	12.7	0.4	13.7	0.5	14.7	0.7	11.8	0.6
中麦175	8.5	0.3	12.5	0.4	12.9	0.5	13.9	0.7	14.9	0.8
京9428	7.5	0.4	12.5	0.5	13.6	0.7	14.0	0.8	14.8	0.8

1.2.3　*冬前每片叶所需积温87℃左右*　第八代品种冬前每长1片叶需要积温为83.4~91.7℃，平均为87.1℃，与京9428相当（表4）。总体上各品种均符合诸德辉等人研究的小麦冬前叶片与积温的关系[8-9]。

表4　2011—2013年各品种冬前长1片叶所需积温　（℃）

品种	2011年	2012年	2013年	平均
轮选987	88.3	87.3	90.1	88.6
农大211	86.5	85.5	88.6	86.9
农大212	87.0	86.0	91.7	88.2
中麦175	84.4	83.4	85.8	84.5
京9428	88.3	86.5	90.5	88.4

1.2.4　*第八代品种春季叶片变短变窄*　从春生第1叶至第5叶各品种叶片长度依次增

加，第6叶变小；品种间比较，轮选987下部4片叶比京9428短2～4cm，而5叶后反超京9428。农大211除第1片叶外，其他几片叶均比京9428短1～3cm。农大212上部3片叶比京9428短1～4cm。中麦175除第2叶外，其他叶长度与京9428无明显差异。第八代主推品种各叶片均较京9428窄0.1～0.6cm，尤以轮选987差异明显，其2～4叶差异达0.4～0.6cm（表5）。

表5　各品种麦春季各叶片长、宽　　（cm）

品种	第1叶		第2叶		第3叶		第4叶		第5叶		第6叶	
	长	宽	长	宽	长	宽	长	宽	长	宽	长	宽
轮选987	5.5	0.5	10.0	0.5	15.5	0.7	18.0	0.8	22.2	1.0	19.0	1.2
农大211	8.1	0.6	12.0	0.6	16.0	1.0	17.4	1.1	19.0	1.2	15.3	1.4
农大212	7.9	0.5	14.0	0.7	17.0	1.0	16.0	1.0	18.0	1.2	15.4	1.3
中麦175	7.7	0.6	11.9	0.8	17.3	1.0	19.7	1.2	21.6	1.2	15.1	1.4
京9428	7.3	0.6	14.3	0.9	17.8	1.3	20.1	1.3	22.0	1.4	16.8	1.5

1.3　品种灌浆速率比较

与第七代主推品种京9428比较，中麦175开花较早，前期灌浆快，开花后27d基本停止了灌浆，再次揭示了该品种较其他品种成熟期早2～3d的原因，属于早熟品种。农大211和212灌浆前期灌浆速率与京9428相当，但中后期明显低于后者，于开花后30d基本停止了灌浆，这是因为这两个品种籽粒较小，灌浆较快。轮选987开花期略晚，前期灌浆慢，千粒重一直低于其他品种，但灌浆持续期与京9428相当，在花后33d基本停止灌浆，因此该品种较晚熟，熟期与京9428相当（表6）。

表6　各品种开花后千粒重变化　　（g）

品种	花后12d	花后15d	花后18d	花后21d	花后24d	花后27d	花后30d	花后33d
京9428	14.1	20.9	27.5	33.0	36.2	39.8	43.7	44.5
农大212	16.0	20.1	25.0	28.5	33.5	38.6	41.5	41.6
农大211	15.6	19.5	23.5	27.5	32.1	38.2	41.3	41.5
中麦175	20.0	24.5	28.9	32.0	35.9	39.5	39.6	39.6
轮选987	12.9	14.7	18.4	24.5	28.2	34.8	38.1	39.0

2　第八代品种具备7 500.0kg/hm² 产量潜力水平

2011—2013年连续3年的试验表明，新品种具备7 500.0kg/hm²以上的产量潜力，稳产性较第七代品种显著提升。

2.1　新品种产量潜力评价

2011年在顺义区大孙各庄镇顺义农科所基地开展了品种比较试验（表8），以京9428为对照。12个参试品种中，中麦175和轮选987排名第1、第2，较京9428增产15.0%以上；排名第3、第4的农大212和农大211分别较对照京9428增产13.3%和9.7%，增产达极显著水平。这4个品种均接近或超过了7 500.0kg/hm^2。

2012年继续将上年亩产达到或接近7 500.0kg/hm^{2}的中麦175、轮选987、农大212和农大211高产品种进行进一步对比试验，并加入一些新的苗头品种。试验在顺义南彩镇和房山窦店镇两个地点同时进行。结果表明，两个点对照品种京9428平均产量7 189.3kg/hm^2。两个试验点中，轮选987、农大211、良星99、农大212品种均比对照增产，其中，轮选987均名列第1位，比对照增产16.9%，两个点产量均超过了7 500.0kg/hm^2。农大211列在第2位，增产5.9%，平均亩产也超过了7 500.0kg/hm^2。农大212排名第3，较对照增产2%（表7）。

2013年继续开展验证性试验，由于灌浆期遇到连续7d的阴雨天气，千粒重下降严重，2013年最高单产下降1 267.5kg/hm^2，所有品种均未达到7 500.0kg/hm^2。但各品种的变化趋势与2012年相似。两个试验点轮选987比对照增产9.4%，农大212比对照增加7.2%，达到了5%显著水平；虽然中麦175和农大211发生了局部倒伏，但产量与京9428没有形成显著差异，几个新品种均表现出了高产稳产性（表8）。

表7　2011—2013年第八代主推品种产量潜力评价　（kg/hm^2）

2011年		2012年		2013年	
品种	产量	品种	产量	品种	产量
中麦175	7 822.5A	轮选987	8 407.5A	轮选987	7 141.5A
轮选987	7 762.5AB	农大211	7 612.5B	农大212	6 999.0AB
农大212	7 645.5B	农大212	7 333.5BC	中麦175	6 592.5BC
农大211	7 404.0C	中麦175	7 331.3BC	农大211	6 534.0BC
京冬17	7 239.0D	京9428（CK）	7 189.5C	京9428（CK）	6 531.0BC
中优206	7 204.5D	济麦22	7 067.3CD	5408	6 418.5C
京冬12	7 201.5D	中优206	6 944.3D	6B	6 276.0CD
烟农19	7 071.0E	烟农19	6 833.8F	7Z	6 168.0D
京9843	7 011.0EF	农优3	6 792.0F	京麦6	5 396.3E
京冬20	6 901.5FG	京冬17	6 741.8F	京麦7	4 579.5F
农大3432	6 846.0GH	石新828	6 507.0G	—	—
京9428（CK）	6 750.0H	京冬22	6 501.0G	—	—

注：同列不同大写字母表示在0.01水平上差异显著

经过连续3年的品种筛选试验证明，轮选987、农大211、农大212和中麦175都具备7 500.0kg/hm^{2}及以上的单产潜力。其中轮选987稳产性最好，但略晚熟。农大211和农大212稳产性较好，熟期适中。中麦175产量高，灌浆快、早熟。

2.2 第八代品种的产量因素分析

分析表明，第八代 4 个新品种的穗数、穗粒数、千粒重分别为 753.0 万穗/hm²、29.2 粒/穗和 40.7g。与第七代主推品种京 9428 相比，穗数提高了 150 万穗/hm²，穗粒数相当，千粒重降低 4.4g。第八代品种未出现倒伏的最高穗数达每公顷 825.0 万～975.0 万穗/hm²，平均为 900 万穗/hm²（表 8）。从北京的气候特点看，通过增加穗数争取高产更容易实现。穗粒数和千粒重主要受气候影响较大，栽培管理等人为因素影响较小。第八代品种由于株高适宜、分蘖成穗力强，更适合增加穗数创高产。

表 8　第八代品种与第七代品种产量因素比较

品种	穗数（万穗/hm²）	最高穗数（万穗/hm²）	穗粒数（粒）	千粒重（g）	产量（kg/hm²）
轮选 987	780.0	975.0	28.9	40.6	7 779.0
农大 211	735.0	900.0	29.5	41.0	7 557.0
农大 212	742.5	900.0	29.3	40.6	7 507.5
中麦 175	732.0	825.0	28.6	40.9	7 278.0
京 9428	600.0	750.0	29.1	45.2	6 708.0

3 第八代主推品种主要特点

综合上述分析，第八代主推小麦品种主要有以下特点：一是株高在 75～80cm，较第七代主推品种降低 5～10cm；二是个体分蘖力强，成穗率较高，较第七代主推品种增加 150 万穗/hm²，穗粒数与第七代品种相当，千粒重较第七代品种有所降低，更适合高产稳产栽培管理；三是抗寒性较强、抗倒性好；四是具备 7 500kg/hm² 以上产量潜力水平。

4 第八代主推品种推广应用情况

4.1 连续 5 年为北京小麦高产创建主推品种

2008—2012 年，北京市小麦高产创建开始逐渐推广应用这 4 个高产稳产品种，农大 211 和轮选 987 稳产高产，种植面积逐年增加；农大 212 于 2010 年通过审定，丰产性好，最近两年推广步伐较快；中麦 175 早熟，但产量不够稳定，种植面积相对较少。比较以上 4 个品种在近 5 年的产量表现可以看出（表 9），农大 212、轮选 987 和农大 211 均表现较好，平均较其他品种增产 4.4%～21.9%。中麦 175 产量虽然略低于其他品种 5 年的平均值，但高于对照当年值 1 个百分点。

4.2 全市监测点中新品种增产显著

北京市每年都建立近百个农情监测点，以掌握全市小麦生长情况，有针对性的推广技术。据对 2008—2012 年全市小麦 400 多个监测点品种应用比例和产量统计，自 2008 年实施高产创建以来，第八代的 4 个主推品种应用比例逐年增加，产量较其他品种增产在 5.0% 以上（表 10）。

表 9　2008—2012 年高产点小麦主推品种应用情况

主推品种	年份	点数	面积（hm^2）	产量（kg/hm^2）	产量比较（%）
农大 211	2008—2012	27	127 995.0	6 801.0	104.4
轮选 987	2009—2012	14	84 675.0	7 398.0	113.6
农大 212	2011—2012	4	19 800.0	7 938.0	121.9
中麦 175	2010—2011	2	11 400.0	6 462.0	99.2
其他品种	2008—2012	32	239 700.0	6 513.0	100.0

注：其他品种为除轮选 987、农大 211、农大 212 和中麦 175 以外的品种，下同

表 10　2008—2012 年北京市监测点各品种产量表现

主推品种	面积（hm^2）	产量（kg/hm^2）	产量比较（%）
农大 211	365 730.0	5 937.0	106.0
轮选 987	165 255.0	5 949.0	106.2
农大 212	35 100.0	7 533.0	134.5
中麦 175	126 405.0	6 124.5	109.3
其他品种	1 242 765.0	5 601.0	100.0

4.3　北京市生产中应用面积逐年增加

从图 1 看出，2007—2009 年北京小麦生产中主推品种为京 9428，但从 2009 年开始，京 9428 面积逐年下降，特别是 2010 年和 2011 年北京市农业局启动了换种工程，第七代主推品种京 9428 种植面积快速下降，到 2012 年降低至不足 5.0%。而从 2008 年起，在小麦高产创建工程的推动下，农大 211、轮选 987、中麦 175 和农大 212 品种种

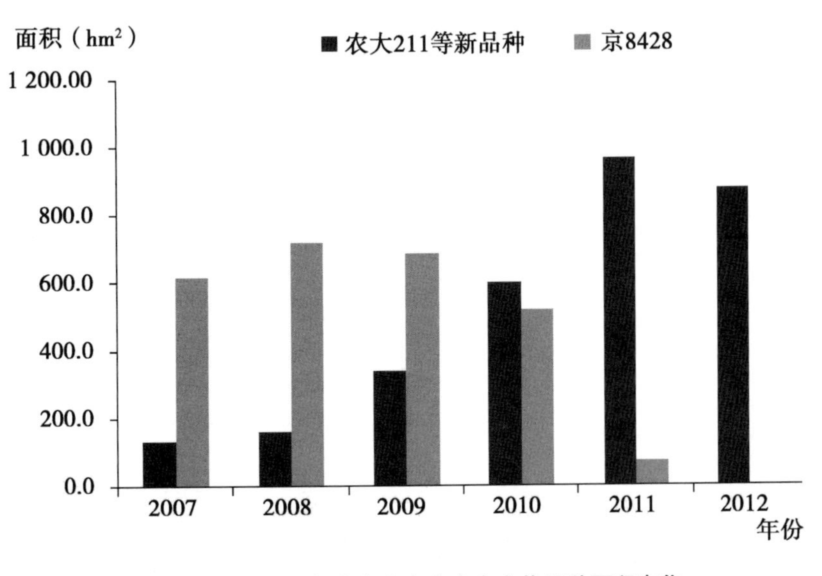

图 1　2007—2012 年北京小麦生产中主栽品种面积变化

植面积迅速增加，尤其是农大211，自2009年起以每年以20%以上的速度增加，2010年新老品种几乎各占一半，2011年新品种种植面积达到70%以上，全市小麦实现了第8次品种更新换代。

参考文献

[1] 赵广才．北方冬麦区小麦高产高效栽培技术［J］．作物杂志，2008（5）：91－92.

[2] 周吉红，孟范玉，毛思帅，等．科学选用品种 实现小麦高产［J］．作物杂志，2013（1）：133－135.

[3] 吴绍宇，福德平．京郊小麦品种布局现状与前景［J］．北京农业科学，1994（3）：15－17.

[4] 孟凡华，福德平．北京地区小麦品种更换与产量组分的演变［J］．种子，2000（4）：50－51.

[5] 向世英，吴绍宇，郑渝，等．北京种业五十年［M］．北京：中国农业科学技术出版社，2003：29－37.

[6] 田纪春，王延训．超级小麦的育种策略与实践［J］．作物杂志，2005（4）：67－68.

[7] 吕孟雨．冀中南麦区小麦品种及超高产小麦育种目标研究．北京：中国农业大学，2005.

[8] 诸德辉．小麦的生长与促控［J］．北京农业科学，1985：10－12.

[9] 杨春玲，李晓亮，冯小涛，等．不同类型小麦品种播期及播量对叶龄及产量构成因素的影响［J］．山东农业科学，2009（6）：32－34.

该文已发表于《作物杂志》2015年第1期

通州区小麦高产优质品种筛选试验研究

曹海军　朱清兰　张泽山　魏　娜　于　雷
（北京市通州区农业技术推广站，北京　101101）

摘　要：为筛选出适宜通州区推广的高产小麦品种，选取农大211等9个品种进行品种筛选试验。试验结果表明：各品种小麦越冬好，没有死苗死茎现象发生。除中麦175和农大211发生点片倒伏外，其余品种均未发生倒伏现象。有5个供试品种产量高于对照，增产率在0.7%～13.7%。其中，轮选987产量最高，539.4 kg/667m^2，比对照中麦175增产13.7%，但其生育期偏长，建议选择种植；良星99产量520.6kg/667m^2，具有穗粒数和千粒重较高的优势；中国农科院6B产量493.7 kg/667m^2，比对照增产4.1%；农大5181产量492.9kg/667m^2，千粒重高于其它品种，这4个品种均为第一年在通州试种，可进一步试验示范。

关键词：小麦；品种；优质；高产；产量

品种是产量提高的重要因素，是增加总产量，保证我国小麦供应的主要途径[1~2]。近年来，通州区小麦面积一直维持在1.33万hm^{2}左右。自2008年农业部和北京市开展高产创建活动以来，单产开始出现“止降缓升”的趋势[3]，通州区小麦产量由2008年的359.00kg/667m^{2}提高到2012年的379.15kg/667m^2。2008—2012年，北京市小麦逐渐推广应用了4个高产稳定品种，其中，农大211和轮选987稳定高产，种植面积逐年增加；农大212丰产性好，最近两年推广步伐较快；中麦175早熟，但产量不够稳定，种植面积相对较少[4]。为了进一步提升通州区小麦单产水平，本试验开展9个小麦的品种筛选试验，力争筛选出株高适中、分蘖力强、产量因素协调、增产潜力大的高产、稳产型小麦品种。

1　材料和方法

1.1　地点

试验于2013年9月至2014年6月在通州区农业技术推广站科技成果展示基地进行。

1.2　材料

试验供试品种共9个：农大211、农大212、轮选987、中麦175、良星99、科遗5214、中国农科院6B（以下简称“中农院6B”）、中国农科院7Z（以下简称“中农院7Z”）、农大5181，以中麦175为对照。

1.3　试验设计

采取随机区组排列，9个处理，3次重复，27个小区。小区面积2m×5 m＝10m^2，每个小区种植8行，行距25cm，占地面积306m^2。数据调查是在小区内确定生长均匀的1m长样段，每次都实施定点调查。

1.4 栽培管理

2013年9月29日人工播种，基本苗30万/667m²。底施小麦专用肥50kg，总养分含量45%（N∶P∶K=18∶12∶15），3月13日追施尿素7.5kg/667m²，4月15日追施尿素10kg/667m²。全生育期浇4水：冻水11月25日，返青水3月13日，拔节水4月15日，灌浆水5月30日。春季人工除草，5月8日喷吡虫啉+敌敌畏防治吸浆虫，5月25日防治蚜虫。2014年6月16日收获。各处理管理一致，收获期每小区取2m²有代表性的面积测产。

2 结果与分析

2.1 生育期分析

9月29日人工播种，10月5日出苗，越冬前各品种生育时期相同，越冬期为12月5日。从返青期开始，各品种生育期出现明显差异。

2.1.1 返青期 科遗5214返青期最早，为3月5日；其次为轮选987，为3月6日；农大211、农大212和农大5181比对照早2d，为3月7日；其余品种和对照相同，为3月9日。

2.1.2 起身期 起身期最早的是对照品种中麦175、农大211和轮选987，为3月29日；其余品种均比对照晚。起身期最晚的是农大212和农大5181，为3月31日，比对照晚2d，其余品种均比对照晚1d。

2.1.3 拔节期 最晚的是科遗5214，为4月11日，比对照晚2d；农大212和轮选987为4月10日，比对照晚1d；农大5181比对照早1d；其余品种均与对照相同，拔节期为4月9日。

2.1.4 抽穗期 最早的是中麦175，为4月29日；最晚的是轮选987，为5月2日，比对照晚3d。其余品种抽穗期在4月30日至5月1日。

2.1.5 开花期 最早的是中麦175，为5月6日；最晚的是轮选987，为5月9日，其余品种在5月8—9日。

2.1.6 成熟期 最晚的是轮选987，为6月16日；最早的是中麦175、科遗5214，为6月13日；农大211、农大212成熟期相同，为6月14日；其余品种均比对照晚1d，为6月15日。

通过生育期调查可知：除科遗5214成熟期与对照品种中麦175相同外，轮选987生育期最长，成熟期比对照中麦175晚3d；农大211、农大212成熟期相同，比对照晚1d；其余品种比对照晚2d。

表1 试验品种生育期

品种	播种期（2013年）	出苗期（月/日）	三叶期（月/日）	分蘖期（月/日）	越冬期（月/日）	返青期（月/日）	起身期（月/日）	拔节期（月/日）	抽穗期（月/日）	开花期（月/日）	成熟期（月/日）
农大211	9/29	10/5	10/15	10/19	12/25	3/7	3/29	4/9	4/30	5/7	6/14

（续表）

品种	播种期（2013年）	出苗期（月/日）	三叶期（月/日）	分蘖期（月/日）	越冬期（月/日）	返青期（月/日）	起身期（月/日）	拔节期（月/日）	抽穗期（月/日）	开花期（月/日）	成熟期（月/日）
农大212	9/29	10/5	10/15	10/19	12/25	3/7	3/31	4/10	5/1	5/8	6/14
轮选987（CK）	9/29	10/5	10/15	10/19	12/25	3/6	3/29	4/10	5/2	5/9	6/16
中麦175	9/29	10/5	10/15	10/19	12/25	3/9	3/29	4/9	4/29	5/6	6/13
科遗5214	9/29	10/5	10/15	10/19	12/25	3/5	3/30	4/11	4/30	5/6	6/13
良星99	9/29	10/5	10/15	10/19	12/25	3/9	3/30	4/9	4/30	5/7	6/15
中农院6B	9/29	10/5	10/15	10/19	12/25	3/9	3/30	4/9	5/1	5/8	6/15
中农院7Z	9/29	10/5	10/15	10/19	12/25	3/9	3/30	4/9	5/1	5/8	6/15
农大5181	9/29	10/5	10/15	10/19	12/25	3/7	3/31	4/8	4/30	5/7	6/15

2.2　群体动态分析

从整个生育期群体动态分析，各试验品种基本苗为30万/667m²。冬前茎除农大212外，各个品种均高于对照，均超过100万/667m²，达到壮苗标准。由于冬前冻水浇灌充足，整个冬季降水多，因此小麦越冬好，没有死苗死茎现象发生，返青茎与冬前茎差异不大。由于返青以来气温持续偏高，小麦春季分蘖减少，起身期总茎数增长幅度均小。由于品种和气候原因各个时期总茎数差异明显，直接影响了667m² 成穗数。在所有品种中，中农院7Z春季分蘖力较强，成穗率最高，每667m² 穗数最高，达到了53万/667m²；其次为轮选987，达到了52.8万/667m²；科遗5214为51.2万/667m²；良星99每667m² 穗数为51万/667m²，其余品种每667m² 穗数均低于对照品种48.7万/667m²，农大5181亩穗数最低，为46.3万/667m²。

表2　各生育时期群体动态

品种	基本苗（万/667m²）	冬前茎（万/667m²）	返青茎（万/667m²）	起身茎（万/667m²）	拔节茎（万/667m²）	穗数（万/667m²）
农大211	30	107.6	108.3	122.6	66.7	47.2
农大212	30	90.0	104.2	132.5	62.5	48.6
轮选987	30	107.1	113.0	128.6	63.5	52.8
中麦175（CK）	30	96.8	107.0	132.2	65.2	48.7
科遗5214	30	132.3	133.8	137.5	73.3	51.2
良星99	30	112.0	117.0	127.8	62.8	51.0
中农院6B	30	101.0	108.5	129.6	72.2	48.6
中农院7Z	30	116.7	119.8	138.4	77.3	53.0
农大5181	30	114.0	118.3	124.6	68.2	46.3

2.3 个体性状分析

2.3.1 株高　所有试验品种的株高均低于90cm，除良星99株高低于80cm以外，其余品种株高均在80～90cm没有明显区别。6月初一次较大暴风雨中麦175和农大211发生点片倒伏现象，其余品种均未发生倒伏现象。

表3　各品种株高　(cm)

品种	拔节期	成熟期
农大211	45.8	86.2
农大212	44.9	86.7
轮选987	40.4	86.2
中麦175（CK）	48.2	86.0
科遗5214	45.7	83.7
良星99	42.6	79.0
中农院6B	44.5	83.8
中农院7Z	41.0	89.2
农大5181	48.6	89.3

2.3.2 干物质积累　越冬期干物重除农大211略低于对照外，其余品种均高于对照。其中，最高的是科遗5214，达到了0.396g；其次为中农院6B，为0.375g。

返青后至拔节前各品种干物重呈稳定增长趋势，差别不大。拔节后各品种干物重呈直线上升。农大211开花期干物重达到最高，到灌浆期略有下降；其余品种均到灌浆期达到最大值。返青后直至灌浆，除科遗5214和农大5181起身期干物重高于对照外，其余各品种干物重均低于对照。其中，返青期最高的是科遗5214，为0.44g；最低的是农大212为0.205g；起身期所有品种干物重均低于对照。最高的是农大212，为0.781g；最低的轮选987为0.38g；拔节期最高的是农大5181，为1.084g，其余品种均低于对照。开花期最高的是科遗5214，为3.554g；其次为农大5181，其余品种均低于对照。灌浆期最高的是中农院6B，为4.24g；科遗5214为4.04g，其余品种均低于对照。单株干物质的迅速积累为后期产量的增加打下了坚实基础，干物质积累的快慢直接影响着小麦个体的生长发育，也间接影响着产量。

表4　各品种干物质积累　(g/株)

品种	越冬期	返青期	起身期	拔节期	开花期	灌浆期
农大211	0.26	0.30	0.76	0.90	2.71	2.61
农大212	0.30	0.21	0.78	0.90	2.04	3.59
轮选987	0.31	0.18	0.38	0.71	1.98	3.18
中麦175（CK）	0.28	0.34	0.89	1.05	3.02	3.83
科遗5214	0.40	0.44	0.75	0.77	3.55	4.04

（续表）

品种	越冬期	返青期	起身期	拔节期	开花期	灌浆期
良星 99	0.35	0.22	0.63	0.88	2.09	3.40
中农院 6B	0.38	0.35	0.65	1.05	2.69	4.24
中农院 7Z	0.35	0.30	0.57	0.85	2.28	2.75
农大 5181	0.31	0.43	0.67	1.08	3.10	3.37

2.3.3　叶面积系数　从整个生育期看，各品种叶面积系数达到的最高值有所差别。起身期所有品种均低于对照，从春季生长看，农大 211、轮选 987、中农院 6B、中农院 7Z、良星 99 和农大 5181 六个品种拔节期叶面积系数达到最大值，随后逐渐下降；其余品种均在开花期达到最大值。其中，轮选 987 和中农院 6B 自拔节后叶面积系数一直处于较高水平，灌浆期在所有品种中轮选 987 最高，为 4.33；其次为中农院 6B，为 3.75；居于第三位的是农大 5181，为 3.40。说明该 3 个品种后期保绿性好，可以延长灌浆时间，为千粒重提高打下了坚实的基础。农大 211 和科遗 5214 开花期到灌浆期叶面积系数下降幅度快，说明这 2 个品种在当年气候条件下呈现了早衰现象。

表 5　各品种叶面积系数

品种	起身期	拔节期	开花期	灌浆期
农大 211	4.62	8.55	8.18	1.97
农大 212	6.08	4.68	6.12	3.12
轮选 987	2.04	7.02	5.64	4.33
中麦 175（CK）	7.13	6.87	9.27	3.19
科遗 5214	6.13	6.39	9.46	3.11
良星 99	3.36	6.81	3.63	3.69
中农院 6B	4.94	9.33	8.78	3.75
中农院 7Z	4.59	6.85	6.67	2.56
农大 5181	4.29	6.17	5.77	3.40

2.3.4　灌浆速度分析　各品种灌浆进程到开花后 30d，千粒重都处于直线上升水平。良星 99、农大 212 和农大 5181 到开花后 30d 千粒重略有下降。开花后 20d 前各品种灌浆进程没有明显差异，从开花后 20d 开始，品种之间出现了明显差异。农大 5181 灌浆进程明显加快，高于其他品种，到开花后 35d 千粒重最高，达到了 43.83g。中农院 7Z 开花 25d 后灌浆进程减慢，到开花后 35d 千粒重居于第二位，为 39.82g。所有品种中除了科遗 5214 和良星 99 低于对照品种中麦 175 外，其余品种均高于对照。科遗 5214 开花后 25d 灌浆开始明显减慢，趋于饱合，到开花后 35d，千粒重为 30.58g，明显低于其他品种。灌浆进程的快慢直接影响千粒重的高低，从而直接影响产量。

表6　各品种灌浆速度　(g/千粒)

品种	开花后10d	开花后15d	开花后20d	开花后25d	开花后30d	开花后35d
农大211	7.06	15.28	25.27	28.73	36.89	37.19
农大212	7.87	15.61	22.71	32.42	39.52	38.85
轮选987	7.28	13.47	24.41	31.50	37.32	39.01
中麦175（CK）	6.54	17.22	25.52	33.30	33.18	36.53
科遗5214	5.47	14.96	20.41	30.88	29.74	30.58
良星99	8.69	16.67	25.63	30.63	35.94	35.39
中农院6B	8.24	15.45	24.13	33.01	35.47	38.11
中农院7Z	7.14	15.51	25.38	34.54	37.37	39.82
农大5181	9.30	18.94	26.38	37.77	44.28	43.83

2.3.5　*籽粒体积*　受同期灌浆进程的影响，各个品种千粒体积和灌浆进程相似，开花后30d以前均呈上升趋势。到开花后35d，农大212、中麦175、良星99和中农院7Z体积略有下降，其余品种均保持上升趋势。在所有品种中，除良星99外，其余品种体积均高于对照品种。其中，农大5181从开花后15d至35d一直呈现直线增长速度，千粒体积为41.9ml，处于最高水平。其次为轮选987，从开花后20d开始增长速度加快，到开花后35d体积居第2位，为38.34ml；农大212从开花后20～35d，体积增长速度平稳，千粒体积为36.89 ml。体积增长速度的快慢主要取决于品种粒型的大小和灌浆进程的快慢。

表7　各生育时期籽粒千粒体积　(ml/千粒)

品种	开花后10d	开花后15d	开花后20d	开花后25d	开花后30d	开花后35d
农大211	14.79	15.35	20.00	28.83	31.06	33.39
农大212	16.93	18.52	20.64	32.30	37.35	36.89
轮选987	16.65	18.24	24.52	30.08	36.64	38.34
中麦175（CK）	18.38	17.65	22.01	32.87	33.78	29.81
科遗5214	15.63	14.13	18.74	23.03	26.91	30.28
良星99	15.07	18.69	23.18	25.06	31.45	29.76
中农院6B	16.81	18.94	19.51	24.97	31.65	33.54
中农院7Z	10.41	16.95	19.56	28.82	39.02	35.09
农大5181	18.46	18.71	23.46	30.21	36.38	41.90

2.4　产量因素分析（表8）

2.4.1　*产量因素分析*　收获后对各个品种穗部性状进行了考种。从穗长上看：所有品种均高于对照，穗长最长的是农大212，为7.3cm；其次为农大5181和中农院7Z，为

7cm；轮选 987 总小穗数略低于对照，但不孕小穗数少于对照，所以其穗粒数最高，为30. 9 个。总小穗数最多的是科遗 5214，为 17. 1 个，但由于不孕小穗数高于对照，所以穗粒数略低于对照，为 30. 2 个。中麦 175 总小穗数为 16. 3 个，不孕小穗数为 2. 7 个，穗粒数为 30. 7 个；中农院 6B 和中麦 175 穗粒数相同；其余品种穗粒数均低于对照。农大 211 总小穗数最少为 15. 1 个，不孕小穗数也多于对照，穗粒数最低，仅为 25. 8 个。各品种千粒重除农大 211 和科遗 5214 低于对照外，其余品种均高于对照。其中农大 5181 千粒重最高，为 43g；良星 99 为 41. 1g。科遗 5214 千粒重只有 33. 4g，在所有品种中最低（表 8）。

2. 4. 2　产量结果　在试验品种中，5 个品种产量高于对照，增产率在 0. 7% ~13. 7% 之间。产量最高的是轮选 987，为 539. 4kg/667m^2，比对照中麦 175（474. 5kg/667m^2）增产 64. 9kg，增产 13. 7%；第 2 位是良星 99，产量 520. 6kg/667m^2，比对照增产 9. 7%；第 3 位中农院 6B，产量 493. 7kg/667m^2，比对照增产 4. 1%；第 4 位是农大 5181，产量 492. 9kg/667m^2，比对照增产 3. 9%；第 5 位是农大 212，产量 477. 9kg/667m^2，比对照增产 0. 7%。农大 211 由于有一个小区发生倒伏，影响了整体水平，产量最低，仅为 382. 5kg/667m^2，减产 19. 4%；科遗 5214 产量为 436. 8kg/667m^2，比对照减产 7. 9%；中农院 7Z 产量为 472. 2kg/667m^2，比对照减产 0. 5%（表 8）。

表 8　考种与产量分析

品种	穗长（cm）	总小穗数（个）	不孕小穗数（个）	667m^2 穗数（万/667m^2）	穗粒数（个）	千粒重（g）	667m^2 产量（kg）	比对照增产（%）
农大 211	6. 7	15. 1	2. 9	47. 2	25. 8	37. 0	382. 5	-19. 4
农大 212	7. 3	15. 3	3. 2	48. 6	29. 8	39. 0	477. 9	0. 7
轮选 987	6. 8	16. 1	2. 2	52. 8	30. 9	39. 1	539. 4*	13. 7
（CK）中麦 175	6. 1	16. 3	2. 7	48. 7	30. 7	37. 8	474. 5	0. 0
科遗 5214	6. 5	17. 1	3. 1	51. 2	30. 2	33. 4	436. 8	-7. 9
良星 99	6. 4	15. 5	2. 5	51. 0	29. 6	41. 1	520. 6	9. 7
中农院 6B	6. 2	15. 9	3. 0	48. 6	30. 7	39. 0	493. 7	4. 1
中农院 7Z	7. 0	16. 1	3. 2	53. 0	27. 0	39. 3	472. 2	-0. 5
农大 5181	7. 0	16. 2	2. 6	46. 3	30. 1	43. 0	492. 9	3. 9

3　结论

3. 1　由于冬季降水多各品种小麦越冬好，没有发生死苗死茎现象。所有品种株高适中，除因 6 月初较大暴风雨致使中麦 175 和农大 211 发生点片倒伏外，其余品种均未发生倒伏现象。

3. 2　试验品种中 5 个品种产量高于对照，增产率在 0. 7% ~13. 7%。产量最高的是轮选 987，抗寒性好，成穗率高，穗粒数和千粒重均较高，产量三要素协调，产量 539. 4kg/667m^2，比对照中麦 175（474. 5kg/667m^2）增产 64. 9kg，增产 13. 7%。该品种生育期偏长，对下茬种植籽粒玉米会有一定影响，但下茬如种青贮玉米则不会受到影响，因此建议选择种植。

良星 99 生育期较长，抗寒性一般，但穗粒数和千粒重均较高，产量 520.6kg/667m^2，比对照增产 9.7%；中农院 6B 产量 493.7kg/667m^2，比对照增产 4.1%；农大 5181 生育期适中，抗寒性好，成穗率较高，穗粒数中等，千粒重高于其他品种，产量 492.9kg/667m^2，比对照增产 3.9%；农大 212 产量 477.9kg/667m^2，比对照增产 0.7%。

上述 5 个品种产量均在 500kg/667m^2 左右，达到了试验要求，除农大 212 在通州区种植几年外，其余品种均为第一年种植，高产水平突显，可以在通州区推广使用。

农大 211 由于有一个小区发生倒伏，影响了整体水平，产量最低，仅为 382.5kg/667m^2，减产 19.4%；科遗 5214 产量 436.8kg/667m^2，比对照减产 7.9%；中国农科院 7Z 产量为 472.2kg/667m^2，比对照减产 0.5%。除农大 211 已在全区种植多年以年，其余品种均为第一年种植，因此，还需要继续进行试验以验证其在通州区的适应性。

参考文献

[1] 田纪春，王延训. 超级小麦的育种策略与实践 [J]. 作物杂志，2005 (4)：67-68.

[2] 吕孟雨. 冀中南麦区小麦品种及超高产小麦育种目标研究 [D]. 中国农业大学，2005.

[3] 王俊英，周吉红，孟范玉，等. 北京市小麦高产指标化技术体系集成研究与应用 [J]. 作物杂志，2015 (5)：85-89.

[4] 周吉红，毛思帅，孟范玉，等. 北京第八代小麦主推品种特点及其应用 [J]. 作物杂志，2015 (1)：20-24.

丰产小麦品种农大211的灌浆特性分析

谌志伟[1]　张　琼[2]　王家发[2]　陈智斌[2]　吕延华[2]　隋晓燕[2]
沈红霞[2]　梁荣奇[2]　宋印明[2]　尤明山[2]　解超杰[2]
（1. 菏泽学院生命科学系，山东菏泽　274015；2. 中国农业大学农学与生物技术学院植物遗传育种系/农业生物技术国家重点实验室/北京市作物遗传改良重点实验室/农业部作物基因组与遗传改良重点实验室，北京　100193）

摘　要：为了研究农大211籽粒的灌浆特性和丰产性的关系，给高产栽培和普通小麦高产育种提供参考。以农大3334、中优9507、京411、农大3747等3种不同粒重类型的品种（系）为对照，对丰产小麦品种农大211在北京地区灌浆过程中籽粒体积、鲜重和干重的动态变化和灌浆参数特点进行研究。结果表明，在整个灌浆过程中5个品种（系）的籽粒体积均呈现抛物线曲线；从最大体积和花后30d体积来看，农大211接近农大3334。农大211的籽粒体积显著高于中优9507、农大3747和京411，它们的籽粒鲜重增长变化趋势基本一致，呈现抛物线曲线；农大211的鲜重在花后3～24d呈直线增长趋势，先后赶超了京411、农大3747和中优9507，最后接近农大3334。籽粒干重的动态变化均呈现拉扁的S曲线；农大3334在花后21d、农大211在花后24d、中优9507在花后27d的干重极显著高于相应的时间的京411和农大3747，说明这3个大粒型品种（系）在灌浆后期保持了较强的灌浆能力，致使其干物质积累达到较高水平，从而最终粒重高于京411和农大3747。农大211的最大灌浆速率（R_{max}）、平均灌浆速率（R）和达到最大灌浆速率所需天数（d）均高于中优9507、农大3747和京411，但低于农大3334；而且灌浆3个阶段的灌浆速率R_1、R_2和R_3与大粒型品种农大3334、中优9507相仿，快于中小粒型品种农大3747和京411。总之，农大211籽粒的籽粒体积、鲜重和干重的动态变化过程以及灌浆过程、参数与大粒型品系农大3334接近，但其单位面积穗数、穗粒数较高，因而其单产高于农大3334。

关键词：小麦；农大211；籽粒灌浆；灌浆特性；粒重

千粒重是小麦产量构成三要素之一，提高粒重是实现高产的重要途径[1]。籽粒的生长发育和灌浆是最终决定小麦粒重和产量的生理过程。而小麦灌浆过程是一个植株体内生理、生化反应和外部生态因子相互协调的过程。研究小麦籽粒的灌浆特性和丰产性的关系对于普通小麦的高产栽培和高产育种具有重要意义。韩占江等[2]以5个小麦为材料，采用Logistic模型拟合籽粒灌浆过程，发现灌浆参数在不同灌浆阶段差异显著，灌浆持续时间（T）和平均灌浆速率（R）与粒重显著正相关。欧俊梅等[3]研究了川西北大穗大粒型小麦的灌浆，发现最大灌浆速率（R_{max}）、各阶段灌浆速率与持续时间呈反比，认为大穗大粒型育种应以提高灌浆速率为主，并通过栽培措施协调灌浆速率与持续时间关系。冯素伟等[4]发现9个小麦品种的粒重主要取决于快增期持续时间（T_2）和灌浆速度（R_2），与 T 关系不明显。周竹青等[5]对湖北省 11 个大、中、小粒的小麦品种灌浆特性研究表明，不同粒重类型灌浆参数差异显著，但 T、R、R_2、T_2、缓增期灌浆速率（R_3）和时间（T_3）与粒重作用显著，各阶段的灌浆速率及其时间极显著负相关。时晓伟等[6]以中晚熟小麦品种（系）为对照，对山西关中地区代表性早熟品种的灌浆过程进行了研究，发现早熟品种灌浆高峰迟而值高；高峰过后灌浆速度虽下降快，但仍比对照要高。殷波等[7]利用遗传背景较为一致的 2 个重组近交系群体研究籽粒的灌浆过程，发现籽粒干重的平均增长速率、鲜重的平均增长速率对粒重的相关最大。总之，关于小麦粒重与籽粒灌浆特性的关系，迄今虽有很多报道[8-16]，但结论尚未统一：一般认为粒重与灌浆速率呈正相关，与灌浆持续时间无显著相关关系；但也有研究认为灌浆过程持续天数与粒重呈显著正相关。究其原因，不同的材料（冬春性、熟期早晚、粒重类型差异、基因型差异）、不同的气候（生态区不同、灌浆期天气）和栽培条件（播期早晚、种植密度、地力水肥差异）等因素都可能会影响籽粒灌浆速率和灌浆时间对小麦粒重的贡献程度。

农大 211 是中国农业大学农学与生物技术学院由组合农大 3338/S180 经系谱法育成的丰产、节水小麦品种，于 2007 年通过北京市小麦新品种审定委员会审定。自 2007 年审定以来，已在北京、天津、河北等地推广面积超过 10 万 hm^2。2011 年在北京市播种面积 2.5 万 hm^2，占总播种面积的 41.4%。该品种株高适宜，株型紧凑，穗层整齐，丰产性、稳产性、耐热性、抗病性、熟期、熟相等综合性状突出，适应性广。在 2005 年和 2006 年北京市高肥区试中，平均产量 6.76 t/hm^2，比对照京 411 增产 2.6%。在生产示范过程中，出现多块大面积超 7.5 t/hm^2 地块，表现出良好的丰产性能[17]。但到目前为止，农大 211 籽粒的灌浆特性和丰产性的关系，高产栽培技术体系的相关研究还尚未开展。

鉴于此，笔者以农大 3334、中优 9507、京 411、农大 3747 等 3 种粒重类型品种（系）为对照，研究丰产小麦品种农大 211 在北京地区灌浆过程中籽粒体积、鲜重和干重的动态变化和灌浆参数特点，旨在为农大 211 的高产栽培和普通小麦高产育种提供参考。

1　材料和方法

1.1　小麦品种（系）

农大 3338 是由中国农业大学小麦遗传育种研究组从复交组合（7660/小偃恢）///（R5/矮冬 3）//（京双 12/洛夫林 13）选育出的高代品系，综合农艺性状和产量表现较好，分蘖整齐，繁茂性强。按照农大 3338/B//C 的组合配制思路（其中，B 为特殊性状供体，C 为农艺性状和产量性状优良材料），选育出了品系农大 3334、农大 3747 与品种农大 211，但这三者分别属于大穗型、多穗型和中间型（表 1）。高产品种京 411 和优质品种中优 9507 是北京地区推广品种，分别属于中间类型和大穗型。

表1 农大211和4个对照品种（系）的组合名称和主要性状

品种（系）	组合	盛花期（月－日）	千粒重（g）	其他主要性状
农大211	农大3338/S180	5－20	43±3	穗中等，粒中上，单位面积穗数675万左右，单产约6.75 t/hm^2
农大3334	农大3338/山东大穗91170//京冬8号///中麦9号	5－20	53±6	大穗大粒，小穗密度稀，单位面积穗数525万/hm^{2}左右，单产约5.25 t/hm^2
农大3747	农大3338/F390//9411/法父2	5－20	40±2	穗小粒中等，分蘖成穗强，单位面积穗数750万/hm^{2}左右，易倒伏
京411	丰抗2号/长丰1号	5－20	40±2	穗中等，粒中等，单位面积穗数675万/hm^{2}左右，单产约6.75 t/hm^2
中优9507	中作8131－1异地衍生品系8603	5－21	45±4	穗大，粒中上，单位面积穗数525万/hm^2～540万/hm^2，单产约5.25 t/hm^2

注：盛花期和千粒重的数据来源于2010年中国农业大学上庄试验站。

1.2 田间设计和取样方法

试验于2009—2010年度在中国农业大学上庄试验站地力较均匀的田块进行。田间种植采用随机区组设计，3个重复。每个重复种成一个小区，每小区20行，南北向种植，行长9m，行宽0.20m，小区面积约为36m^2。播种时底肥450kg/hm^{2}小麦专用肥，300kg/hm^{2}尿素，拔节期追肥300kg/hm^{2}尿素，其他田间管理同大田。

在小麦开花盛期采用单穗挂牌的方法准确标记小麦开花期一致材料，从开花当天开始，每隔3d取一次样，直至小麦成熟。9：00左右取样，每次每小区材料取5个主穗，沿地表剪下，带回实验室，测定各项指标。

1.3 指标测定方法

籽粒生长过程测定按张宪政[18]方法进行，略有修改：每个主穗选取最中间的2个小穗，每个小穗取基部2颗籽粒，手工迅速剥粒，5穗共20粒，剔除表面破损籽粒后随机选取12粒。先放入称量杯，称鲜重；再运用排水法测量小麦籽粒体积。籽粒105℃杀青1 h后，65℃烘干至恒重后测定籽粒干重。并将这3个指标换算成千粒数据。

1.4 数据处理

数据统计分析用分析统计软件DPS完成，部分数据采用Excel处理。用t测验检测不同品种间灌浆参数的差异显著性。

灌浆速率的计算参照韩占江等[2]的介绍进行。

2 结果与分析

2.1 农大211和其他品种（系）灌浆过程中的籽粒体积变化

根据农大211和其他品种（系）授粉后不同天数的12颗籽粒体积测量结果，绘制灌浆过程中1 000颗籽粒的体积变化图（图1）。从图1可知，在整个灌浆过程中所有品种（系）的体积均呈现抛物线曲线，可以分为3个阶段：①在花后3～12d，小麦籽粒体积增长较快，呈现典型的线性关系；中优9507和农大3334体积增长速度显著大于农大211、农大3747和京411。②花后9～24d小麦籽粒进入灌浆期后，体积虽然在不断增加，但速率明显减慢，体积达到最大后开始逐渐减小最后趋于稳定。其中，农大211和农大3334在此时期保持持续增长，花后24d达到最大值（体积分别为3.10 ml和3.267 ml），显著高于其他品种。而其他3个品种花后12d后体积增长平缓，中优9507在花后15d达到最大值（2.40 ml），京411在花后21d达到最大值（2.367 ml），农大3747在27d达到最大值，但数值较小（2.367 ml）。③在籽粒体积达到最大值后，所有品种（系）的体积因缩水而呈现不同程度的减少。

据表1可知，农大211为中等籽粒（千粒重43 g左右），农大3334为较大籽粒（53 g左右），从最大体积和花后30d体积看，农大211接近农大3334，且蜡熟期体积缩小6.45%，小于农大3334的8.17%。农大211的库容（籽粒体积）显著高于中优9507、农大3747和京411，为其粒重提高奠定了良好基础。

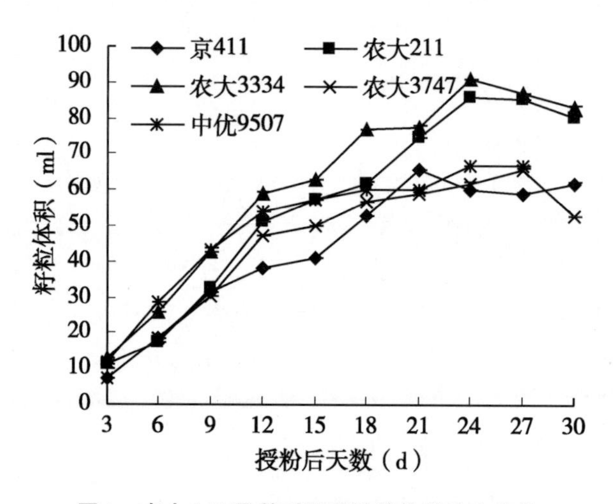

图1 农大211及其对照品种的体积动态变化

2.2 农大211及其他品种（系）灌浆过程中的籽粒鲜重变化

从图2可以看出，不同小麦品种的鲜重增长变化趋势基本一致，呈现抛物线曲线：①在花后3～12d的籽粒形成期，籽粒鲜重呈现直线增长趋势，主要源于籽粒含水量急剧增加、干物质增加很少。②在花后6～18d，籽粒鲜重数据急剧增长，在花后24d左右到达最大值，这段时期胚乳细胞开始沉积淀粉，是灌浆的主要阶段。③小麦进入蜡熟期后含水量下降明显，因而鲜重逐渐减小。

比较不同品种的鲜重变化过程发现，在花后3～12d中优9507、农大3334鲜重增长比较快，显著领先于农大211等3个品种。在花后18d以后，农大3334和农大211鲜重显著高于中优9507、农大3747和京411。从籽粒的整个发育过程看，农大211的鲜重在花后3～24d呈直线增长趋势，先后赶超了京411、农大3747和中优9507，最后接近农大3334。

2.3 农大211及其他品种（系）灌浆过程中的籽粒干重动态变化

从籽粒干物质积累的动态看（图3），5个品种（系）干重的动态变化趋势基本一致，均呈现拉扁的S曲线：①从花后第3d数据看，农大3334、农大211和中优9507的

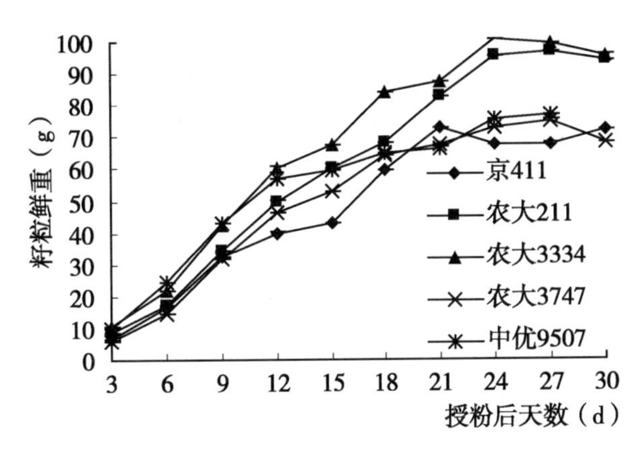

图 2　农大 211 及其对照品种的鲜重动态变化

干重显著高于中、小粒类型（京 411 和农大 3747），说明农大 3334 等充分利用花前贮备的营养物质用于灌浆。②农大 334 在花后 15d 进入拐点，农大 211 在花后 18d 进入拐点，而其余 3 个品种（系）在花后 21d 进入拐点。③所有品种从拐点后，进入又一快速增长期。京 411 和农大 3747 在花后 21d 达到最大，而农大 3334、农大 211 和中优 9507 在中粒类型达到最大后仍然保持着快速的灌浆速率，在花后 27d 达到最大值。

比较不同品种的干重变化过程发现，农大 3334 在花后 21d、农大 211 在花后 24d、中优 9507 在花后 27d 的干重极显著高于相应的时间的京 411 和农大 3747，说明这 3 个大粒型品种（系）在灌浆后期保持了较强的灌浆能力，致使其干物质积累达到较高水平，从而最终粒重高于京 411 和农大 3747。

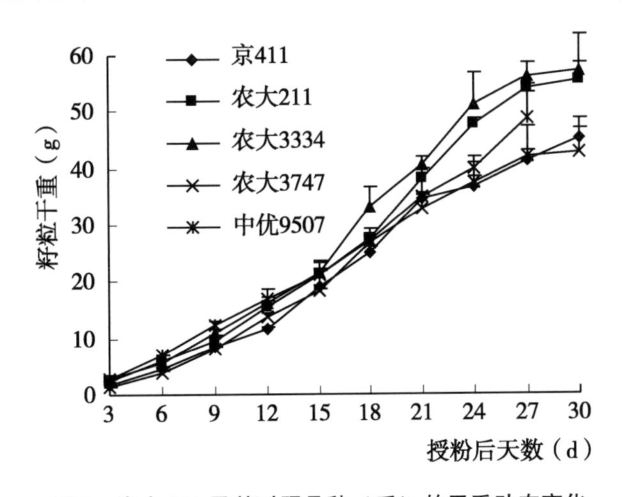

图 3　农大 211 及其对照品种（系）的干重动态变化

2.4　农大 211 及其他品种（系）的灌浆速率比较

使用 3 次多项式和 Logistic 方程对这 5 个参试品种（系）进行了籽粒灌浆特性的分析和比较（表 2），结果表明，农大 211 的最大灌浆速率（R_{max}）、平均灌浆速率（R）和达到最大灌浆速率所需天数（d）均高于中优 9507、农大 3747 和京 411，低于农大

3334，排名第二；而且灌浆3个阶段的灌浆速率 R_1、R_2 和 R_3 与大粒型品种农大3334、中优9507相仿，快于中小粒型品种农大3747和京411。

中间粒型的农大211籽粒的灌浆过程、参数接近大粒型品种农大3334，高于大粒型的中优9507和中小粒型的京411和农大3747。由于农大211的单位面积穗数、穗粒数较高，尽管其千粒重约为43 g，低于农大3334的53 g，但其单产却高于农大3334。

表2　农大211及其他品种的灌浆参数

品种	T_{max}（d）	R_{max}（g/d）	R（g/d）	t_1（d）	R_1（g/d）	R_2（g/d）	R_3（g/d）
农大3334	17.15	3.61	1.53	10.98	0.91	1.22	0.61
农大211	18.18	3.10	1.51	11.57	0.94	1.21	0.45
中优9507	19.31	2.21	1.41	11.08	0.94	1.17	
农大3747	20.95	1.92	1.23	13.30	0.86	1.13	0.15
京411	21.07	1.81	1.19	13.03	0.85	1.12	0.14

注：T_{max}：达到最大灌浆速率所需天数；R_{max}：最大灌浆速率；R：整个灌浆期的平均灌浆速率；t_1：达到灌浆快增期所需天数；R_1：灌浆渐增期速率；R_2：灌浆快增期速率；R_3：灌浆缓增期速率

3　结论与讨论

在目前中国耕地面积和小麦播种面积日趋减少情况下，提高小麦单产保证小麦总产，显得尤为重要。如何协调小麦产量构成三要素（单位面积穗数、穗粒数和千粒重）之间的关系，培育出高产稳产的小麦品种成为当务之急。生产实践和研究表明，在高产（如 >6.75 t/hm^2）条件下，无论是穗数型品种、大穗型品种，还是两者兼顾型品种，其单位面积穗数已经接近饱和状态，进一步提高会使倒伏风险增加，穗粒数减少。当每穗粒数达到35粒左右时，穗粒数进一步提高难度增加，主要原因在于：①穗分化受到发育进程和环境的限制；②多花多实会导致籽粒不匀，影响粒重的稳定和提高；③穗粒数过高，其稳定程度明显降低。而粒重的遗传力较大（52%～82%），受单位面积穗数影响较小，因此，农大211的育种目标设计为：在保证单位面积穗数在675万/hm^2、穗粒数30粒左右的前提下，提高粒重，从而达到高产稳产。

小麦从开花受精到籽粒成熟，可以分为3个过程：籽粒形成过程，籽粒灌浆过程，籽粒成熟过程。其中，籽粒形成过程历时10～12d，此期籽粒含水量急剧增加，干物质增加很少，体积变化不明显。籽粒灌浆过程历时15～20d，开始的12～18d内胚乳细胞开始沉积淀粉，籽粒干重呈线性增长，含水量不断下降。随后的3d左右含水量下降明显，干重增加转慢。籽粒成熟期过程历时3～7d，此期间含水量更进一步降低，末期籽粒干重达到最大值[19]。本次试验中参试品种灌浆期速率曲线大致表现出“慢—快—慢”的S形变化趋势，但农大211的S曲线两端相对平缓，表现出长时间的灌浆耐力。

灌浆速度和灌浆时间是影响最大粒重的主要因素，其中前者主要受遗传控制[15]，灌浆速率与粒重显著正相关[2-7,9]，而后者主要受温度等环境因子的调控，与粒重的关系尚不明确。从鲜重、干重变化趋势和灌浆参数看，农大211在花后24～30d内还有强劲的增长势头，比对照品种京 411、农大 3747 的灌浆持续时间长。在整个籽粒灌浆期间，农大 211 的灌浆速度和持续时间比较协调，其成熟籽粒的粒重为 43 g 左右，高于京 411、农大 3747 的 40 g 左右；因而，在单位面积穗数和穗粒数相仿时，农大 211 单产增加。

农大 3334 是依照大穗大粒高产育种途径选育出来的品系，虽然在体积、鲜重和干重增长速率和幅度上，农大 3334 均优于农大 211。但农大 3334 茎秆较高（株高 85cm 左右），长穗，在生产密度种植时表现秃尖、码稀（小穗密度大）和两端小穗不孕，穗粒数严重降低，使得大穗变小穗，而且容易倒伏，最后单产反而低于农大 211。农大 211 的分蘖力强、成穗率较高，属穗数型后期优势强品种，由于千粒重稳定，产量三要素协调，所以具有良好的丰产性和稳产性。

同一麦穗不同位置的小穗其发育通常不同步，表现为：中部小穗开花比两端小穗早 1 ~2d；中部的籽粒为强势籽粒，生长迅速，进入灌浆快速期早，而两端的弱势籽粒灌浆开始生长慢，历经较长时间才进入灌浆快速期；中部成熟籽粒的粒重高于两端相应的成熟籽粒。因此，多数研究将每穗的中部小穗第一、第二小花的籽粒作为分析对象[2-4,8,11]，这样虽然易于掌握取材时间、材料间的可比性强，利于使用 3 次多项式和 Logistic 方程对籽粒灌浆特性的分析和比较，但导致籽粒干重数据高于考种的千粒重数据，也不能反映整个穗部籽粒的灌浆情况。而将整穗的混合籽粒作为研究对象也存在不足。任洪松等[10]将麦穗上籽粒分成强势籽粒、弱势籽粒两部分，用 Richard 方程分析了新春 6 号、新春 8 号等 6 个品种籽粒灌浆过程，发现新春 6 号等为强、弱势粒异步灌浆型品种，新春 8 号等为强、弱势粒同步灌浆型品种。就农大 211 类型的育种目标而言，在单位面积穗数和穗粒数稳定的前提下，强、弱势籽粒同步灌浆型材料更能保证粒重的稳定，进而保证稳产和高产。所以，下一步拟对高产品种农大 211 籽粒灌浆的同步性进行研究。

参考文献

[1]　于振文，主编．作物栽培学各论［M］．北京：中国农业出版社，2003：42 –44.

[2]　韩占江，郜庆炉，吴玉娥，等．小麦籽粒灌浆参数变异及与粒重的相关性分析［J］．种子，2008，27（6）：27 –30.

[3]　欧俊梅，王治斌，李生荣，等．川西北大穗大粒型小麦灌浆规律研究［J］．中国农学通报，2009，25（23）：228 –231.

[4]　冯素伟，胡铁柱，李淦，等．不同小麦品种籽粒灌浆特性分析［J］．麦类作物学报，2009，29（4）：643 –646.

[5]　周竹青，朱旭彤．不同粒重小麦品种（系）籽粒灌浆特性分析［J］．华中农业大学学报，1999，18（2）：107 –110.

[6]　时晓伟，王淑芬，王继忠，等．小麦早熟高产品种子粒灌浆特性分析［J］．华北农学报，2005，20（6）：4 –7.

[7]　殷波，常成，张海萍，等．小麦重组自交系群体籽粒灌浆与粒重的关系［J］．江苏农业科学，2009（2）：83 –85.

[8]　高翔，董剑，庞红喜．小麦高产品种籽粒灌浆与粒重的关系［J］．西北农业学报，2002，

11 (3): 33 –35.

[9] 李世清, 邵明安, 李紫燕, 等. 小麦籽粒灌浆特征及影响因素的研究进展 [J]. 西北植物学报, 2003, 23 (11): 2031 –2039.

[10] 任红松, 朱家辉, 艾比布拉, 等. 小麦籽粒灌浆特性分析 [J]. 西北农林科技大学学报: 自然科学版, 2006, 34 (3): 55 –60.

[11] 孙花, 柴守玺, 刘小娥, 等. 不同熟期小麦籽粒灌浆特性的研究 [J]. 甘肃农业大学学报, 2009, 44 (6): 12 –18.

[12] Brucker P L, Frohberg R C. Rate and duration of grain fill in spring wheat [J]. Crop Science, 1987, 27 (3): 451 –455.

[13] Darroch B A, Baker R J. Grain filling in three spring wheat genotypes: statistical analysis [J]. Crop Science, 1990, 30 (3): 525 –529.

[14] Gegas V C, Nazari A, Griffiths S, et al. A genetic framework for grain size and shape variation in wheat [J]. The Plant Cell, 2010, 22 (4): 1046 –1056.

[15] Wiegand C I, Cuellar J A. Duration of grain filling and kernel weight of wheat as effected by temperature [J]. Crop Science, 1981, 21 (1): 95 –101.

[16] Wong L S L, Baker R J. Selection for time to maturity in spring wheat [J]. Crop Science, 1986, 26 (6): 1171 –1175.

[17] 宋印明, 倪中福, 李保云, 等. 丰产、节水小麦品种农大 211 和农大 212 的选育 [J]. 农业生物技术学报, 2012, 20 (5): 585 –588.

[18] 孙宪政. 作物生理研究法 [M]. 北京: 农业出版社, 1983.

[19] 王璞. 农作物概论 [M]. 北京: 中国农业大学出版社, 2004.

该文发表于《中国农学通报》2014 年 03 期

适于全程机械化生产的玉米新品种选育探讨

王元东　张华生　段民孝　张雪原　张春原　陈传永　赵久然
（北京市农林科学院玉米研究中心，北京　10007）

摘　要：通过分析国外玉米品种的主要特征特性，提出了我国适于全程机械化生产的育种目标；分析了我国原有种质和引进的国外新种质在适应全程机械化生产的玉米新品种育种潜力，提出了相应的利用策略。

关键词：玉米；全程机械化；生产；育种；目标；新种质

玉米生产全程机械化作业技术是推进现代农业发展的重要举措，该技术不仅可以大幅度减轻农民的劳动强度、降低生产成本、解放劳动力，而且可以显著的提高玉米单产的工效，同时还能实现玉米种植的标准化、规模化，进而大幅度提高我国玉米市场的竞争力。美国是世界上最早实现机械化生产的国家，德国、法国等欧洲国家的玉米全程机械化生产也已经实现[1-3]，同时在育种上紧紧围绕适应机械化生产的育种目标持续不断的改良创新种质、选育新杂交种。近几年，我国玉米机械化生产得到快速发展，品种选育也开始注重适宜机械化生产的一些农艺性状[4-5]。而要达到2020年基本实现玉米生产机械化的目标，则需要创新型玉米新品种。因此，玉米育种者应在坚持高产、优质、多抗、适应性广等传统育种目标的基础上，注重选育出适宜全程机械化生产要求的品种。

1　适于全程机械化生产的玉米品种的主要特征特性

分析我国原有推广面积较大的品种如掖单13、丹玉2号、丹玉13、掖单2号、农大108以及现在主推品种郑单958、浚单20、中科4号和吉单27发现：这些品种普遍存在成熟期偏长，抗倒伏能力差，籽粒脱水速度慢、收获时籽粒水分含量高等问题，从而阻碍了玉米实现全程机械化生产。先玉335和德美亚1号分别是美国先锋种子公司和德国KWS公司在中国大面积推广的适宜机械化生产的优良品种，这些品种突出特点是熟期早、种子适宜单粒点播、成熟时籽粒脱水速度快、收获时茎秆站立性好以及籽粒含水量低。调查数据显示，正常情况下先玉335机械收获的果穗播净率达90%，而郑单958是50%～60%。实际考察发现，美国玉米品种株高在240～250cm，穗位在110cm左右，播种至成熟110～120d，苞叶蓬松，高抗倒伏，有利于机械收获。

2　适于全程机械化生产的玉米品种主要育种目标

根据我国玉米生产的实际情况，高产目标是永恒的主题。考虑到适应全程机械化生产的要求：一是适合机械化单粒播种，二是适合机械化田间管理，三是适合机械化收获，因此，选育的创新型品种同时还应注重适宜单粒精量播种、成熟早、耐密植、高抗倒（折）、苞叶松、轴细硬、半硬粒、籽粒脱水速度快等育种目标，尤其更加注重抗倒伏农艺性状的目标。

2.1 种子商品率高，适宜机械化单粒精量点播

机械化单粒精量播种生产效率高，节约用种，节省人工，增产效果显著。要求种子商品率高，其中，发芽率不低于98%，发芽势强，纯度不低于98%，种子饱满一致。具体性状目标是种子半硬粒型、角质多、大小适宜、耐低温深播。

2.2 株型理想、耐密植、高抗倒（折），适宜田间机械化管理

品种的抗倒（折）性是仅次于产量的最重要目标之一，玉米使用各种机械进行田间管理的便利与否与玉米抗倒（折）密切相关。此外，植株对除草剂不敏感、株型理想、耐密植也便于田间机械化管理作业，提高生产效率，降低生产成本。具体性状目标是植株株型通透、茎秆细而坚韧、根系发达。

2.3 早熟，成熟时籽粒脱水速度快，收获时籽粒含水量低、茎秆站立性好，适宜田间机械化收获

生育期偏长，成熟时籽粒脱水速度慢是导致收获时籽粒水分含量高的重要因素，造成收获时籽粒破损严重，造成减产。而收获时茎秆倒伏或折断则严重影响机械化生产效率，同时容易漏收果穗。为了提高机械化收获的质量，除了要求品种本身抗倒（折）外，还应注意品种的抗茎腐、抗玉米螟和抗穗腐能力。具体性状目标是中小果穗，苞叶薄、苞叶层数少而短、成熟后松散，穗轴细而坚硬，抗玉米螟、茎腐病和穗腐病。

3 适于全程机械化生产的新品种种质基础与杂优模式

分析研究认为，20世纪末期我国玉米种质主要为改良瑞德、改良兰卡斯特、唐四平头、旅大红骨和P群（代表自交系分别为掖478、Mo17、黄早四、丹340和齐319）。其中改良瑞德、改良兰卡斯特和P群为国外种质，为母本自交系选育来源；唐四平头和旅大红骨为国内种质，为父本自交系选育来源。进入21世纪，随着美国先锋种子公司、孟山都公司和法国利马格兰以及德国KWS等公司品种在中国大面积的推广应用，国外种质衣阿华（Iowa）坚秆综合种（BSSS），Maiz Amargo、兰卡斯特（Lancaster）、Oh43、LH82、衣阿华瑞德黄马牙（Iodent）、Oh07 - Midland、明尼苏达13（Minn13）、欧洲早熟硬粒在中国有着越来越重要的影响，其中，衣阿华（Iowa）坚秆综合种（BSSS）和Maiz Amargo属于BSSS杂优群，为母本群；其余为non - BSSS杂优群，为父本群[6]。多年育种实践和品种种植经验表明，我国原有种质以及根据杂优模式选育的品种普遍存在成熟期偏长，抗倒伏能力差，籽粒脱水速度慢、收获时籽粒水分含量高等问题，而新种质的引进以及从这些新种质选育出来的优良自交系对选育适宜全程机械化生产的玉米新品种奠定了良好基础。

3.1 衣阿华（Iowa）坚秆综合种（BSSS）和Maiz Amargo利用潜力

新引进的外源种质衣阿华（Iowa）坚秆综合种（BSSS）和Maiz Amargo具有配合力高、株型理想、高抗倒伏和制种产量高、种子商品率高、适宜单粒精量播种等优良特

点。多年的育种实践表明，直接利用衣阿华（Iowa）坚秆综合种（BSSS）和 Maiz Amargo 等新种质与我国原有 5 大种质组配创制新组合均不理想。其中，与改良瑞德组配由于血缘上相近，杂交种配合力不高，优势不大；由于我国在 Mo17 改良上总体进展不大，因此，组配出的组合在产量和抗性上与国外优秀杂交种相比差距较大；与国内唐四平头种质、旅大红骨种质以及 P 群种质组配出的杂交种具有较高的杂种优势，但熟期偏晚、植株繁茂、籽粒脱水速度上较慢。因此，这批种质经过改良后应该主要与从国外引进的改良 non－BSSS 种质进行组配，该模式组配的杂交种具有较强的杂种优势，同时具备适宜全程机械化生产的目标性状。

3.2　新引进的 non－BSSS 种质利用潜力

新引进的兰卡斯特（Lancaster）、Oh43、LH82、衣阿华瑞德黄马牙（Iodent）、Oh07－Midland、明尼苏达 13（Minn13）等 non－BSSS 种质具有耐密、早熟、脱水速度快、出籽率高等优点。该类种质与我国改良瑞德和改良兰卡斯特种质杂种优势不大，与国内唐四平头种质、旅大红骨种质以及 P 群种质具有较强的杂种优势，丰产性好，籽粒脱水速度相对较快，但是株型不理想、植株繁茂、易倒伏、抗病虫害能力较差。因此，育种实践认为，新引进的 non－BSSS 种质应重点与国外的改良 BSSS 种质进行组配。

3.3　来源于国外商业杂交种 X1132X 选系的利用潜力

利用国外商业杂交种 X1132X 选育出的自交系含有 BSSS 和 non－BSSS 血缘。在近几年成功选育出京 724、京 MC01、京 464、京 725、DH382、M54、NH60 等几个具有影响力的商业自交系。这些自交系与国内唐四平头骨干系京 2416、京 92 等组配出京科 968（京 724/京 92）、京科 665（京 725/京 92）、NK718（京 464/京 2416）、京农科 728（京 MC01/京 2416）等强优势杂交组合；与国内改良瑞德系 DH351 组配出登海 605（DH351/DH382），与旅大红骨自交系 S122、S121 组配出良玉 88（M54/S122）、农华 101（NH60/S121）等组合。分析近几年选出的这些新品种可以看出，国外商业杂交种 X1132X 选系与国内唐四平头和旅大红骨种质具有较强的杂种优势，组配出的杂交种不仅具有本土化品种的优势（抗病性强、适应性好、苗势壮），而且还具备某些适宜机械化生产的指标，如满足适宜机械化精量单粒播种，籽粒成熟时脱水速度相对较快，登海 605 高抗倒伏（折），京农科 728 则早熟、耐密、高抗倒、脱水速度快，适宜单粒播种，基本符合京津唐玉米区全程机械化生产的各项指标。综上分析说明，尽管目前选育出的组合还达不到全程机械化生产的全部指标，但是已经取得了一定进步。适宜京津唐全程机械化生产的玉米新品种京农科 728 选育的成功则表明 X1132X 种质的选系潜力和组配潜力有待于进一步发掘。

4　结语

综上所述，实现玉米生产全程机械化是现代农业发展要求，随着我国玉米生产全程机械化的快速发展，急需调整育种目标，发掘现有种质和新引进种质的育种潜力，选育出适合全程机械化生产的玉米新品种[5]。长久以来，我国玉米育种目标没有或很少考虑到适应全程机械化生产的需求，因此，导致缺乏符合机械化育种目标的关键材料、自交系，面对国外大型种子公司如美国先锋公司、孟山都公司、德国 KWS 公司、法国利马格兰公司在种质创新、育种技术和研发经费上的巨大优势，国内种业巨头和育种者应该既要有紧迫感，同时更应沉着应对。一方面应加强研究创新近几年新引进的如衣阿华（Iowa）坚秆综合种（BSSS）、Maiz Amargo、兰卡斯特（Lancaster）、Oh43、LH82、爱华马齿（Iodent）、Oh07 – Midland、明尼苏达 13（Minn13）和欧洲早熟硬粒等种质，这些种质除了具有优良的产量基因外，还累积了适应全程机械化生产的众多优良基因，同时杂种优势模式明确，国内大企业可以并在 BSSS、Maiz Amargo/non – BSSS 模式下快速进行商业化育种，同时注意扬长避短，注重利用国内抗叶斑病优良 P 群种质提高其抗病性。另一方面国内农业公益院所育种者加强国外商业杂交种 X1132X 的利用潜力，深入发掘创制出新的种质材料和自交系，使之与国内唐四平头和旅大红骨种质组配，从而选育出适应机械化育种目标的新品种。

参考文献

[1] 陈得仪，景希强，王孝杰，等．耐密宜机收玉米品种选育探讨［J］．作物杂志，2014（2）：13 – 15.

[2] 王振华，鲁晓民，张新，等．我国玉米全程机械化育种目标浅析［J］．河南农业科学，2011，40（11）：1 – 3，21.

[3] 赵延明，董树亭，宋希云，等．玉米育种目标与生产机械化［J］．山东农业科学，2007（4）：24 – 26.

[4] 杨耿斌．玉米育种目标与机械化收获［J］．农业科技通讯，2009（9）：162 – 163.

[5] 郭庆发．玉米生产机械化对育种策略的定位［J］．农业技术与装备，2011（09）：27.

[6] 吴权明．美国玉米种质中 BSSS 与 Reid 的区别与联系［J］．玉米科学，2014，22（3）：19 – 23.

该文发表于《中国种业》2014 年第 11 期

京科968等系列玉米品种"易制种"性状选育与高产高效制种关键技术研究

王元东　赵久然　冯培煜　段民孝　张华生　王荣焕　陈传永
（北京市农林科学院玉米研究中心，北京　100097）

摘　要：本文分析了京科968等系列玉米品种与易制种相关的农艺性状、典型制种高产田的产量及产量构成要素。结果显示：京科968等系列玉米品种具有良好的易制种特性，单位面积制种产量大幅高于先玉335，与郑单958相当或略高；按单位面积有效商品籽粒数计，京科968等系列玉米品种则较郑单958和先玉335具有明显优势，尤其是京科968更是如此。先进的育种指导思想和技术路线是易制种京科968等系列玉米品种选育成功的关键，集成和优化制种关键技术措施是实现高产高效制种和产业化推广应用的基础。

关键词：京科968；易制种

玉米品种的"易制种"性状，是提高品种市场竞争力的核心因素之一[1]。易制种性状包括母本耐密性、穗粒重、穗粒数，以及父本散粉持续期、父母本花期相遇性等。近年来，北京市农林科学院玉米研究中心选育并经审定了京科968、京科665、NK718和京农科728等系列玉米品种，已在生产上大面积推广应用。在我国甘肃等主要玉米制种基地显示出了良好的易制种特性[2]，大面积制种平均产量在7 500kg/hm^{2}以上，高产地块可达9 000kg/hm^{2}以上，高于先玉335，与郑单958相当或略高。京科968的易制种特性主要源自其母本生长势强、父本散粉期长、穗粒数多、单穗粒重高等因素。通过各项配套技术，实现了种子发芽率、纯度、净度和含水量等各项指标全部达到国标一级以上标准。通过分析京科968等系列品种易制种性状的选育方法、亲本特征特性、易制种的产量潜力及构成因素，可进一步集成和优化制种关键技术措施指导高产高效制种生产，并对将来玉米新品种的选育具有指导借鉴意义。

1　选育指导思想和技术路线

根据我国玉米主产区生产发展和西北玉米制种地区的实际情况，选育母本注重利用优新种质，在高密度（90 000株/hm^2）、大群体（S1代群体3 000个基本株以上）、强胁迫（早期采取低温早播、深播、干旱、高密度等胁迫，后期进行耐贫瘠、耐干旱胁迫）、变换地（S1选择在吉林、S2在河南、S3在甘肃）条件下进行严选择（加大基本株的淘汰力度，选择吐丝快而集中的单株），在果穗选择过程中坚持果穗籽粒大小适中、单穗籽粒数大于400粒、穗粒重大于100g、籽粒硬粒—半硬粒、出籽率大于88%的标准[2-3]。父本以黄改群骨干系构建基础选系材料，注重选择雄穗发达、花粉量大、散粉持续时间长的单株。杂种优势模式为国外选系×国内黄改系。

京科968等系列玉米品种的母本均来自于X1132x国外优新种质所构建的基础群体选系；父本来源于昌7－2、Lx9801、京24和5237等骨干黄改系所构建的基础材料选系。详见表1。X1132x新种质株型较紧凑，出籽率高，后期籽粒脱水速度较快，容重高，商品性好，对一些主要病害的水平抗性较好，是构建选育母本系的优新种质材料。

表1　京科968等系列玉米品种亲本、选系材料基础及杂种优势模式

品种名称	审定编号	亲本名称		亲本来源		杂种优势模式	适应区域
		母本	父本	母本	父本		
京科968	国审玉2011007	京724	京92	X1132x	（昌7-2×京24）×Lx9801	国外X种质群体选系×国内黄改种质群体选系	北方春玉米区及黄淮海夏玉米区等
京科665	国审玉2013003	京725	京92	X1132x	（昌7-2×京24）×Lx9801	国外X种质群体选系×国内黄改种质群体选系	北方春玉米区及黄淮海夏玉米区等
京农科728	国审玉2012003	京MC01	京2416	X1132x	京24×5237	国外X种质群体选系×国内黄改种质群体选系	东北中熟春玉米区及京津唐夏玉米区
NK718	蒙审玉2011003	京464	京2416	X1132x	京24×5237	国外X种质群体选系×国内黄改种质群体选系	北方春玉米区及黄淮海夏玉米区等

2　母本、父本与易制种相关的特征特性

表2列出了2011—2013年自北京田间调查的京科968等系列玉米品种母本主要特征特性，并与郑单958母本郑58及先玉335母本PH6WC进行了田间对比调查。由表2看出，京科968等系列玉米品种母本熟期为中晚熟，植株生长势强，株高平均269.8cm；穗位中等，雄穗分支较少，平均1.7个；花药紫色，花丝红色，果穗较大，但籽粒大小适中；千粒重相对较低，均小于300g，平均290.8g，均低于郑58（404.1g）和PH6WC（313.5g）；单穗粒数较多，均接近500粒，平均491.7粒，均高于郑58（309.8粒）和PH6WC（396.9粒）；粒型为硬粒－半硬粒型；单穗粒重均在140g以上，平均144.0g，均高于郑58（125.2g）和PH6WC（124.4g）。由此说明，针对易制种性状进行有针对性的严格选择是有效的。

从理论和实践两方面来看，京724等母本熟期偏晚、植株相对高大，是保证自身产量较高的生物学基础。雄穗分支少、雄穗主枝较长有利于去雄彻底、不留断枝。穗位/株高系数小，穗上部叶片较多，可以带3～4片叶超前去雄。京724等花药花丝颜色较深为田间去杂提供了便捷的辨别标记。穗型为筒形，果穗较长，穗行数较多，同时千粒重较小，粒色商品性好，粒型偏硬粒，籽粒大小一致、制种效益较高。此外，京科系列玉米品种母本京724等在抗性上突出，耐低温播种、耐密植、空秆率低，抗旱耐涝耐盐碱，对地块要求较低，从而降低了生产成本。

表 2　京科 968 等系列玉米品种母本主要特征特性
(2011—2013 年田间调查结果平均，北京)

母本自交系	熟期	株型	株高(cm)	穗位(cm)	雄穗分支数	穗长(cm)	穗行数	轴色	千粒重(g)	穗粒数	穗粒重(g)	穗型	粒型
京 724	中晚熟	紧凑	278.3	90.9	1.2	18.1	17.1	白	290.6	497.6	144.6	筒	硬粒
京 725	中晚熟	紧凑	267.8	81.5	1.9	16.5	16.8	红	287.8	490.2	141.1	筒	半硬
京 464	中晚熟	紧凑	263.4	78.8	2.1	16.6	16.4	白	299.9	487.3	146.2	筒	半硬
京科系列平均	中晚熟	紧凑	269.8	83.7	1.7	17.1	16.8	白或红	292.8	491.7	144.0	筒	半硬硬粒
郑 58	中晚熟	紧凑	161.2	57.2	4.6	16.2	12.4	白	404.1	309.8	125.2	筒	马齿
PH6WC	中晚熟	紧凑	275.7	87.3	2.1	17.1	15.4	白	313.5	396.9	124.4	筒	硬粒

从表 3 看出，京科 968 等系列玉米品种父本熟期为早熟—中熟，株型为半紧凑—紧凑，较耐密植，便于提供充足的花粉量。京 92 株高较高，雄穗分支数最多，散粉时间持续时间最长，为 5.5d，比国外系 PH4CV 有较大优势，和昌 7 - 2 相比性状也有明显改善，充分发挥出了作为父本花粉量大、散粉时间长的优势。

表 3　京科 968 等系列玉米品种父本主要特征特性
(2011—2013 年北京田间调查结果平均值)

父本自交系	熟期	株型	株高(cm)	穗位(cm)	雄穗分支数(个)	散粉持续期(d)	穗长(cm)	穗行数	轴色	千粒重(g)	穗型	粒型
京 92	中熟	半紧凑	172.7	70.4	5.3	5.5	15.4	13.5	白	318.4	锥	半硬
京 2416	早熟	紧凑	163.5	65.2	3.8	4.5	14.8	12.8	白	337.3	锥	硬粒
昌 7 - 2	中熟	半紧凑	167.4	85.9	5.1	5.0	14.8	15.1	白	288.6	筒	硬粒
PH4CV	中熟	半紧凑	170.1	81.5	4.1	4.0	16.1	14.8	红	317.8	筒	马齿

3　京科系列玉米品种制种高产田产量结构分析

表 4 列出的是 2012—2014 年在甘肃张掖制种基地典型高产制种田的制种产量及产量构成因素。京科 968 品种制种在母本 78 900株/hm^2 密度情况下，每公顷 78 075穗，穗粒数 501.4 粒，千粒重 284.3g，单穗粒重 142.7g，理论产量达到 9 490.1kg/hm^2，理论种子粒数 3 327.5万粒/hm^2，实际产量达到 9 135.0kg/hm^2。

表 4　京科 968 等系列玉米品种典型高产田制种产量及产量结构
(2012—2014 年甘肃张掖高产田)

品种	密度(株/hm^2)	母本有效穗数	穗粒数	千粒重(g)	穗粒重(g)	理论产量(kg/hm^2)	理论粒数产量(万粒)	实际产量(kg/hm^2)
京科 968	78 900	78 075	501.4	284.3	142.7	9 470.1	3 327.5	9 135.0
京科 665	79 950	78 795	492.7	278.4	137.2	9 189.1	3 299.9	8 347.5
NK718	74 700	72 255	477.8	304.7	139.7	8 579.9	2 934.5	8 275.5
京农科 728	87 000	85 650	442.3	280.6	124.1	9 034.8	3 220.1	8 233.5

（续表）

品种	密度（株/hm²）	母本有效穗数	穗粒数	千粒重（g）	穗粒重（g）	理论产量（kg/hm²）	理论粒数产量（万粒）	实际产量（kg/hm²）
京科系列品种平均	80 137.5	78 693.8	478.6	287.0	135.9	9 068.5	3 195.5	8 497.9
先玉 335	84 885	81 585	394.8	310.4	122.5	8 495.0	2 737.8	7 735.5
郑单 958	90 750	87 045	311.6	401.3	125.1	9 255.9	2 305.5	8 488.5

注：理论产量 = 每公顷母本有效穗数 × 穗粒重 ×0.85；理论粒数产量 = 每公顷母本有效穗数 × 穗粒数 ×0.85

郑单 958 和先玉 335 是我国近几年推广面积和制种面积较大的两个品种，制种优势明显。京科系列品种的制种产量与郑单 958 相当或略高，明显高于先玉 335；而单位面积的有效粒数均大大高于郑单 958 和先玉 335。在目前单粒精量播种时代，粒数比穗粒重或制种产量更有意义，京科 968 等系列玉米品种的制种效益非常突出。

4　京科系列玉米品种高产制种关键技术

4.1　选择生态条件良好的地区，适时早播，后期控水

优越的生态条件是高产制种的重要条件。甘肃张掖制种区属于温带大陆性干旱气候，≥10℃年有效积温 2 941 ~ 3 088℃；甘州区≥10℃年有效积温 3 076.1℃。年均降水量 113 ~ 200mm，无霜期 138 ~ 179d，海拔 1 474m。该区日照时数长，昼夜温差大，灌溉条件优良，玉米制种产量高，是我国最大最集中的玉米种子生产基地。京科系列玉米品种生育期偏长，应发挥母本耐低温萌发优势适时早播，后期快要成熟时适当控水，有利于籽粒加快脱水，提早收获，保障种子发芽率和活力。

4.2　合理密植

京科系列玉米品种母本果穗大、粒重高，穗型筒形，单穗商品种子数高，合理密度保持在 70 000 ~ 90 000株 hm²，增加有效穗数，实现穗大粒多。

4.3　准确把握花期调节，适时超前去雄

根据父母本总叶片数来确定和调节播种期。先播母本，当 5cm 地温稳定通过 10℃播种母本，一次播种完成；当母本 50% 次生根长出时开始播种父本一期（一、二期各占 50%）；当母本 50% 出苗（约母本播后 10d 左右）时再播种父本二期。

当 50% 母本倒数第 4 片叶展开时即开始带叶超前去雄，带 3 ~4 片叶一次完成抽雄为宜，或者过 2 ~3d 再次去雄，一般在 3 ~5d 内去雄两次，去雄率可达到 99.9% 以上，真正做到了去雄不见雄、去雄去（长）势的作用。带 3 ~4 片叶超前去雄不仅能够防止母本自交，保证种子质量，也降低了母本植株高度，一般可降低母本株高 100 ~130cm，母本去雄后株高与父本基本持平，更有利于父本花粉的传播，可有效地提高母本的授粉结实率；同时，采取此技术去雄在时间上为组织劳力提供了充裕空间，也大大降低了劳动强度和劳动成本，在整个去雄期间做到了及时、彻底、不留断枝。

5　结语

一个品种能否开发成功，一方面其自身的良好生产表现是重要基础，另一方面其易制种特性及制种产量潜力大也是关键因素[1]。京科系列玉米品种能够在生产上大面积推广应用与其易制种特性密切相关[2]。京科968等系列玉米品种在单位面积制种产量上超过先玉335，与郑单958相当或略高，但目前商品玉米杂交种子正在实施按粒数包装出售的市场策略，按单位面积有效商品籽粒数计，京科968等系列玉米品种较郑单958和先玉335具有明显优势，尤其是京科968更是如此。首先，易制种京科968等系列玉米品种选育成功与先进的育种指导思想密切相关，其中在品种选育过程中明确母本自交系和父本自交系之分，并针对母本和父本自交系的所需性状要求选择理想种质，制定相应的育种方案。在实施过程中严格按照既定方案工程化进行，确保入选材料符合方案要求。比如在变换地选择过程中特意将S3世代放在甘肃就是为了选择出适宜将来易制种的优良单株[3]。其次，在选育方案中一些性状更加量化，而不是凭感觉进行筛选，例如单穗粒数、单穗粒重、出籽率等性状。再次，敢于创新杂优模式。母本来源于X1132x国外种质，选育出的母本自交系京724等具有高配合力、高抗、高产等优点，适于用作母本[4]。父本来源于国内黄改系，选育出的京92等自交系配合力高、雄穗发达、花粉量大、散粉持续时间长，适于用做父本。

参考文献

[1]　赵久然，孙世贤．对超级玉米育种目标及技术路线的再思考［J］．玉米科学，2007，15（1）：21－23，28.

Zhao J R，Sun S X. Re－ thinking on Breeding Objective and Technical Route of Super Maize［J］．Journal of Maize Sciences，2007，15（1）：21－23，28.（in chinese）

[2]　冯培煜．杂交玉米新品种京科968种子生产技术［J］．种子，2013，32（3）：116－117.

Feng P Y. Seed Production Techniques of Maize commercial hybrid Jingke 968［J］．Seed，2013，32（3）：116－117.（in chinese）

[3]　王元东，段民孝，邢锦丰，等．高密度条件下不同生态区变换地选育优良玉米自交系的研究［J］．玉米科学，2009，17（3）：55－59.

Wang Y D，Duan M X，Xing J F，et al. Studying on Elite Inbred Lines Breeding in Maize by Selecting in High Density Under Different Ecological Conditions［J］．Journal of Maize Sciences，2009，17（1）：55－59，28.（in chinese）

[4]　王元东，段民孝，张华生，等．利用外来新种质X1132x选育优良玉米自交系的研究［J］．中国种业，2015，2：41－44.

Wang Y D，Duan M X，Zhang H S，et al. Study on the elite inbred lines from exotic hybrid X1132x［J］．China Seed Industry，2015，2：41－44.（in chinese）

该文发表于《中国种业》2014年第11期

利用外来新种质 X1132x 选育优良玉米自交系的研究

王元东　张华生　段民孝　张雪原　张春原　陈传永　赵久然
（北京市农林科学院玉米研究中心，北京　10007）

摘　要：利用外来新种质 X1132x，通过高密度、大群体、变换地、强胁迫、严选择，选育出若干优良自交系。研究了部分优良自交系的生物学特征特性以及抗逆性和适应性，并进行了配合力的分析。本文还探讨了这些优良自交系的杂种优势模式，并对其利用潜力进行了分析。结果表明：①京 724、京 725、京 464 等优良自交系生物学特性优良，自身产量高，易制种，抗病性好，适应性广，配合力高；②该选系与京 92、京 2416 等黄改系组配构成主要杂种优势模式，其中组合京 724 × 京 92（审定名称京科 968）、京 725 × 京 92（审定名称京科 665）、京 464 × 京 2416（审定名称 NK718）在推广示范中均有较好表现，表现出良好的适应性和丰产性，说明这些自交系的选育是成功的。

关键词：新种质 X1132x；优良自交系；杂种优势

育种要有大的突破，首先要有新的优异种质和以新种质为基础的核心优良自交系的选育。其中，外来新种质在我国玉米育种实践中一直占有重要影响。据统计，外来种质对我国玉米生产的贡献率已接近 60%，其中，美国外来种质的利用率每一个百分点，全国玉米平均产量增加约 10kg/hm^2[1]。20 世纪 70—80 年代，我国从美国直接引进 Mo17 自交系，利用美国杂交种选育出的铁 7922、沈 5003、U8112 以及它们之间相互杂交选育出的掖 478、C8605 - 2、丹 9046 等优良玉米自交系对我国玉米生产起了重要作用。其中，Mo17 及其衍生系构成我国改良兰卡斯特杂种优势群核心种质，组配出中单 2 号、丹玉 13 等优良品种；掖 478 及其改良系郑 58 则是我国改良瑞德杂种优势群核心种质，选育出掖单 13 和郑单 958 等优良品种。20 世纪 90 年代，利用美国杂交种 P78599 及其同类杂交种选育出 X178、齐 319、87 - 1 等优良自交系，构成了我国另一杂种优势群 P 群核心种质，组配出农大 108、鲁单 981、豫玉 22 等优良品种。

由于现代玉米生产的需求，我国玉米育种需要有进一步的跨越和突破。利用近年来从国外引入我国的优异外来种质，作为选育优良自交系的基本材料，坚持在高密度、大群体、变换地、强胁迫等条件下进行严格选择，有望选育出新的优良骨干自交系[2]。本研究以外来新种质 X1132x 杂交种为基础选系材料，基于上述选择方法，选育出若干优良自交系，对其中 8 个优良自交系的生物学特征特性、抗逆性和配合力进行了观察研究，并进行了强优势杂交组合的组配，探讨了其主要杂种优势模式，同时展望了这些优良自交系的利用潜力。

1　材料与方法

1.1　材料

试验利用外来新种质 X1132x 优良单交种，通过市场上销售商品种子得到。经田间鉴定具有株型清秀，出籽率高，后期籽粒脱水速度快、容重高、千粒重高、综合抗性好（尤其是对一些主要病害的水平抗性较为突出）等特性。在株型上除紧凑外，其雄穗小、雄穗分支数少、开叶距等特点非常鲜明，累积了丰富的株型优良基因和产量性状基因。

1.2　方法

2003 年春在其 S_0 植株经混合授粉获得约 30 000粒 S_1 种子，2004 年将获得的 S_1 种子平均分成 3 份，每份约 10 000粒，分别在北京昌平、吉林四平和河南郑州种植（北京昌平、吉林四平代表温度较低、较为干旱、病虫害尤其是丝黑穗病和大斑病发病严重的环境，河南郑州代表阴雨寡照、高温高湿病虫害严重的环境），三点试验种植小区均为 10m 行长，55 行区，行距 0.6m，株距 0.18m，密度为 9 万株/hm^2。整个试验约 3 000穴，每穴播种 3 粒，留苗 1 株，共有约 3 000个基本株。定苗前，淘汰弱病株，留健康长势强植株；自交授粉前，通过严格选择，淘汰大量的不符合要求的基因型单株，入选单株挂牌；授粉期间，选择雌雄协调，吐丝快而集中的植株进行一次性自交授粉；收获前，在各生态区淘汰病虫害植株、空秆株、倒伏（倒折）株、籽粒败育和果穗畸形株，对入选果穗进行室内考种，淘汰畸形、结实差的果穗，留下单穗粒重大于 100g，出籽率大于 88%，穗行数大于 14 行的优良果穗。

2004 年春将三地得到的 S_2 果穗均混合脱粒。并相互变换试验点进行种植。种植和筛选的方式同 2003 年。2005 年春将三地得到的 S_3 果穗进行穗行种植，继续进行变换试验。各穗行种植密度为 9 万株/hm^2，授粉前，淘汰不良穗行，选取优良穗行进行自交授粉；收获前，淘汰感病虫害穗行；收获后，决选出单穗粒重大于 100g，出籽率大于 88%，穗行数大于 14 行的穗行 80 个。2005 年冬，将得到的 S_4 优良果穗在海南进行测配并加代。

2006 年春在北京昌平试验地，将得到的 S_5 优良果穗进行穗行种植，各穗行种植密度为 67 500株/hm^2，授粉前，淘汰不良穗行，选取优良穗行进行自交授粉；收获前，淘汰感病虫害穗行；收获后，决选出单穗粒重大于 100g，出籽率大于 88%，穗行数大于 14 行的穗行。结合配合力测配结果，留取穗行 15 个。2006 年冬，将对入选穗行继续在海南进代为 S_6，同时继续测配。

2007 年春，将穗行继续进代为 S_7，各穗行基本稳定。同时，对上年海南测配组合进行比较试验，测出小区产量超 10 000kg/hm^2，超过对照郑单 958 约 10% 以上的组合 8 个。这些选系被命名京 724、京 725、京 464、MC0304、京 719、90110－2、京 465 和 HNBXJL22。

2　结果与分析

2.1　生物学特征特性

根据田间观察，8 个 X1132x 杂交种选育优良自交系在苗期叶鞘均为深紫色。其中，京464、京724和京725苗期长势强，叶色深绿，叶片波曲，心叶上冲。从表1中看出，8个自交系生育期适中，株高相对较高，变幅在220.7～278.3cm，株型紧凑，雄穗分支数除了90110－2和京464外均少于3个，ASI（抽雄至吐丝间隔期）值表明所有8个自交系吐丝快而集中，抗倒伏能力均较强。

在产量性状上，8个优良自交系的单穗粒重均较高，单穗粒数也很多，穗行数在14～18行，均为硬粒或半硬粒型，适合用作母本自交系。其中，京724单穗粒重最重，达到140.6g，由于其百粒重相对小些，单穗总粒数达到453粒，籽粒商品性好，适于单粒精量播种。

表1　利用X1132x杂交种新选育的8个优良自交系主要特征特性

材料	株高（cm）	穗位高（cm）	雄穗分枝数	株型	抽雄（d）	吐丝（d）	ASI（d）	倒伏率（%）
京719	245.6	60.5	2.2	紧凑	68.2	70.8	2.6	0.0
京464	243.8	61.2	2.7	紧凑	67.5	70.1	2.6	0.0
京724	278.3	83.6	1.2	紧凑	69.1	72.8	3.7	1.9
京725	267.8	68.9	1.9	紧凑	65.8	67.7	1.9	1.1
90110－2	223.4	55.7	5.1	紧凑	69.8	73.1	3.3	0.0
MC0304	276.7	76.5	1.1	紧凑	67.4	70.2	2.8	0.0
京465	220.7	56.3	5.2	紧凑	69.7	73.2	3.5	0.0
HNBXJL22	235.6	58.3	1.8	紧凑	67.4	69.1	1.7	0.0
PH6WC	270.6	80.4	1.4	紧凑	68.4	72.1	3.7	0.0
PH4CV	182.1	51.8	3.4	半紧凑	62.6	65.7	3.1	11.7
郑58	160.3	45.7	4.7	紧凑	62.5	66.2	3.7	0.0

材料	单穗粒重（g）	单穗粒数	穗行数（个）	穗长（cm）	穗粗（cm）	轴色	粒型
京719	130.8	396.4	17.8	17.1	4.5	白	硬粒
京464	128.6	428.7	16.7	13.8	4.2	白	硬粒
京724	140.6	453.5	17.1	16.8	4.6	白	硬粒
京725	135.8	424.4	17.2	15.5	4.5	红	硬粒
90110－2	128.2	377.1	15.2	17.8	4.1	红	半硬
MC0304	118.6	370.6	16.8	16.4	4.6	白	硬粒
京465	127.6	375.3	15.2	18.1	4.1	白	半硬
HNBXJL22	138.6	420.0	17.2	16.5	4.6	白	硬粒
PH6WC	119.5	362.1	15.7	15.9	3.9	白	硬粒
PH4CV	89.6	289.0	14.2	11.8	3.8	红	马齿
郑58	109.4	312.6	13.6	15.1	3.6	白	马齿

2.2　配合力

配合力是一个自交系的主要特性，也是选育优良自交系的主要目标之一。在2007—2008年间，8个优良选育自交系以及PH6WC、PH4CV和郑58共13个系为母本，分别与京24、昌72、京92、吉853、Lx9801、京2416等6个测验种分别杂交，比较8个优良自交系与PH6WC、PH4CV和郑58在产量配合力效应的优势，同时进一步比较8个优良自交系的内部产量配合力效应的大小。

从表2中可以看出，8个优良自交系的一般配合力除了京719外，其余7个均大于PH6WC，均强于PH4CV和骨干系郑58，其中，京724和京725两个自交系具有很高的一般配合力。在6个测验种中，京24、京2416、京92和Lx9801的一般配合力较高，其中，京92的配合力最高。在特殊配合力方面，京724与京92配合力最高，其次是京725与京92，表现出较高的产量潜力。

2.3　抗病虫害

8个优良自交系自育成以来，在北京、吉林、河南、海南等地种植鉴定，均表现出良好的抗性。其中，京724、京725和HNBXJL22均中抗多种病害，京464、京724和京725还表现出良好的抗玉米螟能力，见表3。

表2　8个优良自交系产量配合力效应

母本	父本（测验种）						GCA-m
	京24	京92	京2416	吉853	昌72	Lx9801	
	(SCA)						
京719	-3.5	1.3	-1.8	-30.7	-91.8	8.1	-19.6
京464	2.7	21.7	29.7	17.5	2.6	28.4	17.2
京724	68.2	118.5	42.1	35.6	14.5	95.2	62.5
京725	30.0	114.5	38.5	28.7	7.3	77.6	49.5
90110-2	6.2	-21.3	28.2	-24.8	-8.9	-2.8	-3.8
MC0304	-42.8	93.0	-18.4	4.4	-47.2	51.7	6.9
京465	8.0	-27.2	38.1	-21.7	2.7	2.5	0.5
HNBXJL22	25.2	48.3	-71.3	30.5	-39.5	42.1	6.0
PH6WC	-5.6	8.4	21.5	-6.4	-53.7	1.5	-5.6
PH4CV	-73.8	-80.3	-81.5	-128.4	-93.8	-98.7	-92.7
郑58	-44.8	-41.9	-34.6	-51.7	36.2	15.0	-20.2
gca-f	-2.6	21.5	-0.8	-13.3	-24.6	20.2	

表3　8个优良自交系在多年多点的抗病虫方面的抗性评价

品种	小斑病	大斑病	弯孢霉叶斑病	茎腐病	丝黑穗病	玉米螟
京719	MR	MR	R	R	MR	–
京464	R	R	MR	R	MR	R
京724	R	R	R	R	R	R
京725	R	R	R	R	R	R
90110–2	MR	MR	MR	S	MR	–
MC0304	MR	S	MR	MR	MR	–
京465	MR	MR	MR	S	R	–
HNBXJL22	R	R	R	R	R	–

3　讨论及利用潜力分析

3.1　讨论

经分析，外来玉米新种质X1132x杂交种具有丰富的优良植株农艺性状和产量性状基因，其优良的株型、后期灌浆速度快以及丰产性状是国内推广的许多优良品种所缺少的，同时也具有熟期合适、籽粒脱水速度快等适宜机械化收获的优良性状，受到企业青睐[3]。但该种质也具有感大斑病、前期抗倒伏能力差、高感玉米螟等抗性缺陷[4]。如何利用该种质成功选育出优良玉米自交系是育种者必须考虑的问题。

高密度可以人为创造出多种非生物胁迫高压逆境，是一种提高种质耐多种非生物胁迫（包括抗旱和耐低N）的育种策略[5-6]。在高密度选择压力下，选择群体内植株间竞争加剧，大量植株表现出空秆、秃尖、结实性差、倒伏（倒折）、发病严重等现象，因此，在早期可以淘汰大量不良基因型，选择出适应性强和农艺性状优良的基因型。同时，增大基础选择群体的样本容量，可以使选择优异基本单株机会增加，给严格淘汰选择留够空间。与传统育种方法比较，高大严（高密度、大群体、严选择）选择的准确率大大提高。

在大群体、高密度选择过程中，坚持以单穗粒重和出籽率为核心选择指标，同时注意加强一些耐高密的次级性状的选择，如ASI、雄穗大小、雄穗分支数、吐丝快慢和是否集中、穗下部叶片的衰老程度等。ASI在高密度条件下与果穗粒重高度相关[4,7]，可以作为次级性状来选择果穗的产量。

通过变换选育地点和生态环境，可以提高材料的广适性，具有更丰富的抗性[8]。在玉米主产区黄淮海区，其生态环境主要特征是阴雨寡照，高温、高湿、多风、病虫害严重；在东华北主产区为温度较低，较为干旱，丝黑穗病发病严重的生态环境。变换地选择，可以将适合几大主产区的优良抗性基因不断累积起来，后代选系适应性更广。

根据上述原则，自交系京724、京725、京464、MC0304、HNBXJL22等系选育比较成功，这些优良自交系自身产量均在7 500kg/hm^{2}左右，适应性好，配合力高，而且在选择过程中通过基因重组具有抗大斑病、抗倒伏、抗玉米螟等优良特性。表4是比对照郑单958增产的12个杂交组合，分析组合杂优模式发现X1132x的选系分别与京92、Lx9801、京24、京2416等黄改系具有很强的杂种优势。

表4　比对照郑单958增产的12个优良组合

位次	组合模式	产量（kg/hm²）	SCA	对照优势（%）
1	京724×京92	13 359.2	118.5	10.2
2	京725×京92	13 299.1	114.5	9.7
3	京724×Lx9801	13 009.5	95.2	7.3
4	MC0304×JC73	12 976.5	93.0	7.0
5	京725×Lx9801	12 745.5	77.6	5.1
6	京724×京24	12 604.5	68.2	4.0
7	MC0304×Lx9801	12 357.3	51.7	1.9
8	HNBXJL22×京92	12 306.1	48.3	1.5
9	京724×京2416	12 213.5	42.1	0.7
10	HNBXJL22×Lx9801	12 213.0	42.1	0.7
11	京725×京2416	12 159.0	38.5	0.3
12	京464×京2416	12 153.0	38.1	0.2

3.2　利用潜力

京724×京92的组合（审定后为京科968）在2009—2010年参加国家东华北春播区试，2009年参加国家东华北玉米品种区域试验，21点次增产，2点次平产，平均亩产807.7kg，比对照郑单958增产8.07%，综合性状表现列该区组第1位[9]；2010年参加国家东华北玉米品种区域试验，平均单产734.4kg，比对照（总平均值）增产6.08%。2010年生产试验，20点次全部增产，平均单产716.3kg，比对照郑单958增产10.45%。经辽宁省丹东农业科学院与吉林省农业科学院植物保护研究所两年接种鉴定，中抗—抗大斑病、中抗—抗灰斑病、中抗—抗弯孢叶斑病、中抗—高抗丝黑穗病、中抗—高抗茎腐病、高抗玉米螟。经农业部谷物及制品质量监督检验测试中心（哈尔滨）测定，籽粒容重767g/L，粗蛋白含量10.54%，粗脂肪含量3.41%，粗淀粉含量75.42%，赖氨酸含量0.3%[10]。从结果上看，京科968的丰产性、抗病性和品质均较为优良，离不开优良自交系京724的优良基因效应。

组合京725×京92（审定名称京科665），京464×京2416（审定名称NK718）在2013—2014年示范推广中均有较好表现，表现出良好的适应性和丰产性，表明这些自交系的选育是成功的。

参考文献

[1]　李海明，胡瑞法，张世煌．外来种质对中国玉米生产的遗传贡献［J］．中国农业科学，2005，38（11）：2189－2197.

[2] 赵久然．优良玉米自交系选育新方法 [J]．玉米科学，2005，13 (2)：31－32.
[3] 李文才，孟昭东，张发军，等．科企合作玉米商业化育种问题及对策 [J]．中国种业，2013，10：5－6.
[4] 王元东，段民孝，赵久然，等．X 系新种质利用的技术途径与策略探讨 [J]．作物杂志，2008，1：1－3.
[5] P. Monneveux，C. Sanchez，D. Beck，G. O. Edmeades. Drought tolerance improvement in tropical maize source populations [J]．Evidence of progress，Crop Sci，2006，46：180－191.
[6] P. Monneveux，P. H. Zaidi，C. Sanchez. Population density and low nitrogen affects yield-Associated traits in tropical maize [J]．CropSci，2005，45：535－545.
[7] 张铭堂，徐国良，才卓．玉米自交系选育理论基础与实践经验 [J]．玉米科学，2010，18 (2)：1－4.
[8] 王元东，段民孝，赵久然，等．高密度条件下不同生态区变换地选育优良玉米自交系的研究 [J]．玉米科学，2009，17 (3)：55－59.
[9] 全国农业技术推广服务中心编．中国玉米新品种动态—2009 年国家级玉米品种区试报告 [M]．北京：中国农业科学技术出版社，2009：35－128.
[10] 全国农业技术推广服务中心编．中国玉米新品种动态—2010 年国家级玉米品种区试报告 [M]．北京：中国农业科学技术出版社，2009：45－130.

该文发表于《中国种业》2015 年第 2 期

专题三

轻简栽培与优质高效技术

冬小麦种子大小对群体指标和产量的影响

毛思帅[1]　周吉红[1]　王俊英[1]　孟范玉[1]
佟国香[2]　刘国明[3]　曹海军[4]
（1. 北京市农业技术推广站，北京　100029；2. 北京市房山区农业科学研究所，
北京　102446；3. 北京市顺义区农业科学研究所，北京　101300；
4. 北京市通州区农业技术推广站，北京　101101）

摘　要：为明确种子大小与冬小麦产量形成的关系，根据粒径大小分为大粒（粒径 > 3.35mm）、中粒（2.36 ~ 3.35mm）、小粒（粒径 < 2.36mm）三级，以不分级的种子作为对照（CK），研究种子大小对小麦相关性状及产量的影响。结果表明：大、中粒种子处理的产量分别较对照显著增产 2.8%、4.2%，而小粒种子处理的产量显著降低。大、中粒种子处理穗数分别较对照显著增加 3.6%、4.7%，对穗粒数、千粒重和穗部性状无显著性影响。进一步分析表明，大、中粒种子处理苗期干物质重分别增加 28.6%、7.1%，单株叶面积分别增加 16.0%、2.9%，有利于分蘖生长，冬前群体茎蘖数分别增加 7.9%、1.9%，拔节期茎蘖数分别增加 15.2%、8.2%。综合分析，小麦种子粒径大于 2.36mm，可获得较高的产量。

关键词：种子大小；小麦；产量；穗数；群体

种子是形成下一代植物体的幼体，其大小对出苗和幼苗生长具有一定影响[1-2]。一般而言，大粒种子形成的种苗通常比小粒种子种苗大[3-4]。在相同播种条件下，大小不同的种子其出苗率几乎不受影响或受影响非常小[1]，但对幼苗的生长发育以及后期产量的形成都有很大影响，特别在生长环境不利的条件下（如土壤墒情差、春季干旱等），大粒种子形成的植株较小粒种子形成的植株生长旺盛，繁殖体较大，获得较高产量[5]。种子大小对小麦出苗时间、幼苗生长等方面已有相关研究，但以往的研究中，种子大小按照千粒重划分，本试验采用目筛依据种子粒径大小对小麦种子进行分级，研究不同级别种子对小麦生长发育及产量的影响，以期明确小麦获得高产的种子大小标准。

1　材料与方法

1.1　供试材料及试验地

供试小麦（*Triticum aestivum* L.）品种为轮选 987，由中国农业科学院作物科学所选育，2003 年通过国家品种审定委员会审定，为北京市主栽品种。

试验于 2013—2014 年在北京市房山区窦店镇窦店村进行。该地属于暖温带半湿润半干旱大陆性季风气候，季风气候明显，夏季盛行温暖的偏南风，冬季盛行干冷的偏北

风。小麦全生育期日均温为9.3℃，降水量为143mm。土壤为沙壤土，0～20cm土层含有机质24.8g/kg，全氮1.3g/kg，碱解氮94.2mg/kg，有效磷30mg/kg，速效钾108.0mg/kg。

1.2 试验设计

试验采用随机区组设计，用不同目数的筛子对种子筛选分级，分成大粒（>6目筛，粒径>3.35mm）、中粒（6～8目筛，粒径2.36～3.35mm）、小粒（<8目筛，粒径<2.36mm）三级，以不分级的种子作为对照（表1）。3次重复，小区面积10m^2，2013年9月29日播种，基本苗420万/hm^2。

表1 不同级别种子千粒重

粒级	粒径（mm）	分级筛目数	千粒重（g）
大粒	>3.35	<6	39.8
中粒	2.36～3.35	6～8	32.4
小粒	<2.36	8	19.6
不分级	—	—	26.5

1.3 测定项目

1.3.1 *叶面积* 于播种后第30d，选取有代表性的植株，调查小麦单株每片叶片的叶面积及总叶面积。

1.3.2 *茎蘖数* 在每个小区选定具有代表性的样点，分别于冬前（12月7日）、起身期（4月6日）、拔节期（4月20日）在定点处调查群体茎蘖数。其中，拔节后调查大蘖数，标准是春生叶片在3片以上。

1.3.3 *干物质积累与产量* 分别于苗期（10月29日）、起身期（4月6日）、拔节期（4月20日）、开花期（5月10日）和成熟期（6月12日）在每个小区随机多点选取有代表性的苗20株，烘干后测定干物质重。成熟期测定每个小区的产量及单位面积穗数、穗粒数、千粒重，同时考察穗长、总小穗数、不孕小穗数。

1.4 数据分析

采用SAS 8.0软件进行方差分析，其他分析在软件EXCEL中进行。

2 结果与分析

2.1 小麦产量及构成因素

与不分级的对照（CK）相比，大粒和中粒种子处理产量分别较对照增产226.5kg/hm^2、336.0kg/hm^2，增幅分别为2.8%、4.2%，差异显著（$P<0.05$，下同），但大、中粒之间无显著性差异。小粒种子处理产量较对照减少204.0kg/hm^2，减幅为2.6%，差异显著（表2）。

分析种子大小对穗数的影响表明，大粒和中粒种子处理穗数分别较对照显著增加3.6%、4.7%，两者之间无显著性差异；小粒种子的穗数较对照显著减少2.5%。种子大小对小麦的穗粒数和千粒重无显著性影响（表2）。

表2　种子大小对小麦产量及其构成因素的影响

处理	产量（kg/hm²）	穗数（万/hm²）	穗粒数	千粒重（g）
CK	7 990.5 b	885.0 b	27.2 a	39.1 a
大粒	8 217.0 a	916.5 a	27.4 a	38.5 a
中粒	8 326.5 a	927.0 a	27.3 a	38.8 a
小粒	7 786.5 c	864.0 c	27.0 a	39.4 a

2.2　穗部性状

各处理中，小麦穗长、总小穗数和有效小穗数无显著差异。中粒种子处理小麦穗子最长、总小穗数和有效小穗数最多；其次是大粒种子处理；小粒种子处理小麦穗子最短、总小穗数和有效小穗数最少（表3）。

表3　种子大小对小麦穗部性状的影响

处理	穗长（cm）	总小穗数	有效小穗数
CK	7.23 a	16.67 a	13.33 a
大粒	7.52 a	16.71 a	13.36 a
中粒	7.76 a	17.40 a	13.73 a
小粒	7.15 a	16.00 a	12.89 a

2.3　群体指标

种子大小对小麦冬前茎蘖数、拔节期大茎蘖数有显著性影响。与对照相比，大粒、中粒种子的冬前茎蘖数分别增加7.9%、1.9%，其中，前者达显著性差异，小粒种子处理的冬前茎蘖数比对照减少7.2%，与大、中粒种子之间存在显著性差异。大粒、中粒种子处理的拔节期大茎蘖数分别比对照增加15.2%、8.2%，其中，前者达显著性差异，小粒种子处理的拔节期大茎蘖数比对照减少5.5%，与大、中粒种子之间存在显著性差异。对于起身期、拔节期茎蘖数而言，处理之间无显著性差异，大、中粒处理较高，与冬前茎蘖数趋势一致（表4）。

表4　不同种子大小对小麦群体的影响　（万/hm²）

处理	冬前茎蘖数	起身期茎蘖数	拔节期茎蘖数	拔节期大茎蘖数
CK	1 382.5 bc	2 590.1 a	1 220.0 a	987.45 bc
大粒	1 607.5 a	2 885.0 a	1 387.5 a	1 137.5 a
中粒	1 517.5 ab	2 702.6 a	1 247.6 a	1 067.6 ab
小粒	1 490.0 c	2 507.6 a	1 132.5 a	932.55 c

2.4　种子大小对小麦不同时期干物质重的影响

种子大小对小麦苗期的干物质重有显著性影响。与对照相比，大粒、中粒种子的干物质重分别增加28.6%、7.1%，其中，前者达显著性差异；小粒种子的干物质重较对照减少28.6%，与大粒、中粒种子处理间存在显著性差异（表5）。

种子大小对小麦起身期、拔节期、开花期和成熟期的干物质重无显著性影响。大粒种子处理的干物质重最高，其次是中粒，对照次之；小粒处理最低（表5）。

表5　种子大小对不同时期干物质重的影响　（kg/hm^2）

处理	苗期	起身期	拔节期	开花期	成熟期
CK	588.5 bc	4 727.3 a	7 840.2 a	16 551.2 a	23 329.6 a
大粒	756.6 a	5 450.7 a	9 170.0 a	18 573.3 a	25 021.4 a
中粒	630.5 ab	4 811.3 a	9 156.0 a	17 946.3 a	24 479.1 a
小粒	420.4 c	4 400.7 a	6 034.5 a	14 753.2 a	21 960.5 a

2.5　种子大小对小麦苗期叶面积的影响

播种后第30d调查结果显示，大、中粒种子的生育进程稍快。与对照相比，大中粒小麦冬一叶、冬二叶、冬三叶、冬四叶的叶面积以及单株叶面积无显著性增加，大中粒的单株叶面积分别较对照增加16.0%、2.9%；但小粒种子的冬一叶、冬二叶、冬三叶以及单株总叶面积显著减少，减少幅度分别为31.7%、28.9%、22.2%、25.4%(表6)。

表6　种子大小对小麦苗期单株叶面积的影响　（cm^2）

处理	叶龄	冬一叶 叶面积	冬二叶 叶面积	冬三叶 叶面积	冬四叶 叶面积	单株 总叶面积
CK	3.62 a	2.63 a	4.40 a	7.40 a	3.60 ab	18.03 a
大粒	3.72 a	3.13 a	4.99 a	7.55 a	5.25 a	20.91 a
中粒	3.69 a	2.66 a	4.36 a	6.98 ab	4.55 ab	18.55 a
小粒	3.58 a	1.79 b	3.13 b	5.76 b	2.78 b	13.46 b

3　讨论与结论

研究结果表明，大、中粒种子（粒径大于2.36mm）可增加小麦产量，分别较对照显著增产2.8%、4.2%，大粒种子比小粒种子具有明显的增产作用，这与前人研究结果一致[5]。

大、中粒处理下，产量的增加主要是通过单位面积穗数的增加实现的。与对照相比，大粒种子和中粒种子处理穗数分别较对照显著增加3.6%、4.7%。种子大小对小麦穗粒数、千粒重和小麦穗部性状无显著性影响，可通过前人研究结论解释，即株高、穗长、小穗数、单穗粒数及千粒重等性状主要受品种遗传特性和环境条件的作用而表现出一定程度的差异，而种子大小对其没有直接的影响[5]。

单位面积穗数的增加是通过群体的增加实现的。试验中，与对照相比，大粒、中粒种子的冬前茎蘖数分别增加7.9%、1.9%，拔节期大茎蘖数分别增加15.2%、8.2%。这与刘万代等人[6]的研究结果一致，因为大粒种子幼苗分蘖能力强，营养生长旺盛、抗逆性强，收获时穗数多[5]。

Turk[7]和张世挺等[8]人的研究表明，种子重量与幼苗重量呈显著正相关。本研究中，种子大小对小麦苗期的干物质重有显著性影响。与对照相比，大粒、中粒种子的干物质重分别增加28.6%、7.1%，小粒种子的干物质重较对照减少28.6%。苗期干物质量的积累与叶片生长（单株叶面积）密切相关，研究中，与对照相比，大中粒小麦处理下单株叶面积有所增加，但差异不显著，小粒种子的单株叶面积显著减少。大粒种子植株在苗期的生长优于小粒种子，这与前人研究结果相一致[6,9-12]。

综上所述，京郊冬小麦种植粒径大于2.36mm的种子可获得较高的产量。

参考文献

[1] 吉春容，李世清，李生秀. 品种、种子大小和施肥对冬小麦生物学特性的影响［J］. 生态学报，2007（6）：2498-2506.

[2] 谢皓，贾秀婷，陈学珍，等. 播种深度和种子大小对大豆出苗率和幼苗生长的影响［J］. 农学学报，2012，2（6）：10-14.

[3] GrossK L. Effects of seed size and growth form on seedling establishment of six monocarpic perennial plants［J］. The Journal of Ecology，1984，72（2）：369-387.

[4] Molatudi R. L and Mariga I. k. The Effect of Maize Seed Size and Depth of Planting on Seedling Emergence and Seedling Vigour［J］. Journal of Applied Sciences Research，2009，5（12）：2234-2237.

[5] 刘生祥，宋晓华. 春小麦种子大小对主要性状及产量的影响［J］. 种子，2013（1）：26-27.

[6] 刘万代，崔金梅，王化岑. 种子大小对冬小麦苗势及其幼穗发育的影响［J］. 种子，2004，23（3）：33-35.

[7] Turk MA，Rahmsn A，Tawaha M Lee KD. Seed germination and seedling growth of three lentil cultivars under moisture stress［J］. Asian Journal of Plant Sciences，2004（3）：394-397.

[8] 张世挺，杜国祯，陈家宽，等. 不同营养条件下24种高寒草甸菊科植物种子重量对幼苗生长的影响［J］. 生态学报，2003，23（9）：1 737-1 744.

[9] 向长萍，史雪梅，张亚. 苦瓜种子大小对种子质量及产量的影响［J］. 长江蔬菜，2003（1）：26-27.

[10] 柯文山，钟章成，席红安，等. 四川大头茶地理种群种子大小变异及对萌发、幼苗特征的影响［J］. 生态学报，2000，20（4）：697-701.

[11] 高和平，邹礼平，徐运清，等. 大豆、玉米种子的千粒重与发芽成苗关系的研究［J］. 种子世界，2001（9）：22-23.

[12] 张桂茹，李思芳，张洪文，等. 大豆种粒大小对生长发育及产量的影响［J］. 黑龙江农业科学，2000（3）：30-31.

该文发表于《作物杂志》2015年第03期

北京小麦实现高产高效的技术因素分析

周吉红[1] 毛思帅[1] 王俊英[1] 孟范玉[1] 张 猛[2]
（1. 北京市农业技术推广站，北京 100029；2. 北京市农业局，北京 100029）

摘 要：针对小麦高产田肥水投入量偏大及劳动成本逐年提高，制约高产高效的状况，2014 年北京市开展了小麦资源高效利用技术研究和示范推广工作，取得了显著成效。一是高产点产量创历年最高，最高产量达 10 227.0kg/hm²，再创北京小麦单产记录。二是资源利用率显著提高，高产点平均灌水 2 920.5t/hm²，较上年减少 307.5t/hm²，灌水和耗水生产率分别比上年提高 38.1% 和 26.7%；平均投入纯养分 511.5kg/hm²，较去年减少 34.5kg，减幅 6.3%；养分生产率 15.4kg，较上年提高 3.2kg，增幅 26.2%。三是用工减少，劳动生产率明显提高，高产点每公顷用工较上年减少 3 个，每个工生产率较上年增加 99.6kg，增幅 38.2%。

关键词：北京；小麦；高产；高效

自 2008 年开展高产创建以来，北京小麦实现了高产稳产，百亩示范方连创北京小麦单产纪录，2012 年最高单产达 9 072.0kg/hm²，达到了超高产小麦产量水平[1-4]；2014 年最高单产再创 10 227kg/hm²，在我国北纬 40 度，小麦单产首次突破 9 750kg/hm²，说明大面积提高小麦单产还有较大潜力[5]，产量的提高带动大户及合作组织等规模化种植者实现了丰产丰收。随着水资源缺乏等环境因素的限制及农户氮肥施用量偏高带来环境污染的压力，北京小麦需走资源节约和高效的路子[6-7]。为此，北京市农业技术推广站积极组织全市农技推广系统推广了精细整地、适期适量播种、科学镇压（包括播前播后镇压和冬初冬末镇压）、合理施肥（包括以产定量、氮磷钾平衡施肥和科学施氮）、因苗因墒节水管理及一喷多用（结合化学除草、吸浆虫和蚜虫防治喷施叶面肥和抗逆制剂）等高产高效技术，扭转了农户靠肥水要产量的局面，2014 年北京高产示范点实现资源利用率和产量效益同步提高，取得高产高效的技术如下。

1 合理构建群体结构，为高产高效奠定苗情基础

统计表明，2014 年 16 个高产点平均穗数 804.0 万/hm²，较上年高产点增加 66.0 万/hm²，提高 8.9%。高产点获得足够的群体，为实现高产高效奠定了苗情基础，主要采取了如下技术措施。

1.1 选择高产稳产品种，为合理构建群体提供良种基础

2014 年，主推的农大 211、农大 212、轮选 987 和中麦 175 是近几年北京小麦高产创建中逐渐遴选出来的高产稳产品种，是北京地区第八代主推品种[8]。与第七代主推品种比较，第八代主推品种具备如下特点：一是株高在 75～80cm，较第七代主推品种

降低5~10cm。二是个体分蘖力强，成穗率较高，较第七代主推品种增加150万/hm^2，穗粒数与第七代品种相当。三是抗寒性较强、抗倒性好。四是产量水平较高，具备7 500kg/hm^{2}以上的产量潜力[9-10]。

2014年16个高产点有14个应用了4个主推品种，主推品种应用率87.5%，有2个点应用了订单繁种品种。由于这4个品种是株高适宜、成穗率高、抗逆性强、丰产性好，利于构建合理的群体结构，为节水管理和高产高效奠定了苗情基础。

1.2　精细耕整地，为保证足够群体提供良好土壤条件

2013—2014年连续两年在顺义南彩镇东江头村的试验证明，重耙+翻耕+旋地（或轻耙）的整地方式，秸秆与土壤混合均匀，利于播种作业，是提高播种质量、保证足够群体，为节水高产奠定苗情基础的最佳整地方式。尤其以前茬收获籽粒玉米的秸秆地块，这两种整地方式平均较其他整地方式穗数增加67.5万/hm^2，增产813.0kg/hm^2，增幅11.8%（表1）。

表1　不同整地方式对小麦产量的影响

青贮地			秸秆地		
处理	穗数（万穗/hm^2）	产量（kg/hm^2）	处理	亩穗数（万穗/hm^2）	产量（kg/hm^2）
翻+旋	780.0a	8 133.0a	重耙+翻+旋CK	670.5a	7 966.5a
重耙+翻+旋CK	771.0ab	8 034.0a	重耙+翻+耙	645.0b	7 405.5b
重耙+翻+耙	781.5a	7 600.5ab	翻+耙	595.5c	7 101.0c
翻+耙	750.0ab	7 600.5ab	翻+旋	594.0c	6 996.0c
重耙+旋	735.0b	7 434.0abc	重耙+旋	592.5c	6 822.0d
深松+旋	693.0c	6 867.0bc	深松+旋	592.5c	6 771.0de
旋2次	675.0c	6 766.5c	旋2次	577.5d	6 675.0e

2014年16个高产示范点整地方式与产量因素分析表明，有10个高产点采取了重耙+翻耕+轻耙（旋耕）的整地方式，平均穗数为853.5万/hm^2，较其他方式增加126.0万/hm^2，提高17.3%；平均产量8 149.5kg/hm^2，较其他方式增产547.5kg/hm^2，增幅7.2%（表2）。

表2　2014年北京16个高产示范点整地方式下产量结果

耕作方式	点数	面积（hm^2）	穗数（万/hm^2）	穗粒数（个）	千粒重（g）	产量（kg/hm^2）	产量比较（%）
重耙+翻耕+轻耙	7	157.4	888.0	28.6	38.5	8 316.0	100.0
重耙+翻耕+旋耕	3	23.3	817.5	28.8	39.9	7 981.5	95.8
重耙+旋耕	4	193.3	760.5	29.4	40.1	7 644.0	91.2
翻耕+旋耕	2	50.0	694.5	31.2	41.5	7 558.5	90.0
合计/平均	16	424.1	804.0	29.3	39.6	7 902.0	94.8

试验结果表明，采用重耙+翻耕+轻耙（旋耕）的方式精细整地，为出全苗、出匀苗、出壮苗，创造良好的土壤条件，是获得足够群体、争取高产的重要措施。

1.3 适期适量播种，建立合理的群体结构

播期播量与产量关系（表3）分析表明，随着播期推迟，播量加大，基本苗增加，但穗数和产量均降低。16个高产点播期在9月26日至10月8日，10月5日及以前播种的有13个点，占81.3%，平均播期为10月2日，基本苗为505.5万株/hm²，穗数804.0万/hm²，产量7 902.0kg/hm²。其中，9月30日前播种的有4户，平均播期9月27日，基本苗430.5万株/hm²，穗数最多，为880.5万/hm²，产量最高，为8 824.5kg/hm²，平均较10月1—5日和10月5日后播种的点分别增产12.1%和27.8%；10月1—5日播种的9户，平均播期10月2日，基本苗510.0万株/hm²，穗数也超过了750万/hm²，为793.5万/hm²，产量为7 873.5kg/hm²，较10月5日以后播种的3个点增产14.0%，高产点基本实现了适期适量播种。

表3 2014年16个高产点播期播量与产量结果

播期划分	点数	面积（hm²）	平均播期	基本苗（万株/hm²）	穗数（万/hm²）	穗粒数（粒）	千粒重（g）	产量（kg/hm²）	产量比较（%）
9月30日前	4	85.5	9月27日	430.5	880.5	30.0	40.2	8 824.5	100.0
10月1—5日	9	267.2	10月2日	510.0	793.5	29.4	39.8	7 873.5	89.2
10月5日后	3	71.3	10月7日	573.0	750.0	28.2	38.5	6 904.5	78.2
合计/平均	16	424.1	10月2日	505.5	804.0	29.3	39.6	7 902.0	89.5

试验证明，播期推迟，播量增加并没有增加亩穗数。2014年利用北京主推的轮选987和农大211两个多穗型品种开展了适期播种下增加播量对产量的影响。结果显示，9月29日适期播种，随着基本苗增加，分蘖成穗率逐渐降低，穗数增加无显著性差异，穗数增加的比例远低于基本苗的增加梯度20.0%、16.67%、14.29%、12.50%和11.11%。轮选987种植密度从375万株/hm²，以75万株为梯度增加到750万株/hm²，对应的穗数增加比例依次为1.62%、0.96%、1.36%、3.43%和3.87%，而农大211穗数增加比例则依次为2.28%、1.43%、5.54%、0.40%和-2.03%，当基本苗达到750万株/hm²时，穗数反而降低（表4）。说明，适期播种，基本苗增加并不能显著增加穗数和产量，生产上应提倡适期适量播种。

综上所述，高产点选用了高产稳产品种，加上精细整地和适期适量播种，构建了合理的高产群体，为节水管理和实现高产高效奠定了充足的苗情基础。

2 因苗因墒节水灌溉

2.1 节水307.5t/hm²，灌水和耗水生产率提高

统计表明，2014年16个高产点平均灌水2 920.5t/hm²，灌水生产率2.9kg/t，加上耗水生产率1.9kg/t，灌水较2013年高产点减少307.5t/hm²，灌水和耗水生产率分别较

上年提高38.1%和26.7%（表5）。

表4　适期播种下不同品种群体变化分析

品种	基本苗（万株/hm²）	穗数（万穗/hm²）	分蘖成穗率（%）	穗数增加（%）	基本苗增加（%）	产量（kg/hm²）	产量增加（%）
轮选987	375.0	925.1a	28.35	—	—	8 367.0	—
	450.0	940.1a	22.48	1.62	20.00	8 418.0	0.61
	525.0	949.1a	16.80	0.96	16.67	8 424.0	0.68
	600.0	962.0a	14.86	1.36	14.29	8 493.0	1.51
	675.0	995.0a	15.27	3.43	12.50	8 497.5	1.56
	750.0	1 033.5a	14.43	3.87	11.11	8 488.5	1.45
农大211	375.0	920.6a	21.27	—	—	7 401.0	—
	450.0	941.6a	21.94	2.28	20.00	7 422.0	0.28
	525.0	955.1a	17.61	1.43	16.67	7 491.0	1.22
	600.0	1 008.0a	15.50	5.54	14.29	7 720.5	4.32
	675.0	1 012.1a	12.30	0.40	12.50	7 665.0	3.57
	750.0	991.5a	12.83	-2.03	11.11	7 642.5	3.26

表5　2013年和2014年高产点用水及产出

区县	面积（hm²）	产量（kg/hm²）	灌水（t/hm²）	降雨（mm）	耗水（t/hm²）	灌水产出（kg/t）	耗水生产率（kg/t）
顺义	26.7	7 350.0	1 950.0	94.1	2 890.5	3.8	2.5
	20.0	7 875.0	2 250.0	94.1	3 190.5	3.5	2.5
	33.3	7 425.0	2 625.0	94.1	3 565.5	2.8	2.1
	6.7	8 250.0	2 775.0	94.1	3 715.5	3.0	2.2
通州	73.3	8 367.0	3 369.0	174.2	5 110.5	2.5	1.6
	80.0	7 440.0	2 400.0	174.2	4 141.5	3.1	1.8
	6.7	7 875.0	2 100.0	174.2	3 841.5	3.8	2.0
	13.3	6 825.0	3 600.0	174.2	5 341.5	1.9	1.3
房山	16.9	10 227.0	2 550.0	143.0	3 979.5	4.0	2.6
	18.7	8 280.0	2 850.0	143.0	4 279.5	2.9	1.9
	20.0	8 190.0	2 700.0	143.0	4 129.5	3.0	2.0
	20.0	8 427.0	2 475.0	143.0	3 604.5	3.9	2.3
大兴	40.0	8 310.0	3 900.0	145.8	5 358.0	2.1	1.6
	10.0	7 732.5	4 350.0	145.8	5 808.0	1.8	1.3
	7.2	6 960.0	2 625.0	145.8	4 083.0	2.7	1.7
	31.3	7 129.5	3 900.0	145.8	5 358.0	1.8	1.3
合计/加权平均	2014年	7 902.0	2 920.5	146.3	4 383.0	2.9	1.9
	2013年	6 649.5	3 228.0	128.0	4 507.5	2.1	1.5

2.2 2014 年小麦灌水减少原因分析

2.2.1 *喷灌比例增加* 由于积极推广了节水灌溉技术，2014 年 16 个高产点中有 11 个点采用了较为节水的半固定式喷灌灌水方式，所占比例 68.8%，较 2013 年提高了 8.8 个百分点。半固定式喷灌方式平均灌水 2 427.0t/hm^2，灌水生产效率 3.3kg/t，加上降水每公顷耗水生产效率 2.1kg/t，平均较畦灌方式减少灌水 1 243.5t/hm^2，灌水和总耗水生产效率分别提高 50.0% 和 40.0%，该结果趋势与 2013 年两种灌水方式一致(表 6)。

另外，虽然 2014 年畦灌方式较喷灌方式增产 100.5kg/hm^2，折合 237.2 元（当年玉米价格 2.36 元/kg），但畦灌增加灌水 1 243.5t/hm^2（表 6），折合用电费约 276.3 元，这只是折算了浇水所用的电费，没有计算水的费用，畦灌并没有增加收入，还极大地浪费了水资源。

表 6 2013 年和 2014 年高产点不同灌水方式水分产出比较

年份	灌水方式	点数	面积 (hm^2)	产量 (kg/hm^2)	灌水 (t/667m^2)	降雨 (mm)	总耗水 (t/667m^2)	灌水产出 (kg/t)	总耗水产出 (kg/t)
2014	喷灌	11	256.1	7 861.5	2 427.0	137.1	3 798.0	3.3	2.1
	畦灌	5	168.0	7 962.0	3 670.5	160.5	5 275.5	2.2	1.5
合计/加权平均		16	424.1	7 902.0	2 920.5	146.3	4 383.0	2.9	1.9
2013	喷灌	12	219.4	6 990.0	2 640.0	128.0	3 919.5	2.7	1.8
	畦灌	8	268.0	6 370.5	3 708.0	128.0	4 987.5	1.7	1.3
合计/加权平均		20	487.4	6 649.5	3 226.5	128.0	4 507.5	2.2	1.5

2014 年高产点喷灌比例增加，平均灌水较 2013 年减少 307.5t/hm^2，是高产点平均灌水减少的原因之一。

2.2.2 *春季降水基本与小麦需水吻合* 2013 年 10 月 24 日至 2014 年 2 月 6 日连续 107d 无有效降雨，为历史上同期降水第三少。但进入 2014 年春季后，4 月 17 日、4 月 26 日、5 月 11 日、5 月 24 日、6 月 1 日和 6 月 6 日，高产点所在区县平均降水 5.5mm、12.7mm、26.3mm、14.7mm、17.6mm 和 12.0mm，春季 6 次有效降水总计为 88.8mm，占全生育期降水的 63.8%（表 7），有效缓解了麦田旱情，且降水基本与小麦拔节、孕穗、开花、灌浆期一致，利于小麦发育生长。

春季有效降水与小麦生长需水时期耦合性好，在一定程度上减少了春季灌水量，也是今年高产点实现节水的原因之一。

2.2.3 *春季灌水减少* 针对 2014 年春季 6 次有效降水与小麦关键期相吻合的状况，北京农业技术推广部门积极通过短信、田间指导等方式推广了因墒节水灌溉技术，春季灌水明显减少。统计表明，2014 年春季小麦需水关键期（2 月 1 日至 6 月 10 日），高产点平均灌水 2.6 次，较上年减少 0.3 次，灌水 1 915.5t/hm^2，较上年减少 382.5t/hm^2，全生育期灌水较上年减少 307.5t/hm^2（表 8）。

表 7　2014 年高产点小麦全生育期降水及春季有效降水统计　（单位：mm）

时期	降水时间（年－月－日）	顺义区	通州区	房山区	大兴区	平均
春季（2 月 1 日至 6 月 10 日）	2014－4－17	3.9	4.9	6.7	6.6	5.5
	2014－4－26	8.8	16.4	9.6	15.8	12.7
	2014－5－11	19.7	25.4	28.8	31.2	26.3
	2014－5－24	7.2	8.2	28.6	14.8	14.7
	2014－6－1	5.2	5.7	31.6	27.8	17.6
	2014－6－6	20.5	12.4	9.5	5.7	12.0
	小计	65.3	73.0	114.8	101.9	88.8
全生育期	2013－9－25 至 2014－6－15	94.1	174.2	143.0	145.8	139.3

表 8　2013 年和 2014 年高产点不同时期灌水次数及灌水量统计

区县	面积（hm^2）	产量（kg/hm^2）	冬前灌水量（t/hm^2）	春季灌水次数	春季灌水量（t/hm^2）	总灌水（t/hm^2）	降雨（mm）	总耗水（t/hm^2）	灌水生产率（kg/t）	耗水生产率（kg/t）
顺义	26.7	7 350.0	600.0	3.0	1 350.0	1 950.0	94.1	2 890.5	3.8	2.5
	20.0	7 875.0	750.0	3.0	1 500.0	2 250.0	94.1	3 190.5	3.5	2.5
	33.3	7 425.0	825.0	3.0	1 800.0	2 625.0	94.1	3 565.5	2.8	2.1
	6.7	8 250.0	900.0	3.0	1 875.0	2 775.0	94.1	3 715.5	3.0	2.2
通州	73.3	8 367.0	1 200.0	2.0	2 169.0	3 369.0	174.2	5 110.5	2.5	1.6
	80.0	7 440.0	750.0	3.0	1 650.0	2 400.0	174.2	4 141.5	3.1	1.8
	6.7	7 875.0	1 050.0	1.0	1 050.0	2 100.0	174.2	3 841.5	3.8	2.0
	13.3	6 825.0	1 500.0	2.0	2 100.0	3 600.0	174.2	5 341.5	1.9	1.3
房山	16.9	10 227.0	825.0	3.0	1 725.0	2 550.0	143.0	3 979.5	4.0	2.6
	18.7	8 280.0	1 200.0	3.0	1 650.0	2 850.0	143.0	4 279.5	2.9	1.9
	20.0	8 190.0	1 050.0	3.0	1 650.0	2 700.0	143.0	4 129.5	3.0	2.0
	20.0	8 427.0	1 050.0	3.0	1 425.0	2 475.0	143.0	3 904.5	3.4	2.2
大兴	40.0	8 310.0	1 350.0	2.0	2 550.0	3 900.0	145.8	5 358.0	2.1	1.6
	10.0	7 732.5	1 500.0	2.0	2 850.0	4 350.0	145.8	5 808.0	1.8	1.3
	7.2	6 960.0	750.0	3.0	1 875.0	2 625.0	145.8	4 083.0	2.7	1.7
	31.3	7 129.5	1 275.0	2.0	2 625.0	3 900.0	145.8	5 358.0	1.8	1.3
合计/加权平均	2014 年	7 902.0	1 005.0	2.6	1 915.5	2 920.5	146.3	4 383.0	2.9	1.9
	2013 年	6 649.5	930.0	2.9	2 298.0	3 228.0	128.0	4 507.5	2.1	1.5

综上分析，2014 年的高产点实现节水高效，一是喷灌比例提高 8.8 个百分点，二是春季 6 次有效降水与小麦生长需水时期耦合性好，且降水量较大。

3 肥料施用更科学，产出率提高显著

3.1 肥料投入更科学合理

由于推广了科学施肥（包括以产定肥、平衡施肥、合理施氮）和因苗管理技术，今年的高产点肥料用量更科学合理。对底肥和追肥投入分析表明，2014 年高产点底肥纯 N、P_2O_5、K_2O 投入分别为 127.5kg/hm^2、166.5kg/hm^2 和 61.5kg/hm^2，与 2013 年高产点相比，氮肥投入相近，磷、钾肥投入增加，养分投入更平衡；春季追肥上，由于因苗管理技术应用到位，今年氮肥投入明显减少，春季平均追施尿素 339.0kg/hm^2，折合纯氮 156.0kg/hm^2，较 2013 年分别减少 174.0kg/hm^2 和 75.0kg/hm^2，减少 33.9% 和 32.5%（表 9），氮肥投入更科学。

表 9　2013 年和 2014 年高产点肥料投入比较

试验点	面积（hm^2）	底肥（kg/hm^2）			追肥（kg/hm^2）		全生育期养分（kg/hm^2）			总养分（kg/hm^2）
		纯 N	P_2O_5	K_2O	尿素（kg）	纯 N（kg）	纯 N（kg）	P_2O_5（kg）	K_2O（kg）	
顺义	26.7	123.0	172.5	90.0	300.0	138.0	261.0	172.5	90.0	523.5
	20.0	120.0	157.5	60.0	300.0	138.0	258.0	157.5	60.0	475.5
	33.3	120.0	157.5	60.0	450.0	207.0	327.0	157.5	48.0	532.5
	6.7	117.0	247.5	90.0	300.0	138.0	255.0	159.0	90.0	504.0
通州	73.3	168.0	169.5	24.0	450.0	207.0	375.0	169.5	24.0	568.5
	80.0	117.0	211.5	57.0	225.0	103.5	220.5	211.5	57.0	489.0
	6.7	90.0	132.0	48.0	300.0	138.0	228.0	132.0	48.0	408.0
	13.3	79.5	115.5	42.0	375.0	172.5	252.0	115.5	42.0	409.5
房山	16.9	139.5	219.0	75.0	337.5	156.0	295.5	219.0	75.0	589.5
	18.7	90.0	105.0	27.0	300.0	138.0	228.0	105.0	42.0	375.0
	20.0	142.5	223.5	48.0	405.0	186.0	328.5	223.5	48.0	600.0
	20.0	162.0	249.0	90.0	300.0	138.0	300.0	249.0	90.0	639.0
大兴	40.0	112.5	112.5	112.5	300.0	138.0	250.5	112.5	112.5	475.5
	10.0	112.5	112.5	112.5	600.0	276.0	388.5	112.5	112.5	613.5
	7.2	112.5	112.5	112.5	300.0	138.0	250.5	112.5	112.5	475.5
	31.3	90.0	90.0	90.0	300.0	138.0	246.0	102.0	60.0	408.0
合计/加权平均	2014 年	127.5	166.5	61.5	339.0	156.0	283.5	166.5	61.5	511.5
	2013 年	124.5	135.0	49.5	513.0	231.0	355.5	135.0	55.5	546.0

3.2 肥料投入减少，产出率显著提高

统计表明，2014 年高产点平均投入纯 N、P_2O_5、K_2O 和总养分分别为 283.5kg/hm^2、166.5kg/hm^2、61.5kg/hm^2 和 511.5kg/hm^2，与 2013 年相比，纯氮和总养分投入

减少 72.0kg/hm^2（折合 156.0kg/hm^2 尿素）和 34.5kg/hm^2，而磷、钾肥投入有所增加，更符合 7 500～8 250kg/hm^{2}产量对肥料的需求（表 10）。研究表明，北京小麦产量 7 500～8 250kg/hm^2，需每公顷施纯 N 283.5～328.5kg，P_2O_5 133.5～180.0kg，K_2O 49.5～63.0kg，总养分为 480.0～558.0kg[3]。今年每千克纯养分生产小麦 15.4kg，较 2013 年提高 26.2%，肥料产出率显著提高。

表 10　2013 年和 2014 年高产点肥料投入及产出比较

试验点	面积（hm^2）	产量（kg/hm^2）	纯 N（kg/hm^2）	P_2O_5（kg/hm^2）	K_2O（kg/hm^2）	总养分（kg/hm^2）	养分生产率（kg/kg）
顺义	26.7	7 350.0	262.5	180.0	90.0	532.5	13.8
	20.0	7 875.0	258.0	157.5	60.0	475.5	16.6
	33.3	7 425.0	327.0	157.5	48.0	532.5	13.9
	6.7	8 250.0	255.0	159.0	90.0	504.0	16.4
通州	73.3	8 367.0	375.0	169.5	24.0	568.5	14.7
	80.0	7 440.0	220.5	211.5	57.0	489.0	15.2
	6.7	7 875.0	228.0	132.0	48.0	408.0	19.3
	13.3	6 825.0	252.0	115.5	42.0	409.5	16.7
房山	16.9	10 227.0	294.8	219.0	75.0	588.8	17.4
	18.7	8 280.0	228.0	105.0	42.0	375.0	22.1
	20.0	8 190.0	328.5	223.5	48.0	600.0	13.6
	20.0	8 427.0	300.0	249.0	90.0	639.0	13.2
大兴	40.0	8 310.0	250.5	112.5	112.5	475.5	17.5
	10.0	7 732.5	388.5	112.5	112.5	613.5	12.6
	7.2	6 960.0	250.5	112.5	112.5	475.5	14.6
	31.3	7 129.5	246.0	102.0	60.0	408.0	17.5
合计/加权平均	2014 年	7 902.0	283.5	166.5	61.5	511.5	15.4
	2013 年	6 649.5	355.5	135.0	55.5	546.0	12.2

4　高产点实现产量效益双丰收

除肥水投入减少，资源利用率明显提高外，2014 年的高产点也实现了产量效益双丰收。

4.1　产量创历史新高

统计表明，2014 年 16 个高产点平均产量 7 902.0kg/hm^2，较 2013 年高产点增产 1 252.5kg/hm^2，增幅 18.8%。其中，高产示范点房山窦店村二农场单产最高，达 10 227.0kg/hm^2，再创北京小麦单产纪录，较该农场 2011 年创下的单产纪录增产 1 155.0kg/hm^2，增幅 12.7%。由于有 10 个高产点小麦以种子销售，价格较全市平均

2.36 元/kg 高 0.34 元/kg，16 个高产点平均纯效益 10 200 元/hm^2，较 2013 年增加 2 278.5 元/hm^2，增幅 48.1%（表 11）。高产点产量效益是自 2008 年实施高产创建以来的最高。

4.2 劳动生产率增加显著

2014 年 16 个高产点平均用工 22.5 个/hm^2，劳动生产率 360.4kg/工，用工较 2013 年减少 3 个/hm^2，主要与浇水次数减少有关；劳动生产率较 2013 年增加 99.6kg/工，增幅 38.2%（表 11）。

综上分析，针对小麦肥水资源利用偏大，劳动成本逐年显著上升的问题，开展了合理群体构建和资源高效利用技术试验研究及示范推广。2014 年北京小麦高产示范点产量、效益、劳动生产率同步提高，实现了高产高效。

表 11 2013 年和 2014 年高产土地产出率和劳动生产率比较

区县	面积 (hm^2)	产量 (kg/hm^2)	售价 (元/kg)	产值 (元/hm^2)	用工费 (元/hm^2)	成本 (元/hm^2)	效益 (元/hm^2)	用工 (个/667m^2)	劳动生产率 (kg/工)
顺义	26.7	7 350.0	2.60	19 110.0	2 400.0	9 448.5	9 661.5	24.0	306.3
	20.0	7 875.0	2.60	20 475.0	2 400.0	9 435.0	11 040.0	24.0	328.1
	33.3	7 425.0	2.60	19 305.0	2 400.0	9 540.0	9 765.0	24.0	309.4
	6.7	8 250.0	2.36	19 470.0	2 400.0	9 475.5	9 994.5	24.0	343.8
通州	73.3	8 367.0	2.80	23 427.0	2 400.0	10 560.0	12 867.0	24.0	348.6
	80.0	7 440.0	2.36	17 559.0	2 400.0	9 705.0	7 854.0	24.0	310.0
	6.7	7 875.0	2.36	18 585.0	2 700.0	9 420.0	9 165.0	27.0	291.7
	13.3	6 825.0	2.36	16 107.0	2 400.0	8 835.0	7 272.0	24.0	284.4
房山	16.9	10 227.0	2.70	27 613.5	1 935.0	10 275.0	17 338.5	19.5	528.5
	18.7	8 280.0	2.70	22 356.0	1 800.0	10 050.0	12 306.0	18.0	460.0
	20.0	8 190.0	2.70	22 113.0	1 800.0	9 900.0	12 213.0	18.0	455.0
	20.0	8 427.0	2.70	22 753.5	1 500.0	9 975.0	12 778.5	15.0	561.8
大兴	40.0	8 310.0	2.70	22 437.0	2 025.0	11 283.0	11 154.0	21.0	410.4
	10.0	7 732.5	2.36	18 249.0	2 250.0	11 697.0	6 552.0	22.5	343.7
	7.2	6 960.0	2.70	18 792.0	2 100.0	10 533.0	8 259.0	21.0	331.4
	31.3	7 129.5	2.36	16 825.5	2 400.0	11 799.0	5 026.5	24.0	297.1
合计/加权平均	2014 年	7 902.0	2.58	20 460.0	2 245.5	10 200.0	10 260.0	22.5	360.4
	2013 年	6 649.5	2.60	17 289.0	2 520.0	9 307.5	7 981.5	25.5	260.8

参考文献

[1] 田纪春，王延训．超级小麦的育种策略与实践［J］．作物杂志，2005（4）：67－68.

[2] 吕孟雨．冀中南麦区小麦品种及超高产小麦育种目标研究［J］．中国农业大学学位论

文，2005.

[3]　赵广才，田奇卓，许轲，等．小麦超高产形态生理指标与配套栽培技术体系［J］．作物杂志，2001（3）：20－21.

[4]　于振文，田奇卓，潘庆民，等．黄淮麦区冬小麦超高产栽培的理论与实践［J］．作物学报，2009（5）：577－585.

[5]　赵广才．北方冬麦区小麦高产高效栽培技术［J］．作物杂志，2008（5）：91－92.

[6]　郭进考，史占良，何明琦，等．发展节水小麦，缓解北方水资源短缺［J］．中国生态农业学报，2010（4）：876－879.

[7]　王志敏，王璞，李绪厚，等．冬小麦节水省肥高产简化栽培理论与技术［J］．中国农业科技导报，2006（5）：38－44.

[8]　周吉红，孟范玉，毛思帅，等．科学选用品种 实现小麦高产［J］．作物杂志，2013（1）：133－135.

[9]　王俊英，周吉红，叶彩华，等．北京小麦高产指标化栽培技术［M］．北京：中国农业科学技术出版社．2014：140－150.

[10]　周吉红，毛思帅，孟范玉，等．北京第八代小麦主推品种特点及应用［J］．作物杂志，2015（1）：20－24.

该文已发表于《作物杂志》2015年第04期

麦田缓释肥一次底施应用效果评价

于　雷　魏　娜　朱青艳　曹海军　张泽山　朱清兰
（北京市通州区农业技术推广站，北京　101101）

摘　要：与常规施用普通复合肥及追施尿素比较，评价一次性底施缓释复合肥的应用效果，以形成轻简化施肥栽培技术。结果表明：缓释复合肥处理产量513.2kg/667m^2，比常规施肥处理产量471.6kg/667m^{2}增产41.6kg，增幅为8.8%。缓释复合肥处理成本为562.5元/667m^2，较常规施肥586元/667m^{2}节支23.5元/667m^2，加上产量增加带来的效益，共增收节支119.2元/667m^2。缓释复合肥一次底施的轻简化栽培技术是一项易于操作、省工省时且不影响小麦生产效益的栽培技术，可大面积推广。

关键词：小麦；缓释复合肥；产量

化肥在小麦增产中发挥着重要作用，但目前中国的化肥利用率低下，平均在30%～40%[1-2]。大量烂施化肥，造成人力财力的浪费和环境污染。随着农村青壮年劳动力进城务工，农村也面临着劳动力短缺、撂荒的问题。本试验着重研究缓释复合肥一次性底施对小麦产量及效益的影响，以探寻一条提高劳动生产率的小麦轻简化栽培技术途径。

1　材料与方法

1.1　试验材料

试验于2014年9月至2015年6月在于家务乡北辛店村进行，面积3.33hm^2。土质为黏土，土壤肥力中上等。试验品种农大212。

1.2　试验设计

试验采用大区对比试验，设常规施肥和缓释复合肥2种施肥方式。常规施肥处理底施小麦复合肥（N：P_2O_5：K_2O＝15：20：10）50kg/667m^2，春季追施尿素23kg/667m^2，其中返青期（3月3日）追施尿素7.5kg/667m^2，拔节期（4月17日）追施尿素15.5kg/667m^2（播种时不带种肥），全生育期肥料养分含量N18.08kg/667m^2，P_2O_5 10.0kg/667m^2，K_2O 5.0kg/667m^2。缓释复合肥：底肥麦黄金（N：P_2O_5：K_2O＝24：14：7）75kg/667m^2，肥料全部底施，播种时不带种肥。全生育期肥料养分含量N18kg/667m^2，$P_2O_5$10.5kg/667m^2，K_2O5.25kg/667m^2。

1.3　田间管理

2014年9月28日播种，基本苗29万/667m^2，10月5日出苗。春季分别在3月5日浇返青水，4月18日浇拔节水。5月3日喷吡虫啉＋粉锈宁＋天达2116防治吸浆虫，5月20日防治蚜虫，2015年6月14日收获。各处理管理措施一致。收获期每处理随机

选取 $3m^2$ 有代表性的样段测产。

2 结果与分析

2.1 生育期

通过表 1 可以看出，施肥方式对小麦生育期无明显影响。

表 1 生育期及群体动态调查

处理	播种期	出苗期	越冬期	返青期	起身期	拔节期	抽穗期	开花期	成熟期
缓释复合肥	9.28	10.5	12.2	3.9	4.3	4.16	5.3	5.7	6.13
常规施肥	9.28	10.5	12.2	3.7	4.3	4.17	5.4	5.7	6.13

2.2 群体动态

缓释复合肥在各生育时期群体都高于常规施肥处理，亩穗数 59 万/$667m^2$，比常规施肥处理高 2.3 万/$667m^2$，说明缓释复合肥能够持续供应养分，有利于提高小麦的分蘖成穗率（表 2）。

表 2 群体动态调查

处理	基本苗（万/$667m^2$）	冬前茎（万/$667m^2$）	返青茎（万/$667m^2$）	起身茎（万/$667m^2$）	拔节茎（万/$667m^2$）	亩穗数（万/$667m^2$）
缓释复合肥	29.0	94.5	95.0	118.0	120.0	56.0
常规施肥	29.0	92.6	93.0	109.0	116.5	53.7

2.3 个体性状

返青期、起身期、拔节期、开花期分别对株高、单株分蘖、叶面积及地上部干重进行了调查。返青期缓释复合肥处理单株性状均优于常规施肥处理；从起身期到拔节期单株性状略低于常规施肥处理，可能是由于缓释复合肥养分释放供应慢，肥效较慢，小麦吸收和利用缓慢的缘故。到小麦开花期表现出了明显的优势，单株个体性状均高于常规处理。说明缓释复合肥后期肥效供应养分持续时间长，而且供应平缓，养分种类均衡，生长后期能充分供应小麦正常生长（表 3）。

表 3 个体性状调查

生育时期	处理	单株分蘖（个）	次生根（条）	单株鲜重（g）	单株干重（g）
返青期	缓释复合肥	2.30	5.20	1.10	0.20
	常规施肥	1.40	4.10	0.69	0.14
起身期	缓释复合肥	2.70	6.70	2.10	0.31
	常规施肥	3.10	8.10	2.79	0.49
拔节期	缓释复合肥	1.40	11.20	4.17	0.46
	常规施肥	0.60	14.80	4.86	0.60

（续表）

生育时期	处理	单株分蘖（个）	次生根（条）	单株鲜重（g）	单株干重（g）
开花期	缓释复合肥		8.70	14.20	1.30
	常规施肥		6.40	7.30	1.10

2.4　穗部性状及产量结果

成熟期每个处理定点取10株有代表性的植株测定株高、各节间长度、茎粗及干重，穗部性状测定穗长、总小穗数、不孕小穗数和穗粒数。同时，每个处理取3个点、每个点取1m^{2}小麦植株风干脱粒称量千粒重，计算理论产量和实际产量（表4）。

结果表明，缓释复合肥的处理株高略高，穗长略长，总小穗数多，不孕小穗数少0.3个，穗粒数多1.3个。缓释复合肥处理基部第一节间长度略长，其茎粗及茎重均低于常规施肥处理，说明缓释复合肥增加了小麦倒伏的危险性。

表4　成熟期植株性状

处理	株高（cm）	穗长（cm）	总小穗数（个）	不孕小穗数（个）	穗粒数（粒）	基部第一茎节			单株干重（g）
						长（cm）	粗（mm）	重（g）	
缓释复合肥	74.67	7.30	19.00	2.10	31.70	6.43	1.85	0.06	2.70
常规施肥	72.33	6.70	18.00	2.40	30.40	4.20	2.25	0.08	2.62

一次性施用缓释复合肥可以促进小麦植株分蘖，提高分蘖成穗率，亩穗数为56万/667m^2，比常规施肥增加2.3万/667m^2。由于缓释复合肥具有持续供应养分的效应，小麦后期生长不脱肥，对于小麦籽粒形成和灌浆起到了促进作用，穗粒数高于常规施肥处理1.3个；千粒重略低，仅差0.7g。从产量上看，施用缓释复合肥处理亩产513.2kg，比常规施肥471.6kg增产41.6kg，增幅8.8%，增产原因主要是亩穗数和穗粒数的增加（表5）。

表5　产量及构成因素分析

处理	亩穗数（万/667m^2）	穗粒数（粒）	千粒重（g）	实测亩产（kg）	比对照增产（%）
缓释复合肥	56.0	31.7	34.0	513.2	8.8
常规施肥	53.7	30.4	34.7	471.6	—

2.5　经济效益分析

一次性机播缓释复合肥，增加了肥料投入6.5元/667m^2，但减少了人工投入30元/667m^2，每亩成本降低23.5元；加上增产增加的效益95.7元/667m^2，缓释复合肥处理每亩节本增效119.2元（表6）。

表6　经济效益分析

处理	产量（kg/667m²）	产值（元/667m²）	成本（元/667m²）							亩效益（元/667m²）
			种子	化肥	农药	水电	农机	用工	合计	
缓释复合肥	513.2	1 180.4	0	202.5	20.0	30.0	160.0	150.0	562.5	617.9
常规施肥	471.6	1 084.7	0	196.0	20.0	30.0	160.0	180.0	586.0	498.7

3　小结

3.1　缓释复合肥能提高小麦分蘖成穗率，增加亩穗数；后期能够持续供应养分，增加穗粒数，能充分满足小麦生长的需求。

3.2　缓释复合肥处理亩产513.2kg，比常规施肥处理亩产471.6kg增产41.6kg，增幅为8.8%。

3.3　缓释复合肥成本为562.5元/667m²，常规施肥成本为586元/667m²，缓释复合肥处理比常规施肥节支23.5元/667m²，加上产量增加带来的效益，每667m²共增收节支119.2元。因此，缓释复合肥一次底施的轻简化栽培技术是一项易于操作、省工省时且不影响小麦生产效益的栽培技术，可大面积推广。

参考文献

[1]　傅送保，曲均峰，等．一次基施缓释肥对小麦产量和效益的影响［J］．磷肥与复肥，2014，29（2）：73-74.

[2]　朱兆良，金继运．保障我国粮食安全的肥料问题［J］．植物营养与肥料学报，2013，19（2）：259-273.

返青期一次机施缓释尿素对小麦发育及产量的影响

罗　军[1]　周吉红[2]　佟国香[1]　毛思帅[2]　解春源[1]　张　婷[1]
（1. 北京市房山区农业科学研究所，北京　102425；
2. 北京市农业技术推广站，北京　100029）

摘　要：为了明确小麦春季一次追施缓释尿素轻简化施肥的可行性，设置返青＋拔节常规追施普通尿素与返青期顶凌一次性机播缓释尿素的比较试验，以评价一次性机播缓释尿素的应用效果。结果表明：施缓释尿素处理较普通尿素增产4.5%～11.3%，667m^2节本增效100多元，可作为一项轻简化栽培技术推广应用。

关键词：缓释尿素；产量；影响

我国氮、磷、钾肥的平均利用率分别只有35%、19.5%和47.5%，肥料利用率较低是我国农业生产中普遍存在的问题[1]。肥料利用率不高不仅造成资源的浪费，降低了农业生产的经济效益，而且带来了严重的环境问题。控释或缓释肥料可以避免土壤中养分过量供应，协调土壤养分供应与植物养分吸收之间的矛盾，从而提高养分利用率和减少了对环境的为害，一次使用可以满足作物整个生长季节的营养需求，节省了人力物力[2]。应用缓释肥料可以延迟养分的释放，可以在农忙之前或者在大田中易于操作的时候使用，而且可以减少短季作物在关键时期手工追肥的麻烦[3]，成为肥料发展的新方向。

为了探索追施缓释尿素对小麦发育及产量的影响，在窦店设置了水肥一体化喷施缓释尿素与返青＋拔节追施普通尿素的比较，以此来评价缓释尿素的应用效果。

1　材料与方法

1.1　试验材料及地点

试验于2013年9月至2014年6月进行，品种为轮选987，追施肥料为普通尿素（含N 46%）与鲁西化工厂生产的缓释尿素（含N 46.2%）。试验安排在北京市房山区窦店镇窦店村7农场与石楼镇二站村，土壤经过秸秆粉碎、深松后平整细碎，上虚下实。窦店7农场为高肥力地块，石楼二站为中高肥力地块，土壤基础五项指标见表1。

表1　窦店7农场与二站土壤养分

地点	有机质（g/kg）	全氮（g/kg）	碱解氮（mg/kg）	有效磷（mg/kg）	速效钾（mg/kg）
窦店7农场	19.7	1.771	96	32.44	111
石楼二站	15.1	1.534	84	58.27	57

1.2　试验方法及处理

试验为单因素试验，返青前追肥，两个点返青期一次机播施入缓释尿素 24.8kg/667m^2；普通尿素返青期机播 15kg/667m^2，拔节期人工撒施 10kg/667m^2。各处理随机选点 3 个作为 3 次重复调查相关数据。

1.3　田间管理

窦店地块于2013 年10 月3 日播种，整地前施底肥复合肥浇50kg/667m^2，播种时带种肥磷酸二铵 10kg/667m^2，基本苗 30 万/667m^2 左右。11 月 25 日浇冻水，春季浇返青水、拔节水和开花水。3 月 25 日除草，4 月 20 日防治蚜虫，5 月 17 日防治吸浆虫。二站地块于 2013 年 10 月 12 日播种，整地前施底肥复合肥 40kg/667m^2，播种时带种肥磷酸二铵 10kg/667m^2，基本苗 40 万/667m^2 左右，其他管理与窦店一致。

1.4　测定项目与方法

1.4.1　*生育进程*　记载播种期、越冬期、返青期、起身期、拔节期、抽穗期、成熟期、收获期、全生育期等。

1.4.2　*群体指标*　出苗后定点调查基本苗、冬前茎、返青茎、最高茎、拔节期总茎数、拔节期大茎数、667m^2 穗数，每个处理进行 3 次重复调查。

1.4.3　*测产*　每个处理用 1m^2 金属框随机收获 3 个 1m^2，收获后测定不同处理的亩穗数，脱粒后测量千粒重和 1m^2 的产量。根据重复进行方差分析，比较不同处理之间的差异情况。

1.4.4　*考种*　每个处理取定点的样点，调查不同处理植株的穗部性状和单株性状，计算穗粒数及测量千粒重。

1.4.5　*效益分析*　根据产量结果比较施用两种肥料的经济效益。

2　结果与分析

2.1　不同处理生育进程分析

各地块不同处理的生育进程见表 2。从表 2 中可以看到，施缓释尿素处理小麦起身期比施普通尿素地块晚 2d，后期则早 1 ~2d。

表 2　各处理的生育进程　　（单位：月．日）

地点	处理	播种	越冬期	返青期	起身期	拔节期	抽穗期	成熟期	收获期	生育期（d）
窦店	缓释尿素	10.3	12.7	3.6	4.5	4.8	4.20	6.12	6.13	252
	普通尿素	10.3	12.7	3.6	4.3	4.8	4.22	6.13	6.13	253
二站	缓释尿素	10.12	12.7	3.5	4.4	4.8	4.23	6.13	6.14	244
	普通尿素	10.12	12.7	3.5	4.2	4.10	4.24	6.14	6.14	245

2.2　不同处理的群体发育比较

在不同地点，普通尿素处理的起身期总茎数和拔节期总茎数高于缓释尿素的处理，但后期亩穗数则略低于缓释尿素处理，而且分蘖成穗率比缓释尿素低 4% ~5%，说明缓释尿素能够持续供应养分，有利于提高小麦的分蘖成穗率（表3）。

表3　各处理间的群体变化情况

地点	处理	基本苗（万/667m²）	冬前茎（万/667m²）	返青茎（万/667m²）	起身茎（万/667m²）	拔节总茎（万/667m²）	亩穗数（万/667m²）	分蘖成穗率（%）
窦店	缓释尿素	32.8	96.3	104.7	146.8	108.4	61.4	41.8
	普通尿素	32.8	96.3	104.7	157.4	115.7	58.7	37.3
二站	缓释尿素	42.6	55.7	95.7	121.4	94.6	50.3	41.4
	普通尿素	42.6	55.7	95.7	128.7	103.9	46.8	36.4

2.3　不同处理单株性状比较

从表4看出，两个试验点，施用缓释尿素和普通尿素处理株高无明显差异，基部第一、第二节间缓释尿素处理长度较短，平均减少0.35cm左右；穗长和总小穗数无明显差异，缓释尿素处理的不孕小穗略少。

表4　不同处理的单株性状

地点	处理	株高（cm）	基部第1茎节长（cm）	基部第2茎节长（cm）	穗长（cm）	总小穗数（个）	不孕小穗数（个）
窦店	缓释尿素	83.8	5.8	11.2	6.4	15.3	1.1
	普通尿素	83.5	6.5	11.3	6.8	15.3	1.3
二站	缓释尿素	77.6	5.7	10.2	7.8	16.8	1.2
	普通尿素	78.4	6.1	10.8	7.2	16.3	1.3

2.4　不同处理产量结果

测产表明，窦店试验点施缓释尿素处理的产量为580.7kg/667m²，比普通尿素的555.7kg/667m²增产4.5%；二站试验点施缓释尿素产量为484.4kg/667m²，比普通尿素的435.3kg/667m²增产11.3%，说明缓释尿素较普通尿素增产效果在不同的地块的增产效果有所差别；窦店试验点地块肥力较高，缓释尿素持续供应养分的效应表现的较小；而在二站土壤肥力较低的地块，缓释尿素表现出了肥料供应的持续性，增产幅度相对较大。对产量三因素分析表明，缓释尿素提高了分蘖成穗率，亩穗数的增加导致了产量的提高（表5）。

表5　各地块不同处理的产量三要素

地点	处理	亩穗数（万/667m²）	穗粒数（个）	千粒重（g）	产量（kg/667m²）	增产幅度（%）
窦店	缓释尿素	61.4	24.5	38.6	580.7	4.5
	普通尿素	58.7	24.4	38.8	555.7	—

（续表）

地点	处理	亩穗数（万/667m²）	穗粒数（个）	千粒重（g）	产量（kg/667m²）	增产幅度（%）
二站	缓释尿素	50.3	26.9	35.8	484.4	11.3
	普通尿素	46.8	26.2	35.5	435.3	—

2.5 经济效益分析

经济效益分析（表6）表明，返青前顶凌一次性机播缓释尿素，增加了肥料投入18元/667m²，但减少人工投入30～40元/667m²，667m²总成本并没有增加。加上增加产量带来的效益，缓释尿素处理每667m²节本增效达100元以上，可以作为一项简化栽培技术推广应用。

表6　不同处理的经济效益

地点	处理	物质成本（元/667m²）					人工（元）	成本（元）	产量（kg）	售价（元/kg）	产值（元）	利润（元）	节本增效（元）
		种子	化肥	农药	农机	水电							
窦店	缓释尿素	54	170	14.7	180	72.4	100	591.3	580.7	2.6	1 509.82	918.52	71.20
	普通尿素	54	156	14.7	170	72.4	130	597.5	555.7	2.6	1 444.82	847.32	—
二站	缓释尿素	76.2	176	12.5	165	65.8	105	600.5	484.4	2.3	1 114.12	483.62	104.93
	普通尿素	76.2	158	12.5	165	65.8	145	622.5	435.3	2.3	1 001.19	378.69	—

3 结论

缓释尿素对群体影响较大，通过确保分蘖成穗率增加了亩穗数，从而增加产量；因为土壤肥力因素的影响，不同地块增产效果不同，肥力较高的地块增产幅度在4%左右，中等肥力地块可以增产11%。从综合经济效益来看，返青前顶凌一次性机播缓释尿素轻简化栽培技术能减少人工投入5～10元/667m²，虽然增加了肥料投入18元/667m²，提高连同产量带来经济的增加总的计算结果每667m²可增加效益80～100元，说明该项技术适宜在房山区推广。

参考文献

［1］　翟海军，高亚军，周建斌．控释/缓释肥料研究概述［J］．干旱地区农业研究．2002，20(31)：45－48.

［2］　张民，史衍玺，杨守祥，等．控释和缓释肥的研究现状与进展［J］．化肥工业．2001，28(05)：27－30.

［3］　解玉洪，李曰鹏．我国缓控释肥产业发展历程及前景［J］．中国农技推广．2009，25(02)：36－38.

北京市适宜机械化单粒播种春玉米品种筛选研究

周继华[1]　裴志超[1]　郎书文[1]　徐向东[2]
王立征[2]　满　杰[1]　张　猛[3]
（1. 北京市农业技术推广站，北京　100029；2. 北京市密云县
农业技术推广站，北京　101500；3. 北京市农业局，北京　100029）

摘　要：为明确机械化单粒播种技术条件下北京地区春玉米不同品种之间播种质量差异，以农华101、郑单958（CK）等15个品种为试验材料进行了试验，结果表明：14个参试品种粒距合格指数均较对照郑单958（CK）高，差异为15.8%～52.6%%，其中农华101、京科665、丹玉8201、登海618和先玉335五个品种与对照郑单958（CK）的差异达到极显著水平，农华101粒距合格指数最高，为96.7，较对照郑单958增加52.6%。
关键词：春玉米；单粒播种；品种；粒距合格指数

玉米单粒播种技术是应用玉米精量播种机，按照玉米田间要求的留苗密度及行距、株距，准确播种，确保一粒种子一棵苗的播种技术。有研究表明，传统的条播、穴播、点种每667m^{2}播3～4kg种子，单粒播种要求种子发芽率在95%以上，每667m^{2}只需播种1.5kg左右，用种量大幅度减少[1-3]。出苗后因“一穴一株”，可免去定苗的程序，按每个劳动力平均100元、每个劳动力每天定苗1 334m^{2}计算，可节省0.5个工/667m^2，相当增产近25kg玉米[4]。且与传统播种技术相比，单粒播种条件下玉米株距均匀，有助于提高光合效率，不出现弱苗、弱株现象；更重要的是可以实现玉米品种的最佳种植密度，最大限度地发挥每一个玉米品种最大的高产潜力，实现玉米高产、增收[4]。

近年来北京市玉米生产单粒播种技术应用比重逐年增加，然而不同品种间因种子活力、发芽率等问题导致应用该项技术后表现差异较大，不科学地使用易导致缺苗断垄、大小苗等问题造成减产。本研究选用北京市常规主栽、本市新选育和外地新引进3类品种进行评比筛选，为生产上大面积应用该项技术提供数据支撑。

1　材料与方法

1.1　试验地概况

试验于2014年在北京市密云县进行，试验地土壤为壤土，土壤有机质为14.5g/kg，全氮1.12g/kg，速效钾100mg/kg，有效磷43mg/kg，碱解氮110mg/kg。

1.2　试验材料与设计

供试品种为本市常规主栽品种郑单958（CK）；本市新选育品种农华101、京科

528、京科968、京科665；外地新引进品种：丹玉8201、真金8号、联创808、宁玉525、宁玉524、宁玉735、良玉66、中单909、登海618、先玉335，共计15个高产耐密品种。品种处理大区面积0.8hm^2，不设重复。

2014年5月4日播种，播种机采用密云县生产大面积应用的海轮王单粒播种机（2BFYM－4型玉米勺轮播种机，山东德州），60cm等行距播种，株距25cm，播种密度为67 500株/hm^2。整地时底肥用量：玉米缓释肥（21∶10∶11）600kg/hm^2。田间管理和收获均按当地常规方法进行。2014年9月25日收获测产。

1.3　测定内容与方法

1.3.1　*漏播指数*　种子粒（穴）距大于1.5倍理论粒（穴）距为漏播，在各播行在中间连续测量20个粒（穴）种子间的距离，漏播指数应≤8（漏播指数计算公式为：调查样点漏播粒距所占百分比）。

1.3.2　*重播指数*　种子粒（穴）距小于等于0.5倍理论粒（穴）距为重播，在各播行在中间连续测量20个粒（穴）种子间的距离，重播指数应≤15（重播指数计算公式为：调查样点中重播粒距所占百分比例）。

1.3.3　*粒距合格指数*　播行内相邻两粒（穴）种子间的距离大于0.5倍理论粒（穴）距小于等于1.5倍理论粒（穴）距为合格。在各播行中间连续测量20个粒（穴）种子间的距离，粒距合格指数应≥80（粒距合格指数计算公式为：调查样点合格粒距所占百分比）。

1.3.4　*产量及产量构成因素*　收获时，每小区在中间2行取12m^{2}实收测产并测定实收穗数。取标准穗10穗进行考种，测定穗粒数和千粒重，计算产量。

1.4　数据处理与分析

采用SPSS Statistics 17.0和Excel 2007软件进行数据处理与分析。

2　结果与分析

2.1　不同品种单粒播种技术条件下漏播指数调查

依据调查样点中漏播粒距（≥1.5倍平均株距）所占百分比例来反映品种间单粒播种作业质量差异。调查结果表明：京科528漏播指数较对照郑单958高33.3%，其他13个参试品种漏播指数较对照郑单958低33.3%～100%，差异均未达到显著水平。其中，京科665、中单909、登海618号和先玉335四个品种漏播指数最低，为0；郑单958、宁玉525、宁玉524三个品种漏播指数最高，为10。

2.2　不同品种单粒播种技术条件下重播指数调查

依据调查样点中重播粒距（≤0.5倍平均株距）所占百分比例来反映品种间单粒播种作业质量差异。调查结果表明：14个参试品种重播指数均较对照郑单958低，差异为37.5%～100%，其中，农华101、京科968、京科665、丹玉8201、宁玉525、宁玉524、良玉66、登海618号和先玉335九个品种与对照郑单958的差异达到显著水平，农华101、京科665和丹玉8201三个品种与对照郑单958的差异达到极显著水平。农华101重播指数最低，为0，无重播出现；郑单958重播指数最高，为26.7。

表 1　单粒播种作业下不同春玉米品种漏播指数差异性分析

序号	品种	均值	5% 显著水平	1% 极显著水平	与对照差异（%）
1	京科 665	0	b	A	-100.00
2	中单 909	0	b	A	-100.00
3	登 海 9	0	b	A	-100.00
4	先玉 335	0	b	A	-100.00
5	农华 101	3.3	ab	A	-66.70
6	京科 968	3.3	ab	A	-66.70
7	丹玉 8201	3.3	ab	A	-66.70
8	宁玉 735	3.3	ab	A	-66.70
9	良玉 66	3.3	ab	A	-66.70
10	真金 8 号	6.7	ab	A	-33.30
11	联创 808	6.7	ab	A	-33.30
12	郑单 958（CK）	10	ab	A	0.00
13	宁玉 525	10	ab	A	0.00
14	宁玉 524	10	ab	A	0.00
15	京科 528	13.3	a	A	33.30

表 2　单粒播种作业下不同春玉米品种重播指数差异性分析

序号	处　理	均值	5% 显著水平	1% 极显著水平	与对照差异（%）
1	农华 101	0.0	c	B	-100.00
2	京科 665	3.3	bc	B	-87.50
3	丹玉 8201	3.3	bc	B	-87.50
4	宁玉 525	6.7	bc	AB	-75.00
5	宁玉 524	6.7	bc	AB	-75.00
6	良玉 66	6.7	bc	AB	-75.00
7	登海 618	6.7	bc	AB	-75.00
8	先玉 335	6.7	bc	AB	-75.00
9	京科 968	10	bc	AB	-62.50
10	京科 528	13.3	abc	AB	-50.00
11	真金 8 号	13.3	abc	AB	-50.00
12	宁玉 735	13.3	abc	AB	-50.00
13	中丹 909	13.3	abc	AB	-50.00
14	联创 808	16.7	ab	AB	-37.50
15	郑单 958（CK）	26.7	a	A	0.00

2.3　不同品种单粒播种技术条件下粒距合格指数调查

依据调查样点中合格粒距（≤0.5 倍平均株距，≥1.5 倍平均株距）所占百分比例来反映品种间单粒播种作业质量差异。调查结果表明：14 个参试品种粒距合格指数均较对照郑单 958 高，差异为 15.8%～52.6%，其中，农华 101、京科 968、京科 665、丹玉 8201、宁玉 525、宁玉 524、宁玉 735、良玉 66、中单 909、登海 618 号和先玉 335 十一个品种与对照郑单 958 的差异达到显著水平，农华 101、京科 665、丹玉 8201、登海 618 和先玉 335 五个品种与对照郑单 958 的差异达到极显著水平。农华 101 粒距合格指数最高，为 96.7，较对照郑单 958 增加 52.6%。

表 3　单粒播种作业下不同春玉米品种粒距合格指数差异性分析

序号	处理	均值	5% 显著水平	1% 极显著水平	与对照差异（%）
1	农华 101	96.7	a	A	52.60
2	京科 665	96.7	a	A	52.60
3	丹玉 8201	93.3	ab	A	47.40
4	登海 618	93.3	ab	A	47.40
5	先玉 335	93.3	ab	A	47.40
6	良玉 66	90	ab	AB	42.10
7	京科 968	86.7	ab	AB	36.80
8	中丹 909	86.7	ab	AB	36.80
9	宁玉 525	83.3	ab	AB	31.60
10	宁玉 524	83.3	ab	AB	31.60
11	宁玉 735	83.3	ab	AB	31.60
12	真金 8 号	80	abc	AB	26.30
13	联创 808	76.7	abc	AB	21.10
14	京科 528	73.3	bc	AB	15.80
15	郑单 958	63.3	c	B	0.00

2.4　不同品种单粒播种技术条件下的产量差异

经田间测产，真金 8 号、登海 618、联创 808、宁玉 524、京科 968、农华 101、宁玉 525、京科 528 八个品种产量分别较对照郑单 958 高出 19.8%、15.3%、13.5%、8.8%、8.1%、7.6%、2.8% 和 0.3%，其中，真金 8 号、登海 618、联创 808 产量与郑单 958 差异达到极显著水平；京科 665、良玉 66、丹玉 8201、先玉 335、宁玉 735 和中单 909 六个品种产量分别较对照郑单 958 低 0.3%、5.5%、6.9%、7.6%、13.8% 和 19.7%，其中，宁玉 735 和中单 909 两品种产量与郑单 958 差异达到显著水平。本试验研究结果表明：在本试验研究条件下，除真金 8 号、登海 618、联创 808 产量极显著高于对照郑单 958，宁玉 735 和中单 909 两品种产量极显著低于郑单 958 外，其他品种产量与对照郑单 958 相比无显著性差异。

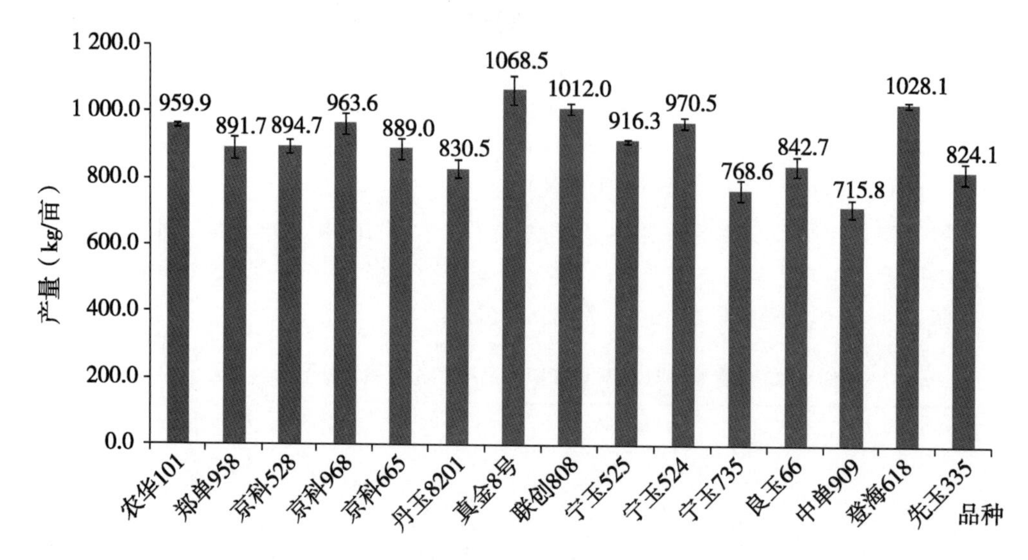

图1　不同品种春玉米机械化单粒播种下产量差异

3　结论与讨论

随着畜牧业和玉米深加工业的发展，以及玉米乙醇燃料技术的应用和推广，玉米已经成为世界重要的粮食作物、饲料作物和经济作物，在农业生产和国民经济发展中占有越来越重要的地位[5]。随着农业科技创新、推进都市型现代化农业发展步伐的加快，北京农业围绕“调结构、转方式、节资源”进行了一系列优化和重组。在耕地日益减少的情况下，依靠现代科技武装农业，提高单位面积产出、降低资源、劳动力消耗的现代农业技术在保证粮食安全方面扮演着愈加重要的角色，而单粒播种技术在节约资源、提高劳动产出方面具有不可替代的先进性。

目前我国玉米单粒播种使用的排种器主要有勺轮式、指夹式和气吸式 3 种类型[6]。本试验选用的2BFYM－4 型玉米勺轮播种机排种器工作原理为排种盘旋转时排种勺在充种区舀 1～2 粒种子，排种勺向上转动时不稳定的种子在自重作用下滑落，勺内留下的种子通过隔板开口落入与排种勺盘同步旋转的导种盘槽内，种子随导种盘转到下方靠自重落入种床内[7]。

在单粒播种条件下，农华 101、京科 665、丹玉 8201、登海 618、先玉 335 等品种粒距合格指数较高，从节约资源、提高效率角度出发可以较好的满足单粒播种技术的要求。而真金 8 号、登海 618、联创 808 在最终产量结果表现较为突出，具有较高的增产潜能。在北京市目前生产上应用的品种当中，农华 101、京科 665 在单粒播种试验中表现相对较好，两个品种粒距合格指数最高，可以满足单粒播种的技术要求。

生产上可根据上述试验结果，结合各品种产量差异，分别按照轻简栽培、高产栽培两个方向搭配选择适宜品种。对新引进品种可进一步开展试验研究印证，农华 101 和京科 665 两个品种则可以在北京地区进行单粒播种技术示范推广。

参考文献

[1] 佟屏亚．单粒播种推进玉米产业技术变革［J］．中国种业，2012，1：18－19.
[2] 陈宁，薛小花，郭建东，等．浅谈玉米单粒播种技术［J］．种业导刊，2011，7：10－11.
[3] 赵庆华．玉米单粒机械播种及栽培技术［J］．种业导刊，2010，12：28.
[4] 邢茂德，徐刚，王建华，等．玉米单粒播种的发展现状与对策［J］．中国种业，2013，6：14－15.
[5] 翁凌云．我国玉米生产现状及发展对策分析［J］．中国食物与营养，2010（1）：22－25.
[6] 刘立晶，刘忠军，李长荣，等．玉米精密排种器性能对比试验［J］．农机化研究，2011，33（4）：155－157.
[7] 孙士明，那晓雁，靳晓燕，等．不同形态玉米种子分级单粒播种性能试验研究［J］．农机化研究，2015，7：171－175.

北京市适宜机收粒春玉米品种筛选研究

裴志超[1]　周继华[1]　郎书文[1]　徐向东[2]　王立征[2]　满　杰[1]
（1. 北京市农业技术推广站，北京　100029；
2. 北京市密云县农业技术推广站，北京　101500）

摘　要：为明确机械化籽粒直收技术条件下北京地区春玉米不同品种之间收获质量的差异，以农华 101、郑单 958（CK）等 15 个品种为试验材料进行了试验，结果表明：9 月 18 日收获的 15 个参试品种中籽粒含杂率均小于 3%，符合国标要求；籽粒破损率仅宁玉 735、丹玉 8201、良玉 66 和宁玉 525 符合国标，分别为 3.84%、4.02%、4.94% 和 4.97%；总损失率除中单 909（5.27%）和京科 528（10.36%）以外，均小于 5%，符合国标要求，其中联创 808、宁玉 525 和宁玉 735 三个品种最低，分别为 0.06%、0.14% 和 0.21%。进一步对上述数据进行分析结果表明，含水量与破损率、落穗损失率和产量损失率呈正相关关系，与杂质率、和落粒损失率呈负相关关系，但差异不显著。杂质率与落粒损失率呈显著正相关关系，而产量损失率与含水量、杂质率和落粒损失率呈正相关关系，与落穗损失率呈极显著正相关关系，与破损率呈负相关关系。

关键词：春玉米；籽粒直收；品种；收获质量

玉米籽粒直收技术是应用谷物联合收割机配备玉米割台实现玉米收获期摘穗、剥皮、脱粒、秸秆粉碎还田一体化机械作业。玉米是北京市第一大农作物，作为粮食、饲料和工业原料的多功能用途决定了其存在地位和庞大的需求量。然而近年来劳动力成本大幅攀升，玉米种植成本也随之增加，加之销售价格增长空间有限，玉米种植产业存在空间必将受到挤压。如何降低劳动力成本、提高种植效益已经成为产业发展的核心问题。而在劳动力成本投入中，仅收获一个环节就占据总人工投入的 50% ~60%。

目前，国内主流的收获技术为分段式收获，该技术在美国 20 世纪 40 年代普遍使用，主要以摘穗剥皮为主，通过“果穗晾晒、脱粒、籽粒再晾晒（烘干）”等过程，才能达到籽粒含水率不大于 14% 的仓储条件。而玉米果穗和籽粒的脱水过程受天气和场地的局限大，费时费力、耗能，如不能及时晾晒脱粒，易发生霉变、腐烂、发芽等现象，降低了产量和品质。到 20 世纪 60 年代美国等发达国家通过直接收获田间充分脱水后的玉米籽粒来解决上述问题，由此可见玉米籽粒直收也将是北京市乃至全国玉米收获的发展方向[1]。

本研究选用北京市常规主栽、本市新选育和外地新引进 3 类品种进行评比筛选，为生产上大面积应用该项技术提供数据支撑。

1　材料与方法

1.1　试验地概况

试验于 2014 年在北京市密云县进行，试验地土壤为壤土，土壤有机质为 14.5g/kg，全氮 1.12g/kg，速效钾 100mg/kg，有效磷 43mg/kg，碱解氮 110mg/kg。

1.2　试验材料与设计

供试品种为本市常规主栽品种郑单 958（CK）；本市新选育品种农华 101、京科 528、京科 968、京科 665；外地新引进品种：丹玉 8201、真金 8 号、联创 808、宁玉 525、宁玉 524、宁玉 735、良玉 66、中单 909、登海 618、先玉 335，共计 15 个高产耐密品种。品种处理大区面积 0.8hm^2，不设重复。

2014 年 5 月 4 日播种，播种机采用密云县生产大面积应用的海轮王单粒播种机（2BFYM－4 型玉米勺轮播种机，山东德州），60cm 等行距播种，株距 25cm，播种密度为 67500 株/hm^2。整地时底肥用量：玉米缓释肥（21：10：11）600kg/hm^2。田间管理均按当地常规方法进行，2014 年 9 月 18 日收获测产，收获时采用约翰迪尔 C230 型谷物联合收割机配备天人 TR－8 玉米割台作业。

1.3　测定内容与方法

1.3.1　*产量及产量构成*　样区选择及植株性状、理论产量测定：选择正在机收粒的田块，从田内选择长势均匀一致、无缺苗断垄处作为样区，在未收割前数计该区 10m 行长的株数计算样地的收获株数、倒伏株、倒折株；连续选取 10 株，测量株高、穗位高，取下全部果穗穗粒数、穗行数，称量果穗籽粒重，计算理论产量。

1.3.2　*产量损失率*　在该样段选取 3 个样点，每个样点取 2m 长一个割幅宽（5～6 行玉米），收集每个样点的落穗和落粒，测定单位面积的落穗重和落粒重，计算产量损失率。

1.3.3　*籽粒水分含量、破碎率和杂质率*　在收割该样段后，从收割机粮仓内取收获的籽粒样品 2kg，用 PM8188 谷物水分测定仪测定含水量，重复 5 次，取其平均值，然后手工分拣完整粒和破碎粒以及杂质，按重量计算籽粒破碎率和样品杂质率，数计完整样品的千粒重。

1.4　数据处理与分析

采用 SPSS Statistics 17.0 和 Excel 2007 软件进行数据处理与分析。

2　结果与分析

2.1　不同品种生育进程差异

农华 101、郑单 958、真金 8 号、登海 618 号四个品种抽雄期较其他品种提前 2～9d；而先玉 335、登海 618 号和丹玉 8201 三个品种成熟期较其他品种提前 1～7d。

表 1　不同品种春玉米生育进程记载　　（月.日）

品种	播种期	出苗期	三叶期	五叶期	七叶期	十四展叶	抽雄期	吐丝期	成熟期
农华 101	5.05	5.15	5.28	6.04	6.11	6.30	7.10	7.12	9.10
郑单 958	5.05	5.15	5.28	6.04	6.11	6.30	7.10	7.12	9.15
京科 528	5.05	5.15	5.28	6.04	6.11	6.30	7.11	7.14	9.10
京科 968	5.05	5.16	5.29	6.05	6.12	7.01	7.12	7.15	9.11

（续表）

品种	播种期	出苗期	三叶期	五叶期	七叶期	十四展叶	抽雄期	吐丝期	成熟期
京科 665	5. 05	5. 16	5. 29	6. 05	6. 12	7. 01	7. 15	7. 19	9. 09
丹玉 8201	5. 05	5. 16	5. 29	6. 05	6. 12	7. 01	7. 09	7. 11	9. 08
真金 8 号	5. 05	5. 16	5. 29	6. 05	6. 12	7. 02	7. 08	7. 10	9. 11
联创 808	5. 05	5. 15	5. 28	6. 04	6. 11	6. 30	7. 11	7. 15	9. 09
宁玉 525	5. 05	5. 15	5. 28	6. 04	6. 12	7. 01	7. 12	7. 15	9. 10
宁玉 524	5. 05	5. 15	5. 28	6. 04	6. 12	7. 02	7. 13	7. 16	9. 09
宁玉 735	5. 05	5. 15	5. 28	6. 04	6. 11	7. 02	7. 15	7. 19	9. 09
良玉 66	5. 05	5. 16	5. 29	6. 05	6. 12	7. 02	7. 15	7. 19	9. 10
中单 909	5. 05	5. 16	5. 29	6. 05	6. 12	7. 02	7. 14	7. 17	9. 10
登海 618	5. 05	5. 15	5. 28	6. 04	6. 11	6. 30	7. 08	7. 09	9. 09
先玉 335	5. 05	5. 15	5. 28	6. 04	6. 11	6. 30	7. 08	7. 11	9. 06

2.2 不同品种收获期含水量差异

相关研究表明，玉米收获期籽粒含水量直接影响籽粒直收破损率[2]。本试验研究于9月18日收获时分别测定不同玉米品种籽粒含水量（谷水测定仪法），结果表明：15个参试品种收获期含水量均低于30%，满足籽粒直收的技术需求，且含水量均低于对照郑单958，差异为5.6%～31.2%。其中，含水量最高的3个品种为郑单958、中单909和京科968，含水量分别为29.0%、27.4%和26.2%；含水量最低的3个品种为丹玉8201、宁玉735和先玉335，分别为20.0%、21.0%和21.1%，所有品种含水量均与对照郑单958含水量差异达到了极显著水平。

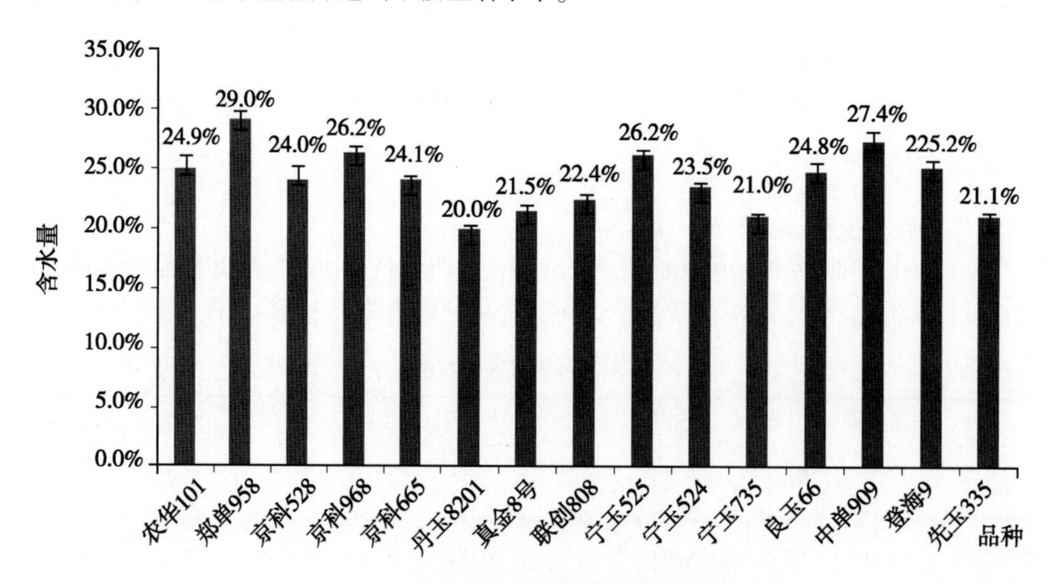

图1 不同品种春玉米收获期籽粒含水量

表 2　不同品种春玉米收获期籽粒含水量差异

排序（含水量）	品　种	含水量	与平均值差异	5%显著	1%极显著
1	丹玉 8201	20.0% ±0.19%	-4.1%	h	H
2	宁玉 735	21.0% ±0.23%	-3.1%	g	GH
3	先玉 335	21.1% ±0.27%	-3.0%	g	GH
4	真金 8 号	21.5% ±0.42%	-2.6%	fg	G
5	联创 808	22.4% ±0.49%	-1.7%	f	FG
6	宁玉 524	23.5% ±0.32%	-0.6%	e	EF
7	京科 528	24.0% ±0.99%	-0.1%	de	DE
8	京科 665	24.1% ±0.15%	0.0%	de	DE
9	良玉 66	24.8% ±0.63%	0.7%	d	CDE
10	农华 101	24.9% ±0.98%	0.8%	d	CDE
11	登海 618	25.2% ±0.54%	1.1%	cd	CD
12	宁玉 525	26.2% ±0.39%	2.1%	c	BC
13	京科 968	26.2% ±0.61%	2.1%	c	BC
14	中单 909	27.4% ±0.68%	3.3%	b	B
15	郑单 958	29.0% ±0.58%	4.9%	a	A

2.3　收获前 35d 含水量日变化

玉米籽粒灌浆后期较快的脱水速率是其收获时较低含水量的保障[3]，而籽粒含水量的日变化可以有效反映其脱水速率。本试验每 7d 一次对 15 个参试品种籽粒含水量进行测定，结果表明：参试品种收获前 35d 籽粒含水量平均日变化均较对照郑单 958 高，分别高 5.1% ~67.1%。其中，以宁玉 524、宁玉 735 和宁玉 525 三品种最高，分别为 1.42%、1.35% 和 1.33%；真金 8 号、登海 618 和郑单 958 三品种最低，分别为 0.90%、0.89% 和 0.85%。

2.4　机收作业质量差异

根据《玉米收获机械技术条件》（GB/T 21962—2008）规定，玉米籽粒直收应满足以下条件：籽粒破损率≤5%、籽粒含杂率≤3%、总损失率≤5%。本试验研究结果表明，籽粒破损率：9 月 18 日收获的 15 个参试品种中仅宁玉 735、丹玉 8201、良玉 66 和宁玉 525 籽粒破损率符合国标，分别为 3.84%、4.02%、4.94% 和 4.97%；中单 909、真金 8 号和联创 808 三个品种破损率较高，分别为 6.96%、7.71% 和 7.85%；籽粒含杂率：15 个参试品种籽粒含杂率均小于 3%，符合国标要求，其中，宁玉 735、宁玉 524 和真金 8 号籽粒含杂率较低，分别为 0.47%、0.49% 和 0.58%，丹玉 8201、先玉 335 和京科 968 三个品种籽粒含杂率较高，分别为 1.71%、2.65% 和 2.90%；总损失率：15 个参试品种中除中单 909（5.27%）和京科 528（10.36%）以外，均小于 5%，符合国标要求，其中，联创 808、宁玉 525 和宁玉 735 三个品种总损失率最低，分别为

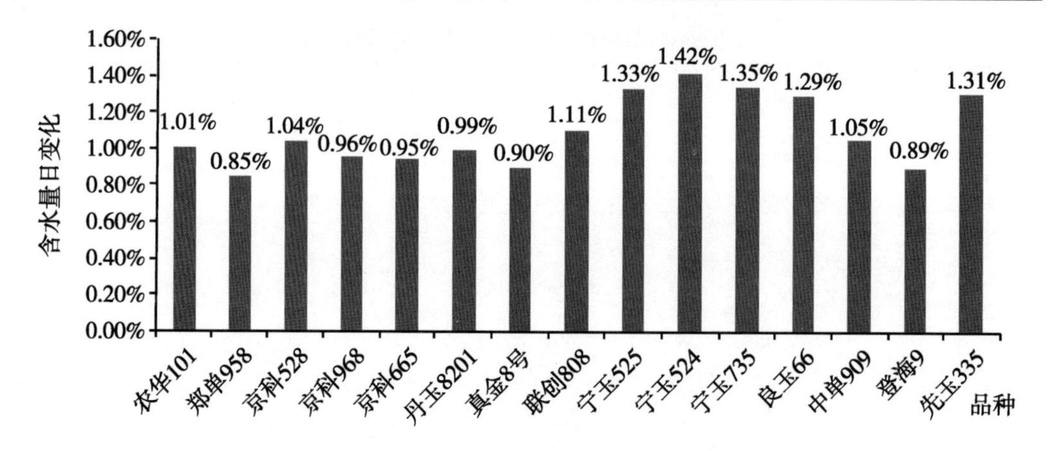

图2　不同品种春玉米收获期籽粒含水量日变化

0.06%、0.14%和0.21%。

表3　不同品种春玉米收获质量差异

品种名称	平均破损率（%）	平均杂质率（%）	落粒损失率（%）	落穗损失率（%）	产量损失率（%）
农华101	6.37	1.31	0.06	0.00	0.06
郑单958	5.21	0.58	0.19	2.56	2.76
京科528	6.32	1.58	0.33	4.94	5.27
京科968	5.02	1.28	0.75	3.63	4.38
京科665	5.24	1.64	0.50	9.86	10.36
丹玉8201	4.02	0.61	0.32	0.64	0.96
真金8号	7.71	2.65	0.51	2.08	2.59
联创808	7.85	0.49	0.26	0.00	0.26
宁玉525	4.97	0.69	0.31	0.43	0.75
宁玉524	5.79	0.94	0.32	0.00	0.32
宁玉735	3.84	2.90	0.72	1.36	2.09
良玉66	4.94	1.08	0.14	0.00	0.14
中单909	6.96	1.66	0.47	0.00	0.47
登海618	6.23	1.71	0.79	0.76	1.55
先玉335	6.05	0.47	0.21	0.00	0.21

2.5　含水量与机收作业质量相关性分析

相关研究表明，玉米收获期籽粒含水量对机收作业质量影响较大，本试验研究对15个参试品种收获期含水量、破损率、杂质率、落粒损失率、落穗损失率和产量损失率进行相关分析，结果表明：含水量与破损率、落穗损失率和产量损失率呈正相关关系，与杂质率、和落粒损失率呈负相关关系，但差异不显著。杂质率与落粒损失率呈显著正相关关系，而产量损失率与含水量、杂质率和落粒损失率呈正相关关系，与落穗损失率呈极显著正相关关系，与破损率呈负相关关系。

表 4　玉米收获期籽粒含水量与机收作业质量相关性

相关系数	含水量	破损率（%）	杂质率（%）	落粒损失率（%）	落穗损失率（%）	产量损失率（%）
含水量	1	—	—	—	—	—
破损率（%）	0.0436	1	—	—	—	—
杂质率（%）	-0.1837	0.0404	1	—	—	—
落粒损失率（%）	-0.0459	-0.1335	0.6248*	1	—	—
落穗损失率（%）	0.1000	-0.1403	0.2569	0.2869	1	—
产量损失率（%）	0.0940	-0.1481	0.3009	0.3605	0.9970*	1

相关系数临界值，a=0.05 时，r=0.5140；a=0.01 时，r=0.6411

3　结论与讨论

玉米收获环节因其作业环节繁杂、耗时耗工而成为影响整个种植流程成本投入降低的重要因素，同时人工收获也是玉米生产实现全程机械化的瓶颈。国内外大量研究表明，品种和栽培技术是影响机械收粒质量的主要因素[4-6]。本试验研究结果：先玉335、登海618号和丹玉8201三个品种成熟期较其他品种提前；丹玉8201、宁玉735和先玉335三个品种收获期籽粒含水量较低；宁玉524、宁玉735和宁玉525三品种籽粒脱水速率较快；联创808、宁玉525和宁玉735三个品种籽粒直收总损失率最低。综合上述指标，先玉335、良玉66、丹玉8201、登海618、联创808这五个品种在约翰迪尔C-230玉米收获机籽粒直收作业条件下综合表现效果较好。

籽粒直收作业质量受品种特性、成熟度、农机、机手、天气因素等多方面的影响，收获时籽粒含水量较高会导致破粒和丢穗，影响破损率和落穗损失率；反之收获时含水量过低也会导致杂质过高和落粒，影响杂质率和落粒损失率。最终含水量与产量损失率呈正相关关系，即收获期玉米籽粒含水量越高，产量损失率越高。一年试验的结果仅能反映各参试品种在当年试验条件下的测试指标情况，更为准确的结果则仍需通过多年、多次的重复试验加以验证。

参考文献

[1]　相茂国．玉米籽粒直收机械适应性研究［J］．硕士论文，2010.04.

[2]　柳枫贺，王克如，李健，等．影响玉米机械收粒质量因素的分析［J］．作物杂志，2013，4：116-119.

[3]　赵红香，张慧，孙旭东，等．影响玉米机械收粒质量因素的分析［J］．山东农业科学，2014，46（12）：18-22.

[4]　朱纪春，陈金环．国内外玉米收获机械现状和技术特点分析［J］．农业技术与装备，2010（04）：23-26.

[5]　Tracy B，Adam H，Ian M，etal. Agronomy Guide for Field Crops/Publication 811［M］. Toronto：Toronto Ministry of Agriculture，2002.

[6]　毕俊平．玉米收获机械化亟待解决的问题［J］．科技情报开发与经济，2004，14（6）：73.

浅述密云县玉米单粒播种技术推广及发展前景

徐向东　王立征　黄会伶　宗海杰　李明博
（北京市密云县农业技术推广站，北京　101500）

摘　要：本文对玉米单粒播种技术进行了详细的阐述，指出随着玉米单粒播种技术的逐步完善、农村经济条件的改善和农民科技意识的提高，玉米单粒播种技术将推进密云县玉米产业的技术变革。

关键词：密云县；玉米；单粒播种技术；发展前景

密云县传统的玉米播种方式为条播、穴播、点种，因种子发芽率多在85%左右，为了保全苗，一般每穴播2～3粒、667m^2 播量3～4kg，出苗后需要大量的人工进行间苗、定苗。密云县玉米种植面积2万 hm^2 左右（含社会面积），如果有一半的玉米面积实现单粒播种，一次播种保全苗，每年可节省约45万～60万 kg的种子。可见，玉米单粒播种技术的推广应用对密云县玉米获得高产，降低生产成本，解放农村劳动力，提高经济效益具有重要的意义。

玉米单粒播种技术在20世纪60年代初期国外发达国家已开始推广应用，并取得显著的效果。我国在20世纪80年代中期，农业部、全国农业技术推广服务中心也曾大力推广过这一技术，但由于当时受到农业生产条件、种子质量、科学种田水平的限制，这一技术没有被推广开来。近年来，随着社会的进步，经济的发展，生产条件发生了巨大的变化，农民的科技意识和科学种田水平迅速提高，特别是美国先锋公司进入中国，带来了先进的理念、高质量的品种和单粒播种配套技术，良种良法结合、农机农艺结合、产量与质量并存等先进模式逐渐被农民所接受。因此，单粒播种这一先进农业技术在我国部分农村逐步推广应用。近几年，密云县在太师屯、高岭等镇的玉米主产区对此项技术已在逐步推广应用，2012年在北京市农业技术推广站的支持下，密云县推广玉米单粒播种技术达2 000hm^2。

1　单粒播种技术的技术内涵

1.1　玉米单粒播种技术定义

玉米单粒播种技术是应用玉米精量播种机，按照田间要求的留苗密度及行距、株距，准确均匀播种，保证一穴一粒，每一粒长成一株的玉米播种技术。

1.2　种子质量

玉米单粒播种的种子质量标准内涵，主要是种子水分、发芽率、发芽势、生活力、种子整齐度以及进行种子包衣等。发芽率低容易出现缺苗，发芽势低、生活力弱，容易形成大小苗。

我国长期执行国家技术监督局1996年12月发布的《农作物种子质量标准．粮食作物种子》，规定玉米种子发芽率不低于85%，水分不高于13%。这个质量标准规定的指标较低，推行后成为播种量高出苗率低的重要原因。实行玉米单粒播种，必须修订原有的玉米种子质量标准，改革种子加工技术。

2　单粒播种技术的效益及优点

玉米单粒播种最直接的效益就是省种和省工，相对传统过量播种具有增产、节约、增效的优点。2012年在北京市农业技术推广站的支持下，密云县推广玉米单粒播种技术达2 000hm^2，同时在河南寨镇陈各庄村对此技术进行试验对比，参试品种为农华101和京科968。经田间测产：农华101每667m^{2}产量690.3kg；比对照的619.95kg增产70.35kg；京科968每667m^{2}产量633.5kg；比对照的564.45kg增产69.05kg。结果表明：利用玉米单粒播种技术种植的玉米比常规种植平均每667m^{2}增产11.4%和12.2%，节约成本70元，667m^{2}总增收节支210元；密云县2 000hm^{2}应用单粒播种技术地块，合计节本增收630万元。

通过试验单粒播种技术优点如下。

2.1　节省种子

常规播种一般每亩用种3～4kg，单粒播种每667m^{2}需种量则仅为1.5kg左右，每667m^{2}可节省种子1.5～2kg。

2.2　简化工序

密云县传统的玉米播种方式单一，在“有钱买种、无钱买苗”的传统理念下，农民习惯于大把撒种、大把间苗，既原始粗放，又浪费种子。玉米单粒播“一穴一粒、一籽一苗”，出苗后不用再像传统播种那样进行间苗、定苗等田间作业，节省劳力，每亩降低成本，可节省人工费50元左右。

2.3　株匀苗壮

常规种植密度大，易出现双棵苗、多棵苗，且间苗时伤根，影响预留苗生长。单粒播种苗间距均匀，无多余苗争水争肥，免去间苗工序，不存在对根部的伤害，保证苗齐，苗壮。

2.4　养分、水分利用最大化

传统播种技术每穴2～3粒，出苗后一穴多苗，会出现苗欺苗和间掉的苗浪费养分、水分现象，且定苗时人力对苗的根部会造成损伤，因伤根易出现三类苗，影响正常生长。单粒播种没有多余的苗争肥、争水，不需间、定苗，不存在伤根现象，能保证养分被幼苗充分利用，促进前期早生快发，保证苗齐苗壮，提高植株的综合抗性。

2.5　最佳密度有保证

决定产量的关键因素是合理控制密度，单粒播种就是按照品种的合理密度进行播种，能够更好地发挥品种的产量潜力。单粒播种后出苗一般在3 500～4 200株最佳密度范围，苗壮，茎秆粗壮，抗倒性增强。

2.6 提高除草剂药效

由于单粒播种省去了间苗、定苗环节，不会因人工进地操作破坏地表除草剂所形成的药膜，有利于提高除草效果。

2.7 提高果穗均匀度及产量

单粒播种的种子经过精选和分级，粒型一致，粒重一致，单粒播种使每一个植株吸收的营养保持一致。通风透光良好，果穗均匀一致，降低了空秆和小穗率，每 $667m^2$ 可以增产 50 ~70kg。

3 单粒播种技术所需条件

3.1 高质量种子

要求种子发芽率达到95%左右（常规种子为85%以上），纯度达到98%以上，各项指标远远高于常规种子。目前本县可用于单粒播种的品种有 2 ~3 个。

3.2 单粒播种机

主要有气吸式和勺轮式两种。气吸式播种机依靠高速风机产生的负压驱动排种；勺轮式播种机依靠自身行走轮驱动排种。目前密云县可用机型有进口的美国迪尔玉米精量播种机、国产的玉米多功能精位播种机、“海伦王”牌玉米单粒播种机等。美国迪尔玉米单粒播种机型号为1030，该型号单粒播种机在密云县有两台，一台为一播 6 行，每天播 17.3 ~$20hm^2$；一台为一播 4 行，每天最多播 $13.3hm^2$。美国迪尔玉米单粒播种精准度高、不断籽、不断苗，自带显示器，如遇卡籽，显示器会自动报警，但不适合土壤板结的地块。黑龙江省海伦县生产的“海伦王”牌玉米单粒播种机的原理是通过齿轮调整种盘，确定株距，质量较好，准确率较高。但这种类型机械对种子粒形要求严格，如果籽粒不均匀，有时可下 2 个粒，粒太大时，种盘还有磕籽现象。该机特点是可播 2 行也可以播 1 行，每天可播种 4 ~$5hm^2$。

3.3 配套技术

①精细整地：地面整洁，无大的垡块、坷坎，秸秆和根茬粉碎程度细；②种子包衣：所用种子必须经过包衣，以防止地下害虫对幼苗造成为害。发生缺苗断垄现象；③足墒播种：保证足墒、适时播种，确保出苗整齐一致；④株距准确，严格按照品种的适宜密度确定播种粒数；⑤精准播种：播种深浅适度、一致，覆土薄厚均匀，无重播、漏播。

4 单粒播种应注意的问题

单粒播种技术是一项先进技术，但要真正达到增产增收的目的，心须合理解决和注意以下 4 个方面的问题。

4.1 如果品种本身遗传活力较低、顶土力差，或苗期抗性不高，易造成大田出苗不整齐，甚至缺苗断垄。

4.2 影响单粒播种技术应用效果的环境因素主要有：种子发芽过程中遭遇低温、干旱、降雨过量和化肥烧种、虫害等。

4.3 要根据不同地区、不同播种形式。配套精量播种机，播种机是实现“等距单粒精量播种”技术得以实现的前提条件，没有这一条件，等距单粒播种是难以实现的。

4.4　一定要保证土壤墒情和田间卫生。单粒播种一粒种子就是一株玉米。因此，播种时土壤的含水量至关重要，不能过高也不能过低。田间卫生条件要好，不应有秸秆，大的硬土块，否则造成种子不能埋入土层内，影响出苗。单粒播种技术的示范推广必须在耕作和栽培技术水平较高的地区进行。

5　玉米单粒播种技术的发展前景

玉米单粒播种技术是当今世界玉米生产中的先进技术，在发展中国家玉米生产中有广阔的发展前景，玉米目前已成为集粮食、饲料、工业原料三大用途于一身的作物，在进入21世纪的今天，伴随人口的增长及畜牧业的大发展，对玉米的需求量会有大幅度的增加，玉米生产的大发展对新技术将提出更高要求，目前，科学技术的进步，已为单粒播种技术的发展奠定了良好的基础条件，首先是玉米种子的生产和管理技术得到了较大改进，种子的生产质量有了很大提高，种子加工工业有了较大的发展，应该可以保证种子具有高发芽率和外形大小均匀一致，其次，我国单粒播种机具的研制和生产已进入新的阶段，全国许多地区如：如辽宁、黑龙江、吉林和河北等部门都研制出一大批大、中、小型配套的适合我国国情的不同类型的精密播种机，全国玉米主产区完全可以满足单粒播种的农艺要求。

生产实践证明，单粒播种技术是一项提高产量、降低生产成本、解放劳动力、省种、省工、省时、高产、经济效益好的一项先进播种技术，是实现玉米集约化种植的有效途径，由于其内含的技术潜能，必将会对传统的玉米栽培技术带来一次革命，随着玉米精密播种技术的逐步完善，农村经济条件的改善和农民科技意识的提高，玉米单粒播种技术在密云县乃至全国的应用推广将拥有广阔的前景，将会为实现玉米生产全程机械化作业打下基础，也会得到迅速普及和推广。

参考文献

[1]　佟屏亚．中国玉米生产形势和技术走向［J］．作物杂志，2010（10）：5－7.

[2]　宋慧欣．玉米单粒播种技术助增产．京郊日报，2012.5.7.

[3]　姚杰．浅谈玉米精密播种技术的推广与发展前景［J］．玉米科学，2004，12（2）：89－91.

该文发表于《农业科技通讯》2015年第12期

甘薯移栽方式与产量性状的关系

李仁崑[1]　赵娇娜[2]　张　新[2]　张志国[3]　王利征[3]　于　琪[2]
（1. 北京市农业技术推广站，北京　100029；2. 北京市大兴区农业技术推广站，北京　102600；3. 密云县农业技术推广站，北京　101500）

摘　要：本文利用5种甘薯生产中常用的移栽方式，分别为：直插法、斜插法、钩型栽插法、水平栽插法、船底型栽法，研究对甘薯产量性状的影响，结果表明：斜插与水平移栽方式，产量性状指标中综合表现良好。同时，为推进甘薯机械化移栽机的发展，改变现有生产中甘薯移栽环节费工、费力的现状，斜插与水平移栽方式更有利机械化移栽的仿形与操作。

关键词：甘薯；移栽方式；产量性状；甘薯机械化移栽

甘薯［*Ipomoea batatas*（L.）Lam］是旋花科（Convolvulaceae）甘薯属的一个栽培种，起源于中南美洲热带地区[1]，16世纪末叶引入中国。甘薯年总产位居全国粮食产量第4位[2]。北京郊区种植甘薯历史悠久，20世纪60年代京郊甘薯种植面积曾到8.7万hm^2左右，20世纪90年代京郊甘薯平均种植面积只有0.6万hm^2，之后一直稳定在0.5万~0.4万hm^2[3]，北京甘薯主产区主要集中在大兴区、密云县。

甘薯为一年生或多年生蔓生草本，块根由侧根或不定根的局部膨大而形成。生产中多利用种薯薯块的萌芽特性育苗，采用垄作移栽种植。京郊甘薯主产区主要集中在密云山区和大兴冲积平原区，移栽方式山区多以直插、斜插、钩型移栽为主，平原区以船底型和水平移栽居多。移栽定植的形式多样，移栽方式中种植角度[4]、入土节数或深浅不同会直接影响甘薯的结薯性和产量[5]，本文选用生产中常见的5种移栽方式，对其产量及商品率进行数据分析，为甘薯的合理密植、高产群体的建立及机械化移栽方式的选择提供科学依据。

1　材料与方法

1.1　试验地点

密云县太师屯镇辛庄村、大兴区榆垡镇石垡村、房山区韩村河镇罗家峪村。土壤条件沙壤土，中等肥力。

1.2　试验材料

供试甘薯品种遗字138，采用节能吊炕集中育苗，选用苗长20~25cm、苗龄30~35d、百株重450g健康薯苗进行移栽试验。

1.3　试验设计

试验采用多点、单因素、多重复试验，随机区组设计，3次重复，小区面积20m^2，每小区种植 4 垄，长 5m，重复间距 1m。株距 20cm，留苗密度 55 500株/hm^2。

表 1　试验点土壤地力情况

地点	有机质 (g/kg)	碱解氮 (mg/kg)	有效磷 (mg/kg)	速效钾 (mg/kg)	pH
辛庄村	19.7	104	22.5	111	7.85
石堡村	12.7	86	37.5	68	8.42
罗家峪村	15.7	91	28.7	76	8.01

1.4　移栽方法

采用甘薯生产中直插法、斜插法、钩型栽插法、水平栽插法、船底型栽法 5 种主要的移栽方式，于 2013 年 5 月 6 日定植，统一田间管理。

直插法：将薯苗下部 2～3 节垂直插入土中，深 10cm 左右；斜插法：移栽时苗入土 10cm 左右，地上留苗 6～10cm，薯苗斜度为 45 度左右；钩型栽插法：栽时将苗基部弯成钩状直接压入埂土中，常使基部入土较深至 5～7cm；水平栽插法：水平移至埂面下 3～5cm 深的浅土层，各节节间均匀分布；船底型栽法：将头尾翘起如船底型栽法，埋入土中 5～7cm 深。

1.5　田间管理

1.5.1　*起垄施肥*　施足底肥，施有机肥 15 000kg/hm^2，甘薯专用肥一次底施 750kg/hm^2。南北行起垄，垄距 90cm，垄高 25cm。辛硫磷乳油 15kg/hm^2 拌 375kg/hm^2 沙土在起垄前撒施，防治地下害虫。

1.5.2　*移栽*　栽植前用 50% 甲基托布津 1 000倍液浸秧基部 6～10cm 处 10min，以防治甘薯黑斑病和茎线虫病。

1.6　调查记载项目

整地前取土测定基础养分含量，收获后测定小区中间 2 垄的产量。以最大直径超过 1cm 的薯块计产，以薯块鲜重大于 250g 以上为大薯，100～250g 为中薯。随机选取 10 株，考察单株结薯数、单株鲜薯重、单株大中薯重，取平均值，并计算大中薯率。

1.7　数据统计

使用 DPS 软件对试验数据进行统计分析，利用 LSD 法在 5% 水平进行多重比较。

2　结果与分析

试验数据详见表 2。

2.1　不同移栽方法单株结薯数量分析

不同移栽方式甘薯在生长过程中结薯数量不同，钩型栽插法及水平栽插法单株结薯数量较多，二者间差异不显著，与其他处理间差异显著。直插法和船底型栽插方式单株结薯数较少。

2.2　不同移栽方法单株鲜薯重量及大中薯重量数据分析

不同移栽方式单株鲜薯重量及大中薯数据分析 5 种移栽方式单株鲜薯重量及大中薯

重量表现不同。船底型栽插法单株鲜薯重及大中薯重均表现最佳，斜插法、水平栽插法和钩型栽插法单株鲜薯重居中，且三者间差异不显著，直插法单株鲜薯重最低。大中薯率则以船底型栽插法最高，与其他处理差异显著；直插法、斜插法和水平栽插法3种移栽方式大中薯率差异不显著。

表2　不同移栽方式甘薯产量性状结果

处理	单株结薯数（个）	单株鲜薯重（kg）	单株大中薯重（kg）	大中薯率（%）	平均产量（kg/hm^2）
直栽法	3.5c	0.38c	0.32c	84.3b	316 725d
斜栽法	4.4b	0.62b	0.52b	83.7b	516 300b
钩型栽插法	5.7a	0.59b	0.49b	73.7c	482 850c
水平栽插法	5.5a	0.61b	0.51b	83.8b	507 975b
船底型插法	3.3c	0.77a	0.71a	90.4a	641 325a

注：小写字母不同表示处理间差异达0.05显著水平

2.3　不同移栽方法甘薯产量数据分析

船底型栽插法在5种移栽方式中甘薯产量最高，与其他处理差异显著；斜插法、水平栽插法、钩型栽插法甘薯产量居中；直插法甘薯产量最低，与其他处理差异显著。

3　讨论与结论

3.1　讨论

甘薯为蔓生块根作物，由插入地下茎节发生块根形成薯块，不同移栽方式由于薯蔓种植的角度和深浅不同导致结薯点不等，直接影响甘薯的结薯数、大中薯率及产量[6]。随着农村经济和产业结构的调整，农村劳动力的短缺和增值，使旱地移栽机械的需求量大幅度增加[7]，农艺与农机的融合将主推旱地移栽机械的研发与甘薯种植业的发展。产量性状好、综合性价比高的移栽方式将是发展机械化移栽的必要条件。

钩型、水平栽插单株结薯数最多，斜插法单株结薯数居中，直插法与船底型栽插法结薯数量较低，这与移栽时甘薯节间于浅土层分布均匀性和数量有关[6]。钩型栽插法大中薯率最低，说明钩型栽插法虽然结薯性好，但大于100g的成品率较低。船底型栽插法商品率虽然较高，参考其结薯性，反映在单株大中薯重数值上，说明其单株商品薯大于250g薯块较多，但对于消费者，鲜食甘薯薯块大小在250～300g最受欢迎。其他移栽方式则有良好的商品性和结薯性，尤其是斜插法和水平栽插法。单株鲜薯重以船底型栽插法最高，但斜插及水平栽插也有较好的表现。

由于甘薯薯苗的萌芽习性和人们育苗习惯限制，机械化移栽一般以裸苗移栽。目前机械移栽主要采用钳夹式和链夹式技术，而采用船底型和钩型移栽方式时要求薯苗两头翘起，其机械仿形难度大。直插法机械移栽最容易，但其产量和商品率在5种移栽模式中均最低。斜插与水平移栽其仿形难度适中，较适合目前的机械钳夹式、链夹式移栽，如配合标准化育苗方式，以满足机械作业为前提，提升种苗质量和标准，配套标准化栽培技术和规模化种植方式，打破甘薯薯苗移栽与农机配套瓶颈，实现农艺与农机融合[7]，必定能更好地促进甘薯产业发展。

3.2　结论

甘薯生产5种移栽方式中，斜插法与水平栽插法既有较大的产量潜力，又有较高的商品性，单株大中薯率也适中。在标准化育苗提升薯苗质量的前提下，斜插和水平移栽方式也更适宜机械化移栽机研发中的仿形和实际生产中操作效率的提高。

参考文献

[1]　唐君，周志林，张允刚，等．国内外甘薯种质资源研究进展［J］．山西农业大学学报（自然科学版），2009，29（5）．

[2]　马代夫，李强，曹清河．中国甘薯产业及产业技术的发展与展望［J］．江苏农业学报，2012，28（57）：969－973．

[3]　北京市统计局．北京五十年［M］．北京：中国统计出版社，1999．

[4]　武小平，郭耀东，温日宇，等．不同栽插方式对脱毒甘薯产量的影响［J］．安徽农业科学，2014，42（1）：35－36．

[5]　滕艳．徐薯22插蔓特性对其生长发育及产量的影响［J］．重庆：西南大学，2014．

[6]　张学芝，姜成选，陈立涛，等．甘薯结薯部位深浅与产量的关系分析［J］．作物杂志，2003（6）：23－24．

[7]　于向涛，胡良龙，胡志超，等．我国旱地移栽机械概况与发展趋势［J］．安徽农业科学，2012，40（1）：614－616．

该文发表于《作物杂志》2015年第05期

北京地区生态条件下甘薯生长动态分析

李仁崑[1]　张志国[2]　梅　丽[1]　王兴征[2]　贾占海[3]　赵　鑫[3]

（1. 北京市农业技术推广站，北京　100029，2. 密云县农业技术推广站，北京　101500，3. 北京农学院植物科学技术系，北京　102206）

摘　要：本文通过调查不同甘薯品种在北京郊区的生长动态变化，研究甘薯田间生长动态的变化规律和产量形成的关系。结果表明：①甘薯茎蔓长势差异与品种的特性有关，茎蔓长势较强的甘薯品种，茎叶的面积较大，有利于提高光能的利用率，亦表现出较好的丰产潜力。②薯块鲜重随着生育进程的发展呈增加的趋势。③茎叶生长与块根膨大之间的关系，可以用茎叶鲜重与块根鲜重的比值（T/R 比值）来表示。生长前、中期 T/R 比值大，生长后期 T/R 比值小。高产品种生长前期 T/R 比值均在 2.3 左右；生长中期 T/R 值适当下降，块根增长速度加快，T/R 比值为 1.2 左右；收获时的 T/R 值 0.6 左右。

关键词：甘薯；品种；生长动态

甘薯［*Ipomoea batatas*（L.）Lam］是旋花科（Convolvulaceae）甘薯属的一个栽培种，起源于中南美洲热带地区[1]。2011 年中国甘薯种植面积为 4.60×10^6 hm^2 左右，仍占世界甘薯种植面积的 50% 以上；单产呈逐步增加趋势，为 22.5t/hm^2，鲜薯总产保持在 1.0×10^8t 左右[2-3]。北京郊区种植甘薯历史悠久，20 世纪 60 年代京郊甘薯种植面积曾达到 8.7 万 hm^2 左右。随着种植业结构调整，人民生活生平逐步提高，甘薯已经由传统的粮食作物逐步转变为一种用途极广的经济作物，甘薯种植面积逐步减少，20 世纪 90 年代京郊甘薯平均种植面积只有 0.6 万 hm^2，之后一直稳定在 0.4 万～0.5 万 hm^2[4]。

甘薯生长发育规律的基础研究国内外已有报道，作物产量形成的实质是能量转换，甘薯干物质的形成与积累主要来自地上部绿色叶片制造的光合产物，各器官在积累光合产物时有一定的优先性，在不同的生长发育阶段优势器官作为生长中心优先分配到更多的光合产物[5]。

本研究通过调查 13 个不同类型的甘薯品种中后期的生长动态变化，分析甘薯茎蔓、薯块田间生长变化的规律与产量形成的关系，为高产优质甘薯群体结构指标的确定和调控提供科学依据。

1　材料与方法

本试验选用已审、认定且在生产上较大面积应用的品种。

表 1　参试品种及育种单位

序号	品种名称	育种单位
1	商薯 19	河南商丘农林科学院
2	冀薯 6－8	河北农科院
3	冀薯 99	河北农科院
4	京薯 6	北京农学院
5	密薯 1 号	不详
6	徐紫 1 号	中国农科院甘薯研究所
7	徐薯 18	中国农科院甘薯研究所
8	徐薯 22－5	中国农科院甘薯研究所
9	徐薯 23	中国农科院甘薯研究所
10	徐薯 25	中国农科院甘薯研究所
11	遗字 138	中国科学院
12	紫罗兰	不详
13	密选 1 号	密云县优质农产品服务站

试验采用随机区组设计，3 次重复。5 月 12 日栽插，采用斜插法栽植，小区面积为 $20m^2$，每小区种植 5 行，行长 5m，垄距 0.8m，株距 0.21m，种植密度 59 970株/hm^2。在栽后的 70d，每隔 10d 随机取样，3 次重复，每次重复 5 株进行调查，调查的项目主要有：茎蔓干重、茎蔓鲜重、薯块干重、薯块鲜重。10 月 13 日小区收获计产，其他田间管理措施同生产田。

2　结果与分析

2.1　茎蔓和薯块鲜重生长动态

表 2　同一时期不同甘薯品种茎蔓鲜重均值方差分析

定植后天数（d）	茎蔓鲜重均值（kg/hm^2）	5% 显著水平	1% 极显著水平
70	7 615	i	I
80	16 004	g	G
90	24 467	d	D
100	28 787	c	C
110	37 630	a	A
120	32 339	b	B
130	24 277	e	E
140	20 040	f	F
150	15 186	h	H

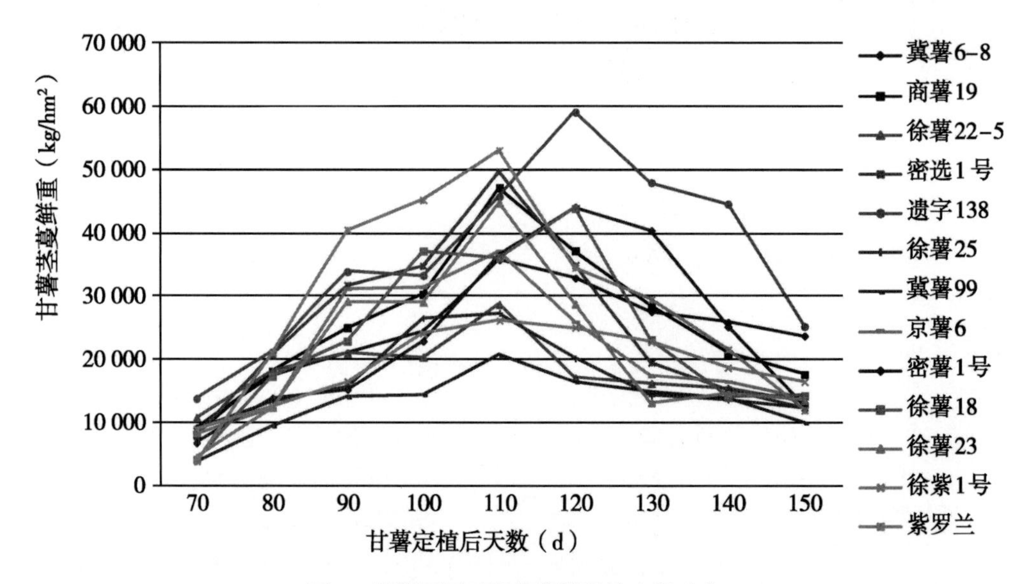

图 1　甘薯不同时期茎蔓鲜重的生长动态

由表 2、图 1 可以看出，各品种的甘薯茎蔓鲜重随生长进程而增加，迅速达到最大值之后，茎蔓鲜重逐渐降低，在 70 ~ 110d，茎蔓鲜重增长速度呈显著性差异。各品种甘薯茎蔓的增长速度及到达最大值时期不一致，多数品种在 110 d 达到最大值，遗字 138、密薯 1 号、徐薯 18 在 120d 达到最大值。

表 3　同一时期不同甘薯品种薯块鲜重均值方差分析

定植后天数（d）	薯块鲜重均值（kg/hm^2）	5% 显著水平	1% 极显著水平
70	2 465	g	G
80	5 730	f	F
90	9 675	e	E
100	15 845	d	D
110	20 216	c	C
120	23 449	b	B
130	23 449	b	B
140	25 480	a	A
150	26 192	a	A

表 3、图 2 显示不同品种薯块鲜重变化呈显著增加趋势，薯块重量增加速度以 100 ~ 110d 为临界点，前期呈显著增长，之后呈缓慢增长趋势，140 ~ 150d 增长速度平稳放缓，在 150d 甘薯薯块鲜重达到最大值。达到 150d 时各品种鲜重表现不一，且呈显著性差异（见甘薯产量分析）。甘薯薯块鲜重值较大的几个品种为冀薯 6 – 8、商薯 19、徐紫薯 1 号、遗字 138，鲜重值较小的品种为：紫罗兰。

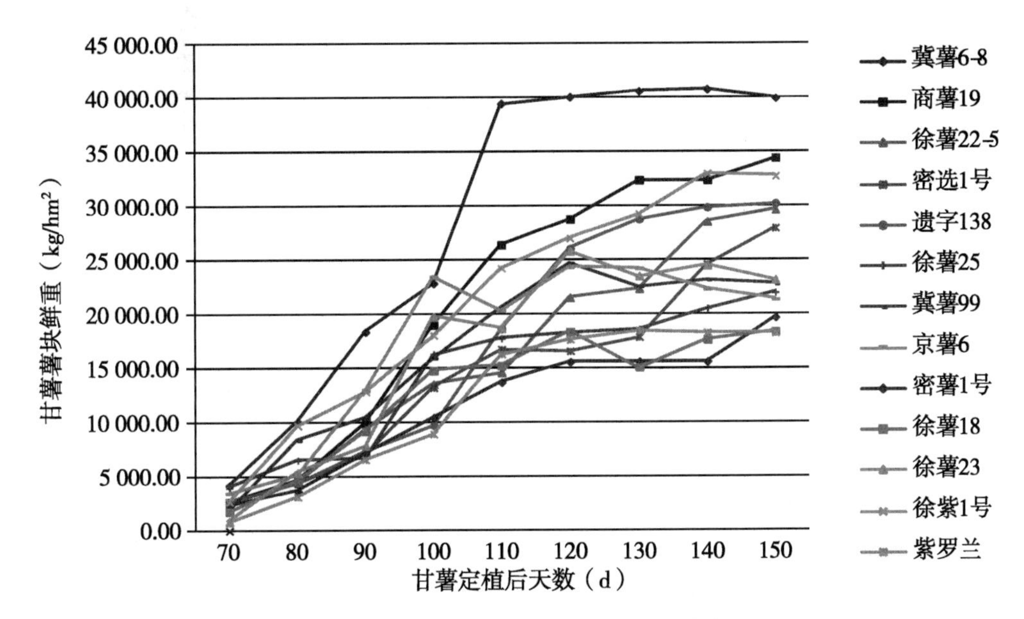

图2　甘薯不同时期薯块鲜重的生长动态

2.2　茎蔓和薯块干重生长动态

从表4、图3可以看出，甘薯茎蔓干重变化的趋势是先增大后减小，70～80d呈缓慢增加趋势，中期90～120d干重快速积累，茎蔓干重显著增加，之后积累速度显著减缓，多数品种于110～120d达到最大值。栽后110d达到该品种茎蔓干重最大值的有徐薯23等9个品种。栽后120d达到最大值的有遗字138等4个品种。

表4　同一时期不同甘薯品种茎蔓干重均值方差分析

定植后天数（d）	茎蔓干重均值（kg/hm²）	5%显著水平	1%极显著水平
70	1 731	f	F
80	2 223	e	E
90	3 579	d	D
100	4 447	c	C
110	5 673	a	A
120	5 736	a	A
130	4 893	b	B
140	4 582	c	BC
150	3 711	d	D

由表5、图4可以看出，不同品种薯块干重的变化呈显著增加趋势，中后期速度最快，后期明显变缓，至150d达到最大值。其中薯块干重较大的几个品种为：商薯19、冀薯6－8、遗字138。

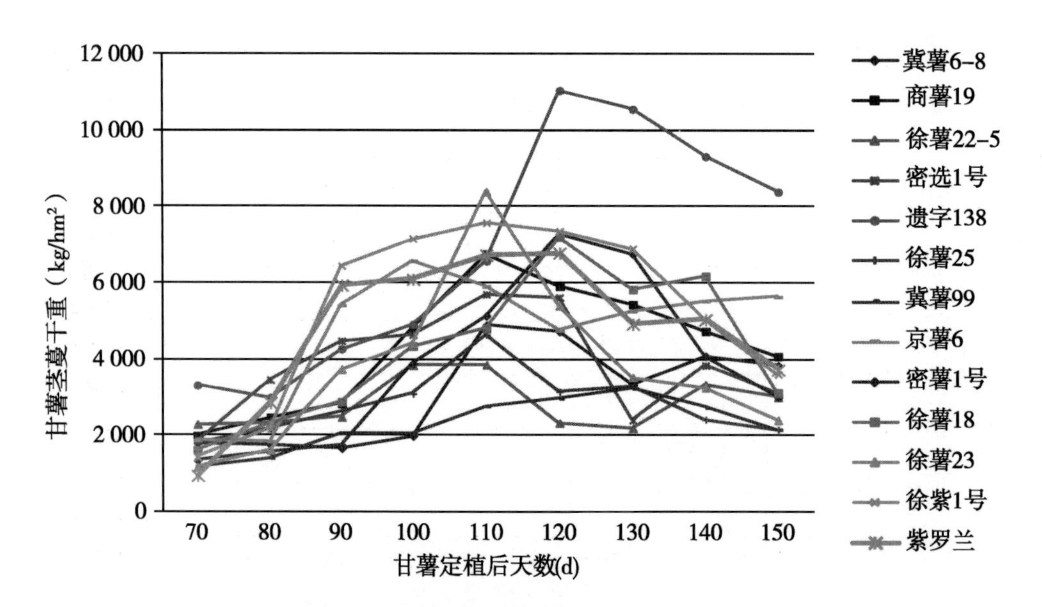

图 3　甘薯不同时期茎蔓干重的生长动态

表 5　同一时期不同甘薯品种薯块干重均值方差分析

定植后天数（d）	薯块干重均值（kg/hm²）	5%显著水平	1%极显著水平
70	651	i	I
80	1 687	h	H
90	2 678	g	G
100	3 753	f	F
110	5 470	e	E
120	6 525	d	D
130	8 068	c	C
140	8 625	b	B
150	9 610	a	A

2.3　不同品种薯块产量比较

表 6　不同品种甘薯单位面积薯块产量

品种	均值（kg/hm²）	5%显著水平	1%极显著水平
冀薯 6－8	39 940.0	a	A
商薯 19	34 422.8	b	B
徐紫 1 号	32 743.6	c	C
遗字 138	30 224.9	d	D
徐薯 22－5	29 625.2	e	E

（续表）

品种	均值（kg/hm²）	5%显著水平	1%极显著水平
密选1号	27 946.0	f	F
徐薯23	23 148.4	g	G
冀薯99	22 758.6	h	G
徐薯25	21 949.0	i	H
京薯6	21 349.3	j	I
密薯1号	19 640.2	k	J
徐薯18	18 350.8	l	K
紫罗兰	18 230.9	l	K

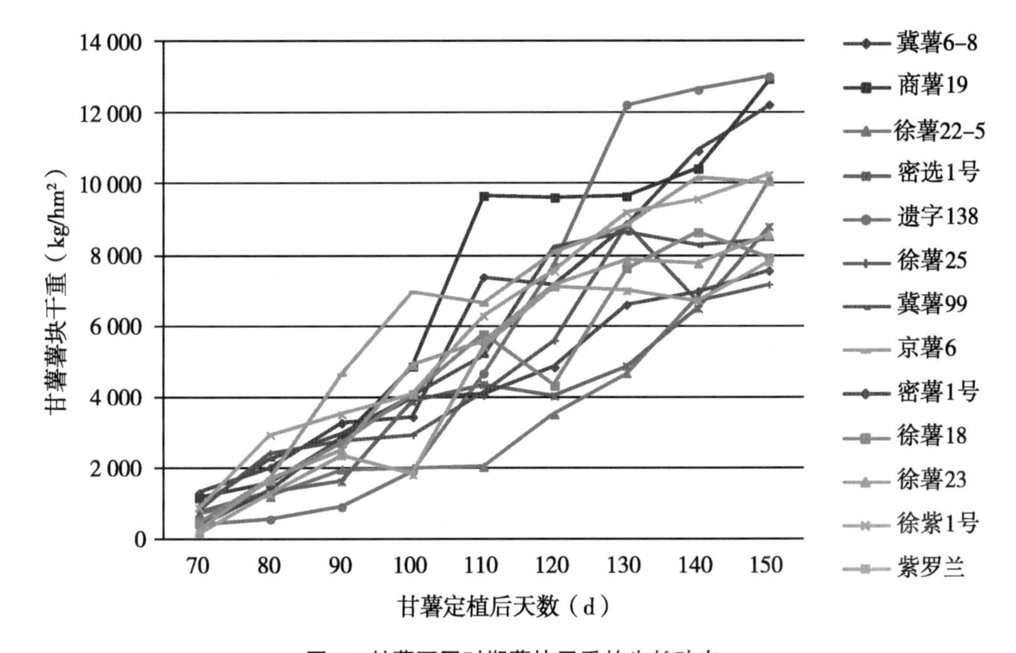

图4　甘薯不同时期薯块干重的生长动态

从表6中可以看出，13个品种以150d收获时产量比较，冀薯6－8的产量最高，为39 940kg/hm²；商薯19、徐紫1号、遗字138、徐薯22－5、密选1号的产量居中，均在27 946～34 422.8kg/hm²；徐薯23、冀薯99、徐薯25、京薯6、密薯1号、徐薯18、紫罗兰产量较低。

2.4　地上部和地下部生长的关系

随着生长进程的进行，所有品种地上部与地下部比值由大变小，呈递减趋势。产量位于前3位品种冀薯6－8、商薯19、徐紫1号在70～90d，T/R均在1.14～3.38，均值2.28；在100～120d，T/R在0.82～1.79，均值1.2，数值减小；在130～150d，T/R在0.50～0.88，均值0.64。

表7　甘薯地上部和地下部生长的关系（T/R）

品种	70d	80d	90d	100d	110d	120d	130d	140d	150d
冀薯6-8	2.19	1.73	1.14	1.07	0.91	0.82	0.68	0.64	0.59
商薯19	3.09	3.91	2.52	1.59	1.79	1.29	0.88	0.65	0.51
徐薯22-5	4.43	4.01	2.25	1.51	1.97	0.79	0.73	0.54	0.45
密选1号	3.01	4.73	4.49	2.64	2.97	2.10	1.09	0.62	0.45
遗字138	5.36	4.84	4.59	3.42	2.45	2.27	1.67	1.49	0.84
徐薯25	2.25	2.06	2.34	1.63	1.54	1.10	0.77	0.67	0.56
冀薯99	2.13	1.13	1.35	0.90	1.00	0.66	0.66	0.60	0.44
京薯6	2.33	2.40	2.41	1.34	1.83	1.07	0.72	0.74	0.65
密薯1号	2.91	3.79	2.14	2.20	2.67	2.84	2.59	1.62	0.64
徐薯18	2.37	3.74	2.49	2.52	2.37	2.39	1.54	0.80	0.78
徐薯23	5.15	2.31	3.71	1.47	2.40	1.12	0.56	0.59	0.59
徐紫1号	3.38	1.28	1.29	1.34	1.08	0.93	0.78	0.57	0.50
紫罗兰	5.46	6.77	6.17	5.07	3.25	1.96	1.60	1.18	0.66

产量居后3位的品种密薯1号、徐薯18、紫罗兰在70~90d，T/R在2.14~6.77之间，均值3.98；在100~120d，T/R在1.96~5.07，均值2.8；在130~150d，T/R在0.78~1.60，均值1.27。其各时期T/R均高于高产品种。

3　结论与讨论

3.1　甘薯茎蔓长势差异与品种的特性有关

在甘薯生长发育前期，茎蔓长势较强的甘薯品种，茎叶的面积较大，增加有效光合作用面积，有利于提高光能的利用率，亦表现出较好的丰产潜力，如冀薯6-8、商薯19。生长中期末，如果茎蔓生长非常旺盛，茎叶虽然增多，过分摄取养分资源，不利于干物质向地下部转移与积累，影响甘薯产量的增加。而茎蔓长势很弱的品种叶面积较小，不利于光合作用，同时不利于甘薯产量的增加。

3.2　薯块鲜重随着生育进程的发展呈增加的变化趋势

在生长前期薯块的重量增加慢，主要是因为光合作用积累的碳水化合物多分配于地上部分。而生长后期，同化产物向块根转移，块根膨大快。到收获时，甘薯产量达到最大。根据本试验获得的产量结果，找到了一个产量达到较高水平、适合在北京地区种植的甘薯品种即冀薯6-8。

3.3　甘薯茎叶生长与块根膨大之间的关系

从本质上讲是光合产物的积累和分配的问题[6,7]，可以用茎叶鲜重与块根鲜重的比值（T/R比值），即地上部和地下部产量的协调关系来表示。T/R比值越大，表明甘薯同化产物分配于茎叶越多；反之，T/R比值越小，则同化产物分配于块根越多。T/R值在甘薯的生长过程中呈下降趋势，其下降的幅度表明光合产物向块根转移的程度，下降幅度大，表明光合产物向块根转移的多。栽后90d的T/R值与薯干产量呈显著的负相关[8,9]。

本试验结果显示，在70～90d，各参试品种T/R均在2.84～3.39之间，均值3.17；茎叶生长较快，块根膨大较慢，同化产物优先分配给地上器官；100～120d，T/R在1.49～2.05，均值1.85，数值减小；茎叶生长放缓，块根迅速膨大，同化产物开始迅速向地下转移；130～150d，T/R在0.59～1.10，均值0.84，茎叶停止生长，块根中干物质积累速度明显变缓，至150d达到最大值。结果表明：高产品种生长前期T/R比值在2.3左右。生长中期T/R值适当下降，块根增长速度加快，T/R比值为1.2左右。收获时的T/R值以0.6左右为宜。

参考文献

[1] 唐君，周志林．国内外甘薯种质资源研究进展［J］．山西农业大学学报（自然科学版），2009，29（5）．

[2] 马代夫，李强．中国甘薯产业及产业技术的发展与展望［J］．江苏农业学报，2012，28（5）：969－973.

[3] 马代夫，李洪民．甘薯育种与甘薯产业发展［J］．中国甘薯育种与产业化，2005：3－10.

[4] 唐龙．北京五十年．北京市统计局编［M］．中国统计出版社，1999：138－140.

[5] 陆漱韵，刘庆昌，李惟基．甘薯育种学［M］．北京：中国农业出版社，1998：64－66.

[6] 史春余，王振林，余松烈．甘薯光合产物的积累分配及其影响因素［J］．山东农业大学学报（自然科学版），2001，32（1）：90－94.

[7] 蒲自国．甘薯高产栽培技术研究［J］．作物杂志，2007，3：90－92.

[8] 丁凡，余金龙，余韩开宗，等．高淀粉甘薯品种绵南薯10号地膜覆盖高产栽培技术研究［J］．作物杂志，2013，6：110－113.

[9] 张真，张光进，厉秀月．扦插密度对迷你型甘薯生长及产量的影响［J］．作物杂志，2007，6：43－44.

该文发表于《北京农业》2014年第33期

专题四

节水节肥与绿色防控技术

磷肥不同用量对京郊小麦产量的影响

毛思帅[1]　周吉红[1]　孟范玉[1]　满　杰[1]　王俊英[1]
佟国香[2]　刘国明[3]　罗军[2]　张泽山[4]
（1. 北京市农业技术推广站，北京　100029；2. 北京市房山区农业科学研究所，
北京　102446；3. 北京市顺义区农业科学研究所，北京　101300；
4. 北京市通州区农业技术推广站，北京　101101）

摘　要：为确定京郊高产麦田适宜施磷量，在氮肥、钾肥投入一致的条件下，设置了5个施磷（五氧化二磷）处理（0、75kg/hm^2、150kg/hm^2、225kg/hm^2、300kg/hm^2），研究其对小麦相关性状及产量的影响。结果表明：底施150kg/hm^2 磷肥的处理产量最高，为6 385.95kg/hm^2，其每公顷产量和穗数分别较对照增加，达5%显著性差异。施用磷肥处理各时期群体（冬前茎、返青茎、起身茎、拔节大茎）增加明显，以150kg/hm^2 磷肥的处理群体增加幅度最大；施磷量对小麦穗部性状、旗叶性状无显著性影响。综合分析，在京郊有效磷含量30mg/kg的中高产田，底施150kg/hm^2 五氧化二磷可获得较高的产量。

关键词：磷肥；小麦；产量；穗数；群体

小麦对磷反应敏感，小麦缺磷根系发育不良，分蘖少，干物质积累少，产量低[1]。科学施用磷肥是小麦增产的一项重要措施。岳松涛[2]在速效磷4.95mg/kg，王立秋[3]在速效磷6.50mg/kg，以及王旭东[4]等在10.51mg/kg土壤条件上的试验结果表明，施用磷肥能显著提高小麦产量。适宜的磷浓度对于光合作用来说是极其重要的，磷浓度过高或过低均不利于光合作用的正常进行[5-6]。

冬小麦麦田土壤速效磷含量差异幅度较大，不同土壤速效磷含量的条件下，小麦高产的适宜施磷量还需进一步研究[1]。前人的研究多集中在土壤速效磷含量10mg/kg以下缺磷的条件下施磷对小麦的影响[2-9]。笔者等对2008—2012年北京市79个高产示范点土壤养分及肥料投入和产量关系分析表明，产量与土壤有机质和速效磷呈正比关系。为了进一步明确磷肥与产量的关系，笔者在北京市郊区0～20cm土层土壤速效磷含量为30mg/kg的中高肥力条件下，进行了不同施磷量对小麦产量影响的研究，以明确京郊小麦高产水平适宜的磷肥用量。

1　材料与方法

1.1　供试材料及试验地

供试小麦（*Triticum aestivum* L.）品种为轮选987，由中国农业科学院作物所选育，2003年通过国家品种审定委员会审定，为北京市主栽品种。

试验于2012—2013年在北京市房山区窦店镇窦店村进行。该地属于暖温带半湿润

半干旱大陆性季风气候，季风气候明显，夏季盛行温暖的偏南风，冬季盛行干冷的偏北风。小麦全生育期日均温为 11.0 ℃（图 1），降水量为 197mm。土壤为沙壤土，0～20cm 土层含有机质 24.8g/kg，全氮 1.3g/kg，碱解氮 94.2mg/kg，有效磷 30mg/kg，速效钾 108.0mg/kg。

1.2 试验设计

在氮肥和钾肥总投入不变（纯氮 150kg/hm^2、氧化钾 60kg/hm^2）的前提下，以不施磷肥为对照 P0（CK），设计 5 磷肥不同用量处理（表 1），3 次重复，共计 15 个小区，小区面积 10m^2。2012 年 9 月 28 日播种，基本苗 420 万/hm^2，磷钾肥全部底施，氮肥底施：追施 =4：6，其他管理同大田生产。

表 1　各种肥料投入及纯养分含量　（kg/hm^2）

处理	肥料投入			养分含量		
	尿素	磷酸二铵	氯化钾	纯氮	五氧化二磷	氧化钾
P0	326.10	0	100.05	150	0	60
P75	262.50	162.90	100.05	150	75	60
P150	198.60	325.80	100.05	150	150	60
P225	134.85	488.70	100.05	150	225	60
P300	70.95	652.05	100.05	150	300	60

1.3 调查指标

在小麦起身期、拔节期、成熟期测定小麦株高。记录小麦冬前茎、返青茎、起身茎、拔节大茎。于小麦开花期测定小麦旗叶叶长、叶宽，计算叶面积。叶面积 = 叶长 × 叶宽 ×0.75。

成熟时随机取样，测定穗长、小穗数。成熟时测定每个小区的产量，同时考察亩穗数、穗粒数、千粒重。

1.4 数据分析

采用 SAS 8.0 软件进行方差分析，其他分析在软件 EXCEL 中进行。

2 结果与分析

2.1 施磷量对小麦产量及产量构成因素的影响

结果表明，不同施磷量对冬小麦产量有显著性影响。施磷条件下，小麦平均产量为 6 222.08kg/hm^2，较对照增产 457.13kg/hm^2，增幅 7.93%，以底施 150kg/hm^2 五氧化二磷的处理产量最高。底施、150kg/hm^2、225kg/hm^2、300kg/hm^2 五氧化二磷的处理较对照增产达显著性差异（$P<0.05$，下同），但三者之间无显著性差异（表 2）。

施磷肥量对穗数影响分析表明，施磷条件下，平均每公顷穗数为 811.46 万，比对照增加 67.16 万，增幅为 9.02%。与对照相比，4 个施磷处理每公顷穗数均显著提高（$P<0.05$）。底施 10kg/亩的磷肥处理下，小麦每公顷穗数最高，但后三者之间无显著

性差异。磷肥施用量对小麦的穗粒数和千粒重无显著性影响（表2）。

表2　不同施磷量下小麦产量及构成因素

施磷量	产量（kg/hm^2）	穗数（万/hm^2）	穗粒数	千粒重（g）
P0	5 764.95 b	744.30 c	25.79 a	30.05 a
P75	5 957.40 ab	790.65 b	25.05 a	30.08 a
P150	6 385.95 a	838.05 a	25.42 a	30.08 a
P225	6 277.80 a	812.40 ab	25.40 a	30.48 a
P300	6 267.15 a	804.75 ab	25.20 a	30.95 a
施磷平均	6 222.08	811.46	25.27	30.40

2.2　施磷量对小麦穗部性状的影响

各处理中，小麦穗长、总小穗数和有效小穗数无显著差异。底施150kg/hm^2的磷肥处理下，小麦穗子较长、总小穗数和有效小穗数最多，产量也最高（表3）。

表3　不同施磷下小麦穗部性状

处理	穗长	总小穗数	有效小穗数
P0	7.41 a	15.75 a	13.33 a
P75	7.41 a	15.67 a	13.11 a
P150	7.42 a	15.89 a	13.44 a
P225	7.32 a	15.78 a	13.44 a
P300	7.30 a	15.67 a	13.33 a
施磷平均	7.36	15.75	13.33

2.3　施磷量对小麦群体变化的影响

施磷量对冬小麦群体有显著性影响。与不施磷肥的对照相比，施磷条件下，小麦的冬前茎、返青茎、起身茎、拔节大茎分别增加106.13万/hm^2、105.00万/hm^2、106.50万/hm^2、45.75万/hm^2，4个施磷处理中，底施五氧化二磷150kg/hm^2的处理冬前茎、返青茎、拔节大茎最高（表4），比对照分别显著增加9.76%、9.81%、10.97%、6.83%，这也是底施五氧化二磷150kg/hm^2的处理穗数最多，产量最高的原因。

表4　不同施磷下小麦群体变化　（万/hm^2）

处理	冬前茎	返青茎	起身茎	拔节大茎
P0	1 936.50 c	1 788.00 c	1 942.50 c	856.50 b
P75	1 963.50 bc	1 812.00 bc	1 972.50 bc	880.50 ab
P150	2 125.50 a	1 963.50 a	2 155.50 a	915.00 a
P225	2 049.00 ab	1 900.50 ab	2 079.00 bc	910.50 a
P300	2 032.50 b	1 896.00 ab	1 989.00 bc	903.00 a
施磷平均	2 042.63	1 893.00	2 049.00	902.25

2.4　施磷量对旗叶性状的影响

各处理间，小麦旗叶长无显著差异。与不施磷相比，施磷条件下，小麦旗叶叶长、叶宽、叶面积有所增加，分别增加0.22cm、0.02cm、0.48cm^2，四个施磷处理，以底施150kg/hm^2 五氧化二磷的处理处理旗叶叶面积为最高（表5）。

表5　不同施磷下小麦旗叶性状

处理	旗叶长（cm）	宽（cm）	叶面积（cm^2）
P0	17.72 a	1.68 a	22.33 a
P75	17.80 a	1.68 a	22.43 a
P150	18.04 a	1.70 a	23.00 a
P225	17.98 a	1.70 a	22.92 a
P300	17.80 a	1.70 a	22.87 a
施磷平均	17.94	1.70	22.81

2.5　施磷量对小麦株高的影响

在起身期、拔节期和成熟期，底施150kg/hm^2 的磷肥处理下，小麦株高最高（图1）。与对照相比，在起身期，底施150kg/hm^2、225kg/hm^2、300kg/hm^2 五氧化二磷的处理株高显著增加，但这三者之间无显著性差异。在拔节期、成熟期，各处理间株高无显著性差异。施磷显著增加了起身期的株高，但对拔节和成熟期的株高无显著性影响，成熟时各处理均株高均与品种本身的特征一致。

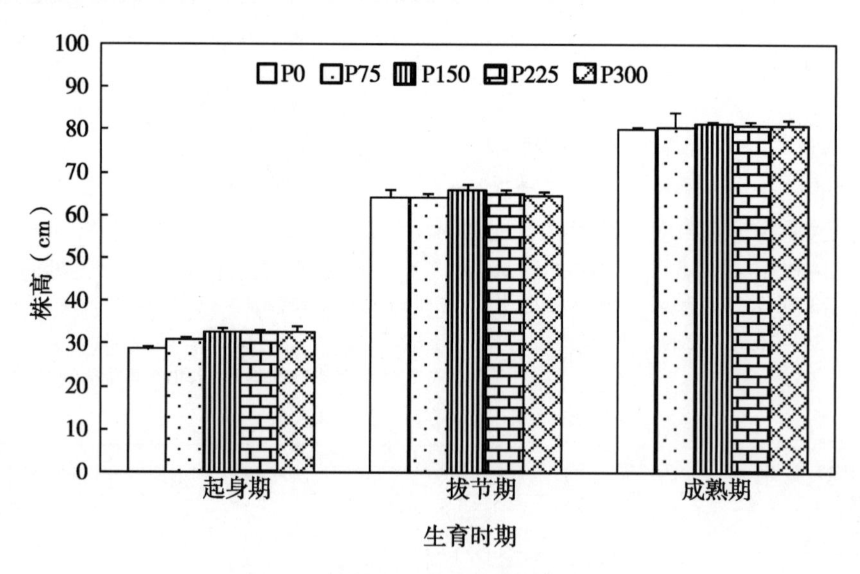

图1　不同施磷下不同生育时期的株高

3　讨论与结论

3.1　讨论

2013 年，小麦返青前持续低温，返青期比常年推迟 5d，6 月 4—10 日，出现连续阴雨的特殊天气，致使有效灌浆时间缩短 10d，千粒重均比常年低 10g 左右。

该试验中，施磷处理小麦平均产量为 6 222.08kg/hm^2，比对照增产 457.13kg/hm^2，增幅 7.93%，施磷提高了小麦籽粒产量，这与前人研究结果一致[4]，但小麦籽粒产量并不完全随施磷量的增加而增加。

本试验的中高肥力地块，以底施 150kg/hm^2 五氧化二磷的产量最高，底施 150kg/hm^2、225kg/hm^2、300kg/hm^2 的磷肥处理间产量无显著性差异。杨胜利[10]研究表明在豫北地区高产田上，180kg/hm^2 的磷肥增产效果最好。这可能与土壤肥力有关。

施磷条件下产量的增加主要是通过单位面积穗数的增加实现的。施磷条件下，平均每公顷穗数为 811.46 万穗，比对照增加 67.16 万穗，增幅为 9.02%。与对照相比，4 个磷肥处理穗数显著提高，以底施 150kg/hm^2 的磷肥处理小麦亩穗数最高。施磷对小麦穗部性状、旗叶性状无显著影响。亩穗数的增加是通过群体的增加实现的，这与前人[11-15]的研究结果一致，因为施磷促进分蘖的发生，显著地增加单位面积穗数。

3.2　结论

综上所述，在北京市郊区有效磷 30mg/kg 的中高产田，施用 150kg/hm^2 五氧化二磷可获得较高的产量。

参考文献

[1]　孙慧敏，于振文，颜红，等. 施磷量对小麦品质和产量及氮素利用的影响 [J]. 麦类作物学报，2006，26（2）：135-138.

[2]　岳寿松，于振文. 磷对冬小麦后期生长及产量的影响 [J]. 山东农业科学，1994（1）：13-15.

[3]　王立秋. 冀西北春小麦高产优质高效栽培研究——氮磷肥对春小麦产量和品质的影响及效益分析 [J]. 干旱地区农业研究，1994，12（3）：8-13.

[4]　王旭东，于振文. 施磷对小麦产量和品质的影响 [J]. 山东农业科学，2003（6）：35-36.

[5]　杨晴，韩金玲，李雁鸣，等. 不同施磷量对小麦旗叶光合性能和产量性状的影响 [J]. 植物营养与肥料学报，2006，12（6）：816-821.

[6]　Daniel RodrõÂguez，F. H. Andrade，J. Goudriaan. Does assimilate supply limit leaf expansion in wheat grown in the field under low phosphorus availability? Field Crops Research，2000，67：227-238.

[7]　杜承林，祝斌，陈小琴，等. 高产小麦对磷的需求与磷肥合理施用研究 [J]. 土壤，1998（5）：239-242，266.

[8]　刘振兴，郭建民，张树林，等. 滦河流域沙区冬小麦合理施肥技术研究 [J]. 麦类作物学报，2003，23（1）：67-70.

[9]　胡田田，李岗，韩思明，等. 冬小麦氮磷营养特征及其与土壤养分动态变化的关系 [J].

麦类作物学报，2000，20（4）：47－50.
[10] 杨胜利，马玉霞，冯荣成，等．磷肥用量对强筋和弱筋小麦产量及品质的影响［J］．河南农业科学，2004（7）：54－57.
[11] 姜宗庆，封超年，黄联联，等．施磷量对小麦物质生产及吸磷特性的影响［J］．植物营养与肥料学报，2006，12（5）：628－634.
[12] 杨晴，韩金玲，李雁鸣，等．不同施磷量对小麦旗叶光合性能和产量性状的影响［J］．植物营养与肥料学报，2006，12（6）：816－821.
[13] 宋永林．不同肥料配比对冬小麦分蘖及成穗影响［J］．北京农业科学，1997，15（4）：20－231.
[14] 张起刚，王化国，杨合法，等．细质沙土增施磷肥对小麦生长及氮素吸收的影响［J］．核农学报，1994，8（3）：159－166.
[15] Rodriguez D，Andrade H F，Goudriaan J. Effects of phosphorus nutrition on tiller emergence in wheat［J］．Plant and Soil，1999，202：283－295.

该文发表于《作物杂志》2015 年 04 期

镇压对小麦发育和产量的影响

朱清兰　张泽山　朱青艳　曹海军　魏　娜　于　雷
（北京市通州区农业技术推广站，北京　101101）

摘　要：镇压是北京地区冬季一种常规的管理措施。它可以增加土壤容重，减少土壤孔隙度，增加表层土壤水分，从而使土壤热容和热导率都增加。镇压后，白天热量下传较快，夜间下层热量上传较多，缓和土壤表层温度日变化。另外，镇压还可以消灭坷垃与土壤裂缝，起到保墒的作用，可防止因风抽造成小麦死亡。通过试验表明：小麦越冬后期镇压，可以降低干土层厚度1～1.5cm，土壤0～60cm土壤含水量增加2%～9.5%，而且随着土层深度的增加，土壤含水量增加的越多。小麦越冬后期镇压，可以提高土壤温度，随着镇压天数推移，作用相对减弱。镇压后5d内，0～10cm温度上升幅度为0.2～2℃. 镇压后10d，0～5cm土壤温度可提升0.5～0.9℃。镇压后小麦亩产367kg，未镇压过的小麦亩产330kg，镇压较不镇压增产37kg，增产11.2%。

关键词：小麦；镇压；产量

1　材料与方法

1.1　试验方法

试验于2013年10月至2014年3月进行，试验设2个处理：越冬后期镇压和不镇压（CK），大区试验，随机选3个点调查作为重复，小区面积50亩。

1.2　供试材料及试验地

试验品种选用小麦品种中麦175。试验安排在通州区农业技术推广站试验基地，土质为黏土，土壤肥力中上等。

1.3　栽培管理

2013年10月1日播种，基本苗39万。底施小麦专用肥50kg，总养分含量45%（N：P：K＝18：22：5），4月5日追施尿素10kg/667m^2，5月3日追施尿素20kg/667m^2。全生育期浇5水，浇水日期：出苗水10月2日，冻水11月20日，返青水4月5日，拔节水5月3日，灌浆水5月29日。春季人工除草，5月25日防治蚜虫。收获期每小区取3m^2有代表性的样段测产。

2　结果与分析

2.1　生育期调查

通过表1可以看出，镇压与未镇压对小麦的生育期没有影响。

2.2　群体动态变化

从表2可以看出，由于播种较晚，冬前分蘖不多，2个处理的冬前茎数没有明显差异。从返青茎可以看出，经过压麦后小麦越冬好，冬季没有死苗死茎现象发生，未压麦的处理返青茎有死苗现象发生，死茎率为2.5%，致使小麦亩穗数略低，比压麦处理的45.5万/667m² 低2万/667m²。通过镇压可以防止小麦越冬期死苗[1]，从而提高春季各时期的群体发育，为提高亩穗数奠定了很好的物质基础。

表1　小麦生育期调查　（月．日）

处理	播种期	出苗期	越冬期	返青期	起身期	拔节期	抽穗期	开花期	成熟期
镇压	10.10	10.17	12.23	3.19	4.12	4.26	5.15	5.20	6.20
未镇压	10.10	10.17	12.23	3.19	4.12	4.26	5.15	5.20	6.20

表2　群体动态调查

处理	基本苗（万/667m²）	冬前茎（万/667m²）	返青茎（万/667m²）	起身茎（万/667m²）	拔节大茎（万/667m²）	亩穗数（万/667m²）
镇压	39.0	63.0	65.0	81.0	65.0	45.5
未镇压	39.0	62.8	58.5	70.0	56.0	43.5

2.3　个体性状变化

越冬期、返青期、起身期、拔节期、开花期、灌浆期分别对株高、单株分蘖、叶面积及地上部干重进行了调查，结果见表3。

不同时期的调查结果均显示，镇压之后的小麦个体发育好，不论株高、叶面积、单株干物重都要比没有镇压的小麦单株性状表现好。

表3　个体性状调查

生育时期	处理	株高（cm）	单株分蘖（个）	次生根（条）	叶面积系数	单株鲜重（g）	单株干重（g）
越冬期	镇压	18.10	0.90	2.80	1.19	0.69	0.14
	未镇压	17.24	0.80	2.30	0.94	0.45	0.09
返青期	镇压	0	1.70	2.40	0	0.60	0.11
	未镇压	0	1	2.30	0	0.44	0.09
起身期	镇压	18.90	2.20	10.40	2.27	1.72	0.30
	未镇压	14.80	1.90	7.60	1.65	1.28	0.23
拔节期	镇压	43.90	2.70	14.00	11.29	6.51	0.78
	未镇压	39.20	2.50	12.00	8.51	6.48	0.76
开花期	镇压	82.20	1.20	11.40	7.72	9.80	1.90
	未镇压	80.42	1.80	8.40	7.41	7.60	1.90
灌浆期	镇压	74.70	1.50	12.20	8.53	10.90	2.60
	未镇压	70.10	1.70	11.50	7.20	8.10	2.00

从表4可以看出，灌浆期叶片长宽及节间长度，压麦的都比未压的长。

表4　灌浆期叶片、节间长度调查

处理	灌浆期各叶片长宽（cm）									
	一叶		二叶		三叶		四叶		五叶	
	长	宽	长	宽	长	宽	长	宽	长	宽
压麦	11.0	0.7	18.0	0.9	23.5	1.2	21.6	1.2	22.4	1.2
未压	9.7	0.7	15.5	0.9	19.7	1.2	20.0	1.3	20.5	1.2

	灌浆期节间长度（cm）				
	一节	二节	三节	四节	五节
压麦	5.2	9.7	12.7	19.0	22.7
未压	3.2	7.8	12.0	18.9	22.3

2.4　产量结果分析

成熟期定点取出10株有代表性的植株测定株高、穗粒数，称量千粒重计算理论产量。同时每个小区取3m² 小麦植株计算小区产量并折算出每667m² 产量，考种测产结果见表5。

从表5可以看出，压麦的分蘖、穗长都比未压的多。实际测产压麦的667m² 产量367kg，比对照未压的330kg增产37kg，增产率为11.2%。

表5　考种及测产结果

处理	主茎穗（个）	分蘖穗（个）	穗长（cm）	总小穗数（个）	不孕小穗数（个）	穗粒数（个）	千粒重（g）	穗数（万/667m²）	667m² 产量（kg）
压麦	10.0	9.0	7.7	16.2	1.2	32.1	30.4	45.5	367.0
未压	10.0	6.0	6.6	15.5	1.3	30.2	30.0	43.5	330.0

2.5　土壤水分调查

受冬季气候影响镇压当天土壤冻结没有测量土壤含水量，镇压5d、10d后气温有所回升，分别对镇压和未镇压处理进行了土壤水分调查。镇压5d后的干土层是1.5cm，没镇压的干土层是3cm，干土层降低了1.5cm；镇压后10d干土层由1.5cm降低到1cm，0～20cm、20～40cm、40～60cm三层的土壤含水量均高于未镇压的处理。由此可见通过镇压管理，增加了土壤容重、减少土壤孔隙度，降低干土层厚度，使表层土壤水分增加，达到了提墒的作用，这与王俊英、季书勤[2]等人的研究观点一致，见表6。

表 6　土壤相对含水量

内容	处理	干土层（%）	0～20cm（%）	20～40cm（%）	40～60cm（%）
镇压后 5d	压麦	1.5	25.0	25.0	29.9
	未压	3.0	22.0	20.5	20.5
镇压后 10d 后	压麦	1.0	22.0	25.0	25.0
	未压	1.5	20.5	22.0	25.0

2.6　地温变化（表7）

镇压当天、镇压后 5d、10d 分 3 个时间段分别对 0～5cm、5～10cm、10～15cm、15～20cm 土壤地温进行了调查，从表 7 可以看出，土壤的温度在 0～15cm 内是随着深度的增加而逐渐下降的，至 15～20cm 后温度反而上升，比 10～15cm 温度略高。

表 7　地温变化（℃）

	处理	8 时（℃）					12 时（℃）					16 时（℃）				
		地表温度	0～5cm	5～10cm	10～15cm	15～20cm	地表温度	0～5cm	5～10cm	10～15	10～20cm	地表温度	0～5cm	5～10cm	10～15cm	15～20cm
镇压当天	压麦	0.8	−1.0	−1.0	−2.0	−1.2	19.0	10.0	3.0	−0.3	0.3	24.0	12.0	9.0	−1.0	1.2
	未压	0.8	−1.0	−1.0	−2.0	—	19.0	10.0	2.0	0	—	24.0	10.0	8.2	0	—
镇压后 5d	压麦	8.0	1.0	0	−0.5	−0.2	29.0	14.0	7.0	0	0.5	22.0	14.0	7.0	0.0	0.2
	未压	8.0	0.8	0	−1.4		29.0	13.0	5.0	1	—	22.0	13.0	7.0	0.2	—
镇压后 10d	压麦	5.0	1.0	0	−1.5	−0.4	24.5	14.0	7.0	1	1	17.0	12.0	7.0	2.0	1.0
	未压	5.0	−0.1	−0.2	−0.1	—	24.5	14.0	7.0	2	—	17.0	11.5	8.0	2.5	—

镇压后对地表温度没有影响。通过对早、中、晚 3 次测量，可以看出：镇压后不同天数对温度影响主要是受当天气候影响。镇压当天，早上温度没有变化，12:00 时至 16:00 时测量，0～10cm 地温随着深度增加温度上升幅度逐渐降低，比不镇压处理高 0.8～2℃，到 10～15cm 温度下降了 0.3～1℃。

镇压后 5d，从 8:00 时到 4:00 时 0～10cm 温度有所提升，上升幅度为 0.2～2℃；到 10～15cm 反而下降，下降 0.2～1℃。

镇压后 10d，8:00 时 0～10cm 温度均有所提升，10～15cm 反而下降。中午 12:00 时 0～10cm 温度没变化，10～15cm 温度下降。16:00 时 0～5cm 温度上升，5～15cm 温度下降。由此可见镇压后 10d，随着土壤深度的增加，温度呈下降趋势。土层越深，温度下降得越快，通过镇压可提升 0～5cm 土壤温度，提高幅度为 0.5～0.9℃。

3　结论

3.1　镇压 5d 后的干土层是 1.5cm，没镇压的干土层是 3cm，干土层降低了 1.5cm；镇压后 10d 干土层由 1.5cm 降低到 1cm。0～20cm、20～40cm、40～60cm 三层的土壤含水量均高于未镇压的处理。由此可见通过镇压管理，增加了土壤容重、减少了土壤孔隙度，可降低干土层厚度，使表层土壤水分增加，达到了提墒的作用。

3.2　小麦越冬后期镇压。对地表温度没有影响，但可以提高下层土壤温度。随着镇压天数的增多，作用相对减弱。镇压后 5d 内，0 ~ 10cm 土壤温度有所提升，上升幅度为 0.2 ~ 2℃。镇压后 10d，0 ~ 5cm 土壤温度可提升 0.5 ~ 0.9℃。

3.3　镇压后 667m^2 小麦单产 367kg，比对照未压的 330kg 增产 37kg，增产率为 11.2%。

3.4　以上数据仅为一年的试验结果，还有待于进一步试验验证。

参考文献

[1]　赵广才，王崇义．小麦（中国种植业优质高产技术丛书）[M]. 湖北：湖北科学技术出版社，2003.

[2]　王俊英，季书勤，徐芳．华北平原秋播优质小麦节水栽培 [M]. 北京：中国农业科学技术出版社，2010.

新型植保药械在小麦蚜虫防治中应用效果评价

王俊伟　贾峰勇　张　梁　董　杰　张金良　杨建国
（北京市植物保护站，北京　100029）

摘　要：2014 年 5 月在北京市顺义区开展了 2 种新型植保药械田间应用效果评价。其中采用了 2 种新型植保药械施药，通过调查、比较，对其田间应用效果做出评价。旋翼无人施药机和自走式喷杆喷雾机对小麦蚜虫的平均防效分别为 94.7%、84.3%；作业效率分别为 6.77hm^2、1.44hm^2；旋翼无人施药机在小麦上层具有较高的药液沉积，自走式喷杆喷雾机在小麦中、下层具有较高的药液沉积。

关键词：小麦蚜虫；旋翼无人施药机；自走式喷杆喷雾机；防效；雾滴密度；作业效率

北京市 2013 年小麦病虫害发生面积 11.69 万 hm^2 次，造成损失 3 535t。其中，小麦蚜虫发生面积较大，由其引起的损失占总损失的 39.27%。对于小麦病虫害的化学防治，组织化程度较低的农民仍采用传统的背负式喷雾器施药。该施药方式用药量、用水量较大，漏喷现象严重，防治效果、作业效率较低，并且施药人员与农药接触几率高，接触时间长，作业安全性缺少保障[1]。而新型药械的研发与应用为此提供了支持：旋翼无人施药机作业不受地理环境、作物高度、作物生长期等因素的制约，旋翼产生的向下气流有助于增加农药雾滴的穿透性，提高农药利用[2-4]；自走式喷杆喷雾机可减少机械在行走中对小麦的碾压损伤，其可调节的轮距与喷雾高度能较好地适应小麦作物不同生育期主要病虫害的施药作业需求。2014 年 5 月，将上述两种药械应用于北京市小麦蚜虫防治，以常规药械电动背负式喷雾器施药作业作为对照，从小麦不同冠层雾滴密度，施药作业对蚜虫的防效，作业效率等方面进行了应用效果评价。

1　材料与方法

1.1　试验材料

该试验设 3 种药械施药处理，每 667m^2 使用 20% 三唑酮乳油 50ml + 10% 吡虫啉可湿性粉剂 30g + 4.5% 高效氯氰菊酯乳油 40ml。旋翼无人施药机（WSZ-2410 型 24 旋翼无人机，山东卫士植保机械有限公司）作业对水量为 2×10^3ml，自走式喷杆喷雾机（3WX-280H 型，北京丰茂植保机械有限公司）作业对水量为 15.6×10^3ml，电动背负式喷雾器（3WBD-16L 型，台州路桥绿土地植保机械有限公司）作业对水量为 54×10^3ml。调查工作包括雾滴测试卡（中国农科院植保所）、秒表、米尺、高度记录仪等，雾滴检测软件为 DepositScan。

1.2　试验方法

1.2.1　小麦蚜虫的防效调查　在北京市顺义区的麦田设置试验区，分为旋翼无人施药机作业区（长 100m，宽 10m），自走式喷杆喷雾机作业区（长 100m，宽 8m），电动背负式喷雾器作业区（长 100m，宽 6m），对照区（长 100m，宽 6m）。在每个作业区内随机 5 点取样，每点选择 20 株小麦进行调查。在 2014 年 5 月小麦生长中后期施药，分别调查施药前和施药后第 1d、3d、7d、13d 小麦上的蚜虫活虫数。根据虫口减退率计算出不同药械施药防治小麦蚜虫的效果。

$$\text{虫口减退率（\%）}=\frac{\text{施药前虫口数量}-\text{施药后虫口数量}}{\text{施药前虫口数量}}\times 100$$

$$\text{防治效果（\%）}=\frac{\text{处理区虫口减退率}-\text{对照区虫口减退率}}{1-\text{对照区虫口减退率}}\times 100$$

1.2.2　小麦植株不同位置处雾滴密度检测　每个作业区内设 3 行采样带作为 3 次重复，每行间距为 20m，每条采样带均在对应植保机械作业中心线处设一布置点，并在喷幅范围内以该点为中心，左右相距 2m 处各设一布置点。在布置点小麦植株的上、中、下冠层分别放置 1 张雾滴测试卡，用于检测相应位置的雾滴密度。每种供试药械调整到最佳喷雾作业状态时，沿作业区中心线开始喷雾作业。作业后收集各点的雾滴测试卡进行数据分析。

1.2.3　不同药械作业效率评价　测定不同药械完成相应作业面积所用时间，计算作业效率，每组测试 3 次重复。

1.2.4　试验数据统计分析　使用 DPS 数据处理系统（v14.5）对所得到的各项试验数据进行方差分析，验证试验数据的差异显著性，对不同水平下呈现显著性的处理组合，进行 Duncan 新复极差法多重比较，评价出最优处理（组合）[6]。

2　试验结果

2.1　对小麦蚜虫防治效果

经调查，旋翼无人施药机在施药后 13d 内平均防效为 94.7%，比自走式喷杆喷雾机、电动背负式喷雾器分别高出 10.4、11.7 百分点，效果较好。而药后 1d 旋翼无人施药机处理即达到 79.9% 的防效，见效迅速，明显高于同期另两种药械施药处理的防效（表 1）。施药时小麦处于生长中、后期。此时主要是麦长管蚜在小麦穗部为害。旋翼无人施药机较高的防治效果应与该药械施药作业在小麦上层具有较高的药液雾滴沉积有一定关系。

表 1　不同植保药械施药作业对小麦蚜虫的防治效果

药械	药前虫口数量（头）	药后 1d		药后 3d		药后 7d		药后 13d		平均防效（%）
		虫口数量	防效（%）	虫口数量	防效（%）	虫口数量	防效（%）	虫口数量	防效（%）	
旋翼无人施药机	468	88	79.9	4	99.6	9	99.3	2	99.8	94.7
自走式喷杆喷雾机	451	228	46.0	19	98.2	50	95.9	30	97.2	84.3
电动背负式喷雾器	333	190	39.0	9	98.9	6	99.3	41	94.8	83.0
对照区	637	596	—	1 500	—	1 720	—	1 506	—	—

注：各药械均喷施 20% 三唑酮乳油 50mL/667m^2 +10% 吡虫啉可湿性粉剂 30g/667m^2 +4.5% 高效氯氰菊酯乳油 40mL/667m^2；表中虫口数量是各作业区 100 株小麦上的蚜虫活虫数总和

2.2 药械作业在小麦不同位置处雾滴密度

与电动背负式喷雾器相比，旋翼无人施药机和自走式喷杆喷雾机作业在小麦不同位置均具有较高的雾滴沉积（表2）。三者中，旋翼无人施药机作业处理后小麦上层具有最高的雾滴密度，自走式喷杆喷雾机作业处理后小麦中、下层具有最高的雾滴密度。另外，调查时观察小麦叶片正、反面的雾滴分布情况发现，小麦叶片正面，两种新型药械作业后雾滴明显密于电动背负式喷雾器；小麦叶片反面，3 种药械作业后雾滴密度接近。应依据小麦病虫害的发生位置而选择适合的药械。

表2　不同药械在小麦生长中后期田间施药作业效果比较

处理	植株冠层雾滴密度（个/cm^2）			作业效率（m^2/min）	单次最大作业效率（hm^2）
	上层	中层	下层		
旋翼无人施药机	558.0A	255.5A	104.3B	1667	6.77
自走式喷杆喷雾机	437.6AB	327.1A	282.7A	400	1.44
电动背负式喷雾器	235.7B	163.2A	96.4B	20	0.06

注：雾滴密度为同一采样带上的不同布置点的同一冠层上雾滴密度总和的平均值

2.3 药械作业效率

经测定，旋翼无人施药机、自走式喷杆喷雾机、电动背负式喷雾器 1min 分别可完成 1 667m^2、400m^2、20m^2的施药作业（表2）。对 3 种药械单次作业面积进行分析，旋翼无人施药机单组电池可支持作业 10.15min，通常配有 4 组电池，则单次作业面积可达 6.77hm^2。自走式喷杆喷雾机满箱药液可喷洒 35.9min，作业面积为 1.44hm^2。电动背负式喷雾器满箱药液约可喷洒 30min，作业面积 0.06hm^2。旋翼无人施药机具有较高的作业效率，单次最大作业面积是其他两种药械的 4.7 倍和 112.8 倍。

3 小结

综上所述，与电动背负式喷雾器相比，旋翼无人施药机与自走式喷杆喷雾机在小麦一喷三防的田间应用中具有较好的效果。其中，旋翼无人施药机适用于小麦上层病虫害的施药作业，对于小麦蚜虫具有较高的防治效果与作业效率；自走式喷杆喷雾机对于小麦蚜虫的防治效果与作业效率低于旋翼无人施药机，但更适用于小麦中层、下层的病虫害施药作业。

旋翼无人施药技术相对于常规地面施药技术具有较好的田间应用效果，并且实现了人、机分离，减少了施药人员与农药的接触，保障了施药人员的安全，具有推广价值。本试验比较了 3 种药械应用于小麦蚜虫防治的效果，但对于不同植保药械的成本核算、机械性能稳定性等方面还需要进一步研究。

参考文献

[1] 耿爱军，李法德，李陆星．国内外植保机械及植保技术研究现状［J］．农机化研究，2007，4：189－191.

[2]　吴小伟，茹煜，周宏平．无人机喷洒技术的研究［J］．农机化研究，2010，7（7）：224－228.
[3]　宋宇．无人直升机植保技术研究进展［J］．现代农业科技，2013（3）：136－138.
[4]　龚艳，傅锡敏．现代农业中的航空施药技术［J］．农业技术装备，2008，34（6）：26－29.
[5]　闻昇．3WX-280G 型自走式高秆作物喷杆喷雾机［J］．农业知识，2011，13：36－37.

该文发表于《中国植保导刊》2015 年第 4 期

新型杀菌剂防治小麦赤霉病试验研究

解春源　佟国香　罗　军　张　婷
（房山区农业科学研究所，北京　102425）

摘　要：为选择出安全高效的小麦赤霉病防治药剂品种，设置了应用 20% 三唑酮乳油、70% 戊唑醇水分散粒剂、50% 多菌灵可湿性粉剂、25% 氰烯菊酯悬浮剂几种新型杀菌剂对小麦赤霉病的田间防效试验，在相同管理水平下与清水防治的小麦进行对比。结果表明：①在参试的几个药剂中防治效果最好的是 25% 氰烯菊酯悬浮剂。②在相同的管理条件下，产量最高的是 25% 氰烯菊酯悬浮剂处理为 $564kg/667m^2$，比对照清水处理的 $532kg/667m^2$ 增产 6%；其次是 50% 多菌灵可湿性粉剂为 $544kg/667m^2$，增产 2.3%；20% 三唑酮乳油、70% 戊唑醇水分散粒剂则与对照差异不显著。总的来看，参试药剂对小麦赤霉病都具有良好的防治效果，效果最好的是 25% 氰烯菊酯悬浮剂。

关键词：小麦；赤霉病；防治；杀菌剂

小麦赤霉病是对小麦生产威胁最大的真菌病害之一，赤霉病是我国小麦的主要病害，随着小麦产量水平的不断提高，田间种植密度增大，施肥水平提升，赤霉病发生为害程度也日趋严重，对小麦高产稳产构成严重威胁。近年来，小麦赤霉病防治技术主要包括抗病育种、药剂防治、生物防治及其他防治措施等[1]。目前，生产上在不能完全利用抗病品种控制赤霉病的情况下，药剂防治就成了大面积控制小麦赤霉病流行的关键技术措施。本试验的设置是为了选择出安全高效的药剂品种，为以后推广应用提供依据。

1　材料与方法

1.1　试验材料、地点

试验供试药剂有 20% 三唑酮乳油、70% 戊唑醇水分散粒剂、50% 多菌灵可湿性粉剂、25% 氰烯菊酯悬浮剂 4 种，小麦品种为轮选 987。试验安排在窦店镇窦店村 6 农场，前茬青贮玉米，土壤经过翻耕、重耙、旋耕后平整细碎，上虚下实。试验地土壤肥力情况见表 1。

表 1　窦店 6 农场土壤基础五项指标

地点	土壤有机质（g/kg）	土壤全氮（g/kg）	土壤碱解氮（mg/kg）	土壤有效磷（mg/kg）	土壤速效钾（mg/kg）
窦店村 6 农场	21.8	1.871	106	31.4	147

1.2　试验设计

试验处理为 20% 三唑酮乳油、70% 戊唑醇水分散粒剂、50% 多菌灵可湿性粉剂、

25%氰烯菊酯悬浮剂各喷施防治 20 000m²，以清水空白防治 13 340m² 为对照，各处理随机选 3 个点调查作为 3 次重复，其他管理与大田生产相同。

1.3　田间管理

2014 年 10 月 1 日播种，整地前施底肥复合肥 50kg/667m²，播种时施用磷酸二铵 10kg/667m²，基本苗控制在 30 万/667m² 左右。拔节期追施尿素 15kg，灌浆期喷施磷酸二氢钾 2 次。灌水次数和时间：冻水 11 月 25 日，春季灌返青水、拔节水、开花水及灌浆水。3 月 25 日除草；4 月 20 日防治蚜虫；5 月 6 日进行喷洒不同品种药剂试验。

1.4　测定项目与方法

1.4.1　*生育进程*　播期、出苗期、三叶期、分蘖期、越冬期、返青期、起身期、拔节期、抽穗期、开花期、成熟期、收获期、全生育期等。

1.4.2　*群体指标*　出苗后定点、定期调查基本苗、冬前茎、返青茎、最高茎、拔节期总茎数、拔节期大茎数、亩穗数。

1.4.3　*后期调查单株性状*　灌浆速率，灌浆期植株基部第一、第二节间长。

1.4.4　*测产*　每个处理选 3 个点，用金属框随机收获 1m²，收获后测定不同处理的亩穗数，脱粒后测定千粒重和 1m² 的产量。根据取样测定结果进行方差分析，比较处理之间的差异情况。

1.4.5　*考种*　每个处理取 3 个固定样点，调查不同品种药剂处理植株的穗部性状，单株性状，计算穗粒数。

2　结果与分析

2.1　生育进程和群体变化情况

不同品种药剂处理的生育进程及群体情况是一致的，因为喷药不改变小麦本身的生育进程和群体状况，具体生育期和群体变化情况见表 2 与表 3。

表 2　不同品种药剂处理试验的生育进程　　（单位：月/日）

出苗期	越冬期	返青期	起身期	拔节期	抽穗期	开花期	成熟期	生育期（d）
10/8	12/5	3/5	3/29	4/13	4/30	5/6	6/15	259

表 3　不同品种药剂处理试验的群体变化

基本苗	冬前茎	冬季死苗死茎率（%）	起身茎	拔节总茎	拔节大茎	穗数	分蘖成穗率（%）
30.2	124.7	0	152.6	137.4	78.3	58.7	38.5

2.2　不同品种药剂处理的防治效果

不同品种药剂处理的防治效果见表 4。通过表 4 的数据可以看到：在不同品种药剂处理 7d 后病情指数开始下降，防治效果最好的是 25% 氰烯菊酯悬浮剂，而空白清水处理的病情指数在上升；防治 15d 药剂处理后的病情指数下降较快，防治效果最好的还是 25% 氰烯菊酯悬浮剂。综合调查数据来看在本次试验中新型杀菌剂防治小麦赤霉病效果最好的是25%氰烯菊酯悬浮剂，其次是25%氰烯菊酯悬浮剂，70%戊唑醇水分散粒剂与20%三唑酮乳油防治效果相当。

表4　新型杀菌剂防治小麦赤霉病效果

处理	重复	防治前		防治后7d				防治后15d			
		病叶率（%）	病指	病叶率（%）	病指	防效（%）	平均防效（%）	病叶率（%）	病指	防效（%）	平均防效（%）
20%三唑酮乳油	1	3.22	2.62	4.71	2.49	34.85		5.71	1.79	70.49	
	2	3.38	2.79	5.28	2.68	34.15	39.931	6.28	1.68	74.00	74.339
	3	3.57	3.58	4.34	2.57	50.79		5.34	1.78	78.53	
70%戊唑醇水分散粒剂	1	4.08	3.38	5.51	3.13	36.52		6.51	2.18	72.15	
	2	3.52	3.71	5.22	3.48	35.70	35.337	6.22	2.27	73.58	72.116
	3	3.68	3.22	4.83	3.11	33.79		5.83	2.19	70.63	
50%多菌灵可湿性粉剂	1	3.87	3.83	4.87	3.37	39.68		5.87	1.91	78.46	
	2	4.31	3.52	6.28	3.21	37.49	39.523	7.28	2.11	74.11	77.071
	3	5.11	3.72	6.09	3.18	41.40		7.09	1.84	78.64	
25%氰烯菊酯悬浮剂	1	5.53	3.87	4.37	3.11	44.91		5.37	1.48	83.48	
	2	3.24	4.38	4.78	3.28	48.67	47.523	5.78	1.44	85.80	85.361
	3	5.33	4.22	5.32	3.14	48.99		6.32	1.29	86.80	
空白（清水）	1	3.58	3.71	8.87	5.68			9.87	8.44		
	2	5.77	4.78	7.83	5.41			8.83	9.32		
	3	5.31	3.29	9.41	6.02			10.41	9.64		

2.3　不同品种药剂处理的单株性状

不同品种药剂处理的单株性状见表5，通过表5的数据可以看到：在前期管理相同的条件下，不同品种药剂的处理株高、第一茎节长、第二茎节长相同，说明在抽穗扬花期进行赤霉病防治不影响小麦的植株性状；各处理的穗长与总小穗数相差不大，但不孕小穗以清水空白处理最多，其余各品种药剂相近，说明药剂防治赤霉病效果主要体现在防止不孕小穗的增加，对穗部的其他性状影响较小。

表5　不同拌种处理的单株性状

处理	株高（cm）	基部第1茎节长（cm）	基部第2茎节长（cm）	穗长（cm）	总小穗数（个）	不孕小穗数（个）
20%三唑酮乳油	85.3	6.7	9.4	8.6	17.8	2.9
70%戊唑醇水分散粒剂	85.3	6.7	9.4	8.7	18.1	2.7
50%多菌灵可湿性粉剂	85.3	6.7	9.4	8.7	18.1	2.7
25%氰烯菊酯悬浮剂	85.3	6.7	9.4	8.7	18.3	2.5
空白（清水）	85.3	6.7	9.4	8.6	17.8	3.5

2.4　不同品种药剂处理的产量及三要素

不同品种药剂处理的产量三要素见表6，不同药剂喷药处理是从5月6日开始，因此亩穗数相同均为58.7万/667m^2；穗粒数和千粒重最高的是25%氰烯菊酯悬浮剂处理的为28.5粒和39.6g，其他处理的穗粒数和千粒重与对照相当。由此可以看到预防赤霉病效果最好的是25%氰烯菊酯悬浮剂，其次是50%多菌灵可湿性粉剂。通过表5的数据还可以看到：25%氰烯菊酯悬浮剂处理与其他处理间产量差异极显著，其他处理则相互间差异不显著。

表6　不同药剂处理的产量三要素

药剂品种	穗数（万/667m^2）	穗粒数（粒）	千粒重（g）	产量（kg/667m^2）
20%三唑酮乳油	58.7	27.4	39.2	535.9b
70%戊唑醇水分散粒剂	58.7	27.5	39.2	537.9b
50%多菌灵可湿性粉剂	58.7	27.8	39.2	543.7b
25%氰烯菊酯悬浮剂	58.7	28.5	39.6	563.1a
空白（清水）	58.7	27.3	39.1	532.6b

产量最高的是25%氰烯菊酯悬浮剂处理，为563.1kg/667m^2，比对照空白清水处理的532.6kg/667m^2增产5.7%；其次是50%多菌灵可湿性粉剂，为544kg/667m^2，增产2.1%；20%三唑酮乳油、70%戊唑醇水分散粒剂的产量与对照相差不大，说明25%氰烯菊酯悬浮剂在抽穗至扬花期喷施能较好地预防赤霉病的发生，从而获得较高的产量。

3　结果与讨论

3.1　经过本次试验筛选，新型杀菌剂防治小麦赤霉病效果最好的是25%氰烯菊酯悬浮剂，其次是25%氰烯菊酯悬浮剂，70%戊唑醇水分散粒剂与20%三唑酮乳油防治效果相当。

3.2　试验中产量最高的是25%氰烯菊酯悬浮剂处理为563.1kg/667m^2，比对照空白清水处理的532.6kg/667m^2增产32kg，增产5.7%；其次是50%多菌灵可湿性粉剂为544kg/667m^2，增产2.1%。25%氰烯菊酯悬浮剂处理与其他处理间产量差异极显著，其他处理相互间产量差异不显著。

3.3　由于试验当年5月初干旱少雨，可能使参试药剂的特性未能充分地表现，需要进一步的试验进行验证。

参考文献

［1］　张洁，伊艳杰，王金水，等．小麦赤霉病的防治技术研究进展［J］．中国值保导刊．2014，34（1）：24－28.

基于 DNA 条形码技术的常见赤眼蜂种类识别

岳　瑾[1]　董　杰[1]　张桂芬[2]　王品舒[1]
乔　岩[1]　张　宁[3]　张金良[1]　袁志强[1]
（1. 北京市植物保护站，北京　100029；2. 中国农业科学院植物保护研究所，
北京　100193；3. 北京市密云县植保植检站，北京　101500）

摘　要：以螟黄赤眼蜂、玉米螟赤眼蜂、松毛虫赤眼蜂密云品系、松毛虫赤眼蜂沈阳品系为标定物，采用 DNA 条形码技术，通过对线粒体 DNA *coi* 基因片段约 680 bp 碱基序列的测序及比对分析，邻接法构建系统发育树，对采自于密云县田间的分别寄生于杨扇舟蛾和玉米螟的赤眼蜂进行了分子检测。结果表明，已知 4 种赤眼蜂与松毛虫赤眼蜂的 *coi* 基因同源性均达 99%，且系统发育分析结果显示，都聚为一类，密云杨扇舟蛾 – 2013 （MYYS – 001）、密云杨扇舟蛾 – 2012 （MYYS – 002）、密云玉米螟 – 2013 均为松毛虫赤眼蜂。

关键词：赤眼蜂；DNA 条形码；种类识别

赤眼蜂是近年来应用广泛的一类卵寄生性天敌产品，广泛用于防治玉米、水稻、甘蔗、棉花、蔬菜和松树的鳞翅目害虫。北京市密云县从 20 世纪 90 年代就开始繁育和释放赤眼蜂，至今北京市每年定期在 9 个区县开展统一放蜂行动，主要用于防治玉米螟。为验证本市繁蜂种蜂、田间防治优势蜂的赤眼蜂具体种类，特开展了本试验。

本研究针对赤眼蜂体型微小，不同种类赤眼蜂间体型相似，非专门从事赤眼蜂分类人员难以快速准确识别的问题，采用 DNA 条形码技术，通过对线粒体 DNA*coi* 基因片段约 680 bp 碱基序列的测序及比对分析，邻接法构建系统发育树，实现了快速准确鉴别不同种类赤眼蜂的目的。另外，本研究在密云县田间选取了分别寄生于杨扇舟蛾（繁育种源）和玉米螟（防治对象）中的 3 种未知赤眼蜂，采用 DNA 条形码技术鉴定比对，以求证密云地区生物防治玉米螟的松毛虫赤眼蜂的种类，为本市赤眼蜂的采种、繁殖和防治提供一定的技术支持，为进一步开展松毛虫赤眼蜂生物防治技术应用奠定了基础。

1　材料与方法

1.1　供试虫源

已知种赤眼蜂玉米螟赤眼蜂、松毛虫赤眼蜂（密云品系、沈阳品系）、螟黄赤眼蜂，分别由北京市农林科学院植保环保研究所、北京市密云县植保站以及河北省农林科学院旱作农业研究所提供。

未知种赤眼蜂均采自密云，寄主分别为杨扇舟蛾和玉米螟，依据采集地点和寄主种

类，分别编号为密云杨扇舟蛾 - 2013（MYYS - 001）、密云杨扇舟蛾 - 2012（MYYS - 002）、密云玉米螟 - 2013（MYYMM - 001）。

1.2　主要试剂

DNA 提取试剂主要包括蛋白酶 K（美国 Amresco 公司生产）、乙二胺四乙酸钠（Na_2EDTA）（≥99.0%，美国 Amresco 公司生产）、三羟甲基氨基甲烷（Tris）（≥99.5%，美国 Amresco 公司生产）、十二烷基磺酸钠（SDS）（98.5%，美国 Amresco 公司生产）、预冷无水乙醇（≥99.7%，北京化工厂生产）、氯化钠（超级纯）（北京华益化工有限公司生产）、氯仿（99.9%，北京化工厂生产）、异戊醇（98.5%，北京华益化工有限公司生产）；PCR 反应试剂主要包括 DNA 条形码通用型引物（上海生工生物技术有限公司合成）、*Taq* DNA 聚合酶（北京全式金生物技术有限公司生产）、dNTP（北京全式金生物技术有限公司生产）、10 × buffer（北京全式金生物技术有限公司生产）等、ddH_2O（100%，北京先领时代科技有限公司）；琼脂糖凝胶电泳所用试剂主要包括琼脂糖（美国 Amresco 公司生产）、分子量标准（BM2000 Marker，北京博迈德生物技术有限公司生产）、Gold view 染色剂（美国 Amresco 公司生产）、TBE（Tris 硼酸电泳缓冲液）（5 ×贮存液：54.0g Tris、57.1g 硼酸、20mL0.5mol/L EDTA，pH = 8.0，溶解在 1000 mL 超纯水中，工作液为贮存液的 10 倍稀释液）、上样缓冲液（0.25% 溴酚蓝、40%（W/V）蔗糖水溶液）。

1.3　主要仪器设备

主要仪器设备包括 PCR 仪（美国 Bio - Rad 公司生产）、高速低温离心机和普通离心机（德国 Sigma 公司生产）、恒温水浴锅（日本 Sanyo 公司生产）、电泳仪及水平电泳槽（美国 Bio - Rad 公司生产）、凝胶成像系统（GelDoc Universal Hood II 型，美国 Bio - Rad公司生产），以及 4℃、- 20℃、- 70℃冰箱（日本 Sanyo 公司生产）等。

1.4　DNA 的提取

用软毛毛笔轻轻挑取单头赤眼蜂，置于滴有 20μL DNA 提取缓冲液（50mmol/L Tris - HCl，1mmol/L EDTA，20mmol/L NaCl，1% SDS，pH8.0）的帕拉膜上，以 0.2 mL 的 PCR 管底部作为匀浆器进行充分研磨匀浆，匀浆液吸入 1.5 mL 离心管中；用 200μL DNA 提取缓冲液分 4 次冲洗匀浆器和帕拉膜，将缓冲液移入同一离心管中；向管中加入 5μL 蛋白酶 K（20mg/mL），涡旋混匀后，置于水浴锅中 60℃水浴 1 h（中途混匀 1 次）；加入 220μL 氯仿/异戊醇（$V:V=24:1$），轻轻混匀数 10 次后，冰浴 30min；然后以 4℃、12 000r/min离心 20min，取上清液；加入 440μL 预冷无水乙醇，轻轻混匀后于 - 20℃放置 30min；取出后，于 4℃、12 000r/min离心 20min，小心弃去上清液后再加入 440μL 预冷 75% 乙醇洗涤，于 4℃、12 000r/min离心 15min，小心弃去上清液；将离心管倒扣于洁净滤纸上，自然干燥 20min，每管加入 20μL 超纯水，充分溶解后于 - 20℃保存备用。

1.5　*coi* 基因序列的 PCR 扩增、电泳检测及序列测定

coi 基因序列扩增所使用的引物为 DNA 条形码标准引物 LCO1490（5′ - GGTCA ACAAA TCATA AAGAT ATTGG - 3′）和 HCO2198（5′ - TAAAC TTCAG GGTGA CCAAA AAATC A - 3′）（Folmer et al.，1994），由上海生工生物工程技术服务有限公司合成。

PCR 反应体系为 30μL，其中 *Taq* DNA 聚合酶（1.0 U/μL）0.4μL、dNTPs（0.2mmol/L）0.6μL、10 × Buffer（含 Mg^{2+}）3μL、上游引物和下游引物（10 pmol/μL）各 0.6μL、DNA 模板 1μL、ddH_2O 24.4μL。反应条件：94℃ 预变性 10min；35 个循环：94℃ 30 s、52℃ 30 s、72℃ 1min；最后 72℃ 延伸 10min。取 5μL PCR 扩增产物，加 2μL 上样缓冲液（0.25% 溴酚兰、40% 蔗糖水溶液），以 DNA Marker 为参照，在含有染色剂 GoldView 的 1.5% 的琼脂糖凝胶上进行电泳分离（电泳液为 0.5 × TBE），85 V 电泳 45min 后，以凝胶成像系统分析结果。将经电泳检测验证合格的 PCR 产物送北京三博远志生物技术有限公司进行双向测序。每种赤眼蜂测定 2 ~5 头。

1.6 *coi* 基因序列分析

以 DNAMAN 软件读取序列，并对每条序列进行碱基的读取和反复比对，以确保获得的序列为目的基因片段。再用 Clustal W 软件进行 *coi* 基因序列分析，通过 MEGA5.1 软件采用邻接法（neighbor-joining，NJ）、以烟粉虱 MED 隐种（Q 型）为外群构建系统进化树，系统进化树各分支的置信度采用自展法（BP）重复检测 1 000次。选取每种赤眼蜂所测序列中出现频率最高的单倍型序列，并结合 NCBI 中已公开的赤眼蜂 *coi* 基因序列构建进化树。

2 结果与分析

2.1 PCR 扩增、序列测定及同源性分析

本试验以 3 种未知赤眼蜂和 4 种已知赤眼蜂的 DNA 为模板，以 DNA 条形码的通用型引物 LCO1490/HCO2198 进行 PCR 扩增，电泳检测结果显示，每种赤眼蜂均可扩增出清晰的长度约为 690 bp 的靶标片段（图 1）。

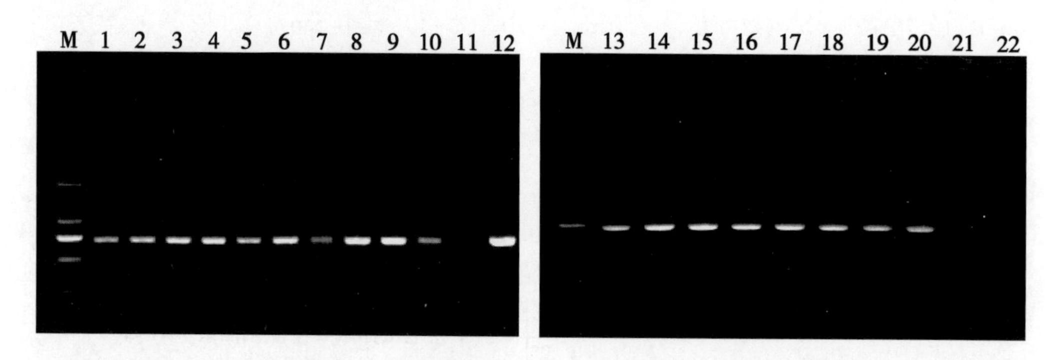

M. 2 000bp DNA 分子量标准；1 ~3. 玉米螟赤眼蜂；4 ~6. 松毛虫赤眼蜂—密云品系；7 ~9. 松毛虫赤眼蜂—沈阳品系；10 ~12. 螟黄赤眼蜂；13 ~15. MYYS -001；16 ~18. MYYS -002；19 ~21. MYYMM -001；22. 阴性对照（超纯水）

图1 引物 LCO1490/HCO2198 对 7 种赤眼蜂 *coi* 基因扩增电泳检测

对电泳检测验证合格的 PCR 产物进行纯化和序列测定，然后将所得到的已知种和未知种赤眼蜂的 *coi* 基因序列进行比对，并提交到 NCBI 上进行 BLAST 分析。结果显示，编号 MYYS -001、MYYS -002、MYYMM -001 的未知种赤眼蜂均与松毛虫赤眼蜂的同源性达到 99%，而与玉米螟赤眼蜂和螟黄赤眼蜂的同源性分别为 94% 和 93%（表 1）。

表1　已知种赤眼蜂和未知种赤眼蜂 *coi* 基因序列同源性分析

已知种	未知种同源性（%）		
	MYYS－001	MYYS－002	MYYMM－001
玉米螟赤眼蜂	94	94	94
松毛虫赤眼蜂—密云品系	99	99	99
松毛虫赤眼蜂—沈阳品系	99	99	99
螟黄赤眼蜂	93	93	93

2.2　系统发育树构建

将所得序列拼接后以 Clustal W. 软件一并进行比对，修剪成长度约为680 bp 的片段进行系统发育分析，以烟粉虱 MED 隐种为外群，以邻接法（NJ）对7种赤眼蜂 *coi* 基因序列共同构建系统发育树。聚类分析结果显示，编号 MYYS－001、MYYS－002、MYYMM－001 的未知种赤眼蜂均与松毛虫赤眼蜂聚为一支，自展支持率为100%（图2）。

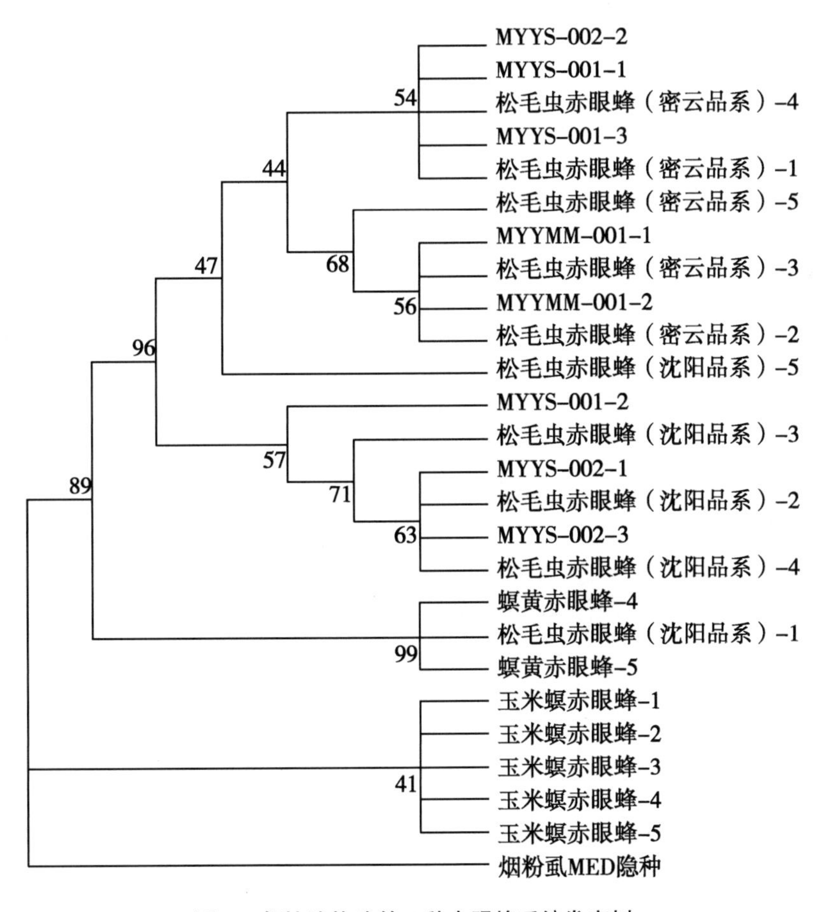

图2　邻接法构建的7种赤眼蜂系统发育树

3 结论与讨论

根据 BLAST 比对分析结果，编号分别为 MYYS－001、MYYS－002、MYYMM－001 的未知种赤眼蜂均与松毛虫赤眼蜂 *coi* 基因同源性达 99%，且系统发育分析结果显示，它们都聚为一类，故可得出结论：上述 3 个未知种赤眼蜂均为松毛虫赤眼蜂。

本研究基于 DNA 条形码技术，建立了适于田间应用的赤眼蜂种类快速鉴别方法，从而为在赤眼蜂应用过程中开展防治效果调查提供了技术手段。另外，本研究明确了密云杨扇舟蛾－2013（MYYS－001）、密云杨扇舟蛾－2012（MYYS－002）、密云玉米螟－2013 均为松毛虫赤眼蜂。本研究得出的结论，为北京市持续开展以松毛虫赤眼蜂品系为基础的赤眼蜂防治玉米螟技术的应用奠定了基础。

参考文献

[1] 付海滨，丛斌，杜贤章，等．mtDNA COⅡ基因序列应用于赤眼蜂分子鉴定的研究［J］．中国农业科学，2006，37（9）：1 927－1 933.

[2] 李正西，沈佐锐．赤眼蜂分子鉴定技术研究［J］．昆虫学报，2002，45（5）：559－566.

[3] 耿金虎，李正西，沈佐锐．诊断引物应用于我国三种重要赤眼蜂分子鉴定的研究［J］．昆虫学报，2004，47（5）：639－644.

该文发表于《中国植保导刊》2014 年 05 期

不同类型药剂对北京地区黏虫的室内毒力测定

董　杰[1]　岳　瑾[1]　乔　岩[1]　褚艳娜[2]
王品舒[1]　张金良[1]　袁志强[1]　杨建国[1]
（1. 北京市植物保护站，北京　100029；
2. 中国农业大学农学与生物技术学院，北京　100193）

摘　要：采用浸叶法，在室内测定了5种药剂对北京地区黏虫的毒力。结果表明，甲氨基阿维菌素苯甲酸盐对黏虫3龄幼虫的毒力最高，氯虫苯甲酰胺和虫螨腈次之，毒死蜱和氯氟氰菊酯的毒力较低。建议在黏虫应急防控中应用甲氨基阿维菌素苯甲酸盐、氯虫苯甲酰胺和虫螨腈（延庆除外）等药剂，以提高防治效果。

关键词：黏虫；药剂；毒力

黏虫［*Mythimna separata*（Walker）］属于鳞翅目夜蛾科，俗称剃枝虫、五彩虫，在我国除西藏外其他各省市均有分布，因其具有群聚性、迁飞性、多食性和暴食性的为害特点，成为我国全国性的重要农业害虫，主要为害麦、稻、粟、玉米等禾谷类粮食作物及棉花、豆类、蔬菜等多种农作物[1-2]。

2012年和2013年，受异常气候条件影响，加之虫源和食料条件充足，造成北京市三代黏虫和二代黏虫在玉米田暴发为害，发生程度面积之大、范围之广和密度之高为北京市1997年以来罕见，对玉米等粮食作物生产安全造成了严重威胁。黏虫作为一种突发性重大害虫，使用农药进行防治是重要措施之一。为此，作者测定了几种不同作用类型杀虫剂对黏虫3龄幼虫的毒力，以期为黏虫的药剂防治提供科学依据。

1　材料与方法

1.1　供试药剂

选用了5种不同作用类型的杀虫剂，分别是邻酰胺基苯甲酰胺类的20%氯虫苯甲酰胺悬浮剂（江西施普润农化有限公司）、大环内酯抗生素类的5%甲氨基阿维菌素苯甲酸盐水分散粒剂（江西天人生态股份有限公司）、吡咯类的240g/L虫螨腈悬浮剂（江西施普润农化有限公司）、拟除虫菊酯类的2.5%氯氟氰菊酯水乳剂（江西施普润农化有限公司）和有机磷类的480g/L毒死蜱乳油（江西施普润农化有限公司）。

1.2　供试黏虫

采自北京延庆、顺义、房山3个不同代表性区县的玉米田或小麦田，采集时为5、6龄幼虫，在室内用玉米叶饲养至化蛹，饲养条件为（25±1）℃，光周期为14L：10D，RH 65±5%。待蛹将要羽化时放入养虫笼内，成虫喂以10%蜂蜜水，放入产卵条供其产卵，孵化的F1代幼虫饲养至3龄中期供毒力测定用。

1.3 测定方法

选取F1代生长一致的3龄幼虫用浸叶法测定各药剂的室内毒力。将待测药剂用蒸馏水稀释成7~9个等比系列浓度，将玉米叶片（温室内种植，不喷施任何杀虫剂）在待测药液中浸10 s，取出后放在培养皿上自然晾干。每个培养皿中放入适量处理叶片，接入整齐一致的3龄中期的黏虫幼虫10头，每浓度重复3次，每浓度共30头幼虫，用封口膜封口，放入培养箱内，控制条件同上。以蒸馏水和实验室内饲养敏感品系为对照。根据不同药剂的不同作用特性，氯虫苯甲酰胺处理72h后检查幼虫死亡数量以幼虫不能正常爬行为死亡标准。甲氨基阿维菌素苯甲酸盐、虫螨腈、氯氟氰菊酯、毒死蜱处理48h后检查死亡数量，以镊子轻触虫体幼虫不动者为死亡。

1.4 数据统计与分析

试验数据采用PoloPlus软件进行统计，计算毒力回归方程的斜率、LC_{50}值及其95%置信限，以LC_{50}值的95%置信限不重叠作为判断不同杀虫剂间毒力差异显著的标准[3]。

2 结果与分析

2.1 不同药剂对黏虫3龄幼虫的室内毒力测定结果

由表1可以看出，5种药剂对黏虫3龄幼虫的毒力差异明显，毒力最高的是甲氨基阿维菌素苯甲酸盐，延庆、顺义、房山3个种群的LC_{50}分别为0.046mg/L、0.057mg/L、0.050mg/L；其次是氯虫苯甲酰胺，延庆、顺义、房山3个种群的LC_{50}分别为1.639mg/L、0.573mg/L、0.759mg/L。虫螨腈、氯氟氰菊酯和毒死蜱3种药剂对不同区县黏虫种群的毒杀效果不同，3种药剂对延庆种群的毒力高低顺序为：氯氟氰菊酯>毒死蜱>虫螨腈；对顺义种群的毒力高低顺序为：毒死蜱>虫螨腈>氯氟氰菊酯；对房山种群的毒力高低顺序为：虫螨腈>毒死蜱>氯氟氰菊酯。

表1 不同药剂对黏虫3龄幼虫的室内毒力

供试药剂	种群	斜率±标准误	LC_{50}（95%置信限）（mg/L）	χ2
氯虫苯甲酰胺	延庆	1.142±0.261	1.639（1.063~2.826）	7.164
	顺义	1.300±0.219	0.573（0.357~0.790）	8.764
	房山	1.331±0.273	0.759（0.448~1.100）	11.623
甲氨基阿维菌素苯甲酸盐	延庆	1.934±0.299	0.046（0.035~0.062）	7.762
	顺义	1.594±0.255	0.057（0.041~0.086）	13.781
	房山	1.984±0.301	0.050（0.038~0.067）	10.531
虫螨腈	延庆	1.934±0.299	5.812（4.423~7.804）	7.762
	顺义	1.303±0.170	3.227（2.385~4.697）	22.397
	房山	2.376±0.415	2.087（1.627~2.745）	7.791
氯氟氰菊酯	延庆	1.120±0.271	3.572（1.336~5.787）	7.030
	顺义	1.415±0.214	28.581（21.663~39.822）	10.428
	房山	2.787±0.457	9.132（7.336~11.674）	6.350

（续表）

供试药剂	种群	斜率±标准误	LC_{50}（95%置信限）（mg/L）	$\chi 2$
毒死蜱	延庆	2.958±0.554	3.878（3.038~4.711）	8.209
	顺义	2.704±0.512	3.183（2.537~3.889）	4.189
	房山	3.307±0.656	8.520（6.705~10.500）	4.815

2.2　不同药剂对黏虫3龄幼虫的毒力比较

由表2可以看出，甲氨基阿维菌素苯甲酸盐表现出了对黏虫3龄幼虫极高的活性，以毒死蜱为标准药剂，甲氨基阿维菌素苯甲酸盐相对毒力指数分别达到了84.304（延庆种群）、55.842（顺义种群）和170.400（房山种群）。氯虫苯甲酰胺对黏虫3龄幼虫的活性也较高，其相对毒力指数分别为2.366（延庆种群）、5.555（顺义种群）和11.225（房山种群）。虫螨腈和氯氟氰菊酯对不同黏虫种群的活性差异较大，相对毒力指数从0.111~4.082不等。

表2　不同药剂对黏虫3龄幼虫的相对毒力指数

供试药剂	相对毒力指数①		
	延庆种群	顺义种群	房山种群
氯虫苯甲酰胺	2.366	5.555	11.225
甲氨基阿维菌素苯甲酸盐	84.304	55.842	170.400
虫螨腈	0.667	0.986	4.082
氯氟氰菊酯	1.086	0.111	0.933
毒死蜱	1.000	1.000	1.000

①相对毒力指数=毒死蜱的LC_{50}/相应药剂的LC_{50}

3　结论与讨论

甲氨基阿维菌素苯甲酸盐作为一种大环内脂抗生素类杀虫杀螨剂，它主要通过胃毒和触杀作用来杀死害虫，其作用机制是阻断昆虫的神经传导系统，使其产生麻痹现象，造成死亡。本试验证明它对黏虫幼虫具有极高的活性，是防治黏虫的优良药剂。

氯虫苯甲酰胺是第一个具有新型邻酰胺基苯甲酰胺类化学结构的广谱杀虫剂，其杀虫机制是通过与昆虫体内的鱼尼丁受体结合，导致细胞内源钙离子释放的失控和流失而使其肌肉瘫痪，对鳞翅目害虫及其抗药性种群具有优异的防治效果[4-5]。本试验中氯虫苯甲酰胺对黏虫3龄幼虫表现出了较高的活性。此外，氯虫苯甲酰胺对天敌和传粉昆虫几乎无不良影响[4]，是一类比较有应用前景的药剂。

虫螨腈是一种新型吡咯类杀虫杀螨剂，该药剂本身对昆虫无毒杀作用，其作用机制是昆虫接触或取食后，在昆虫体内被氧化代谢转变为具有杀虫活性的化合物，然后作用于虫体细胞内线粒体，破坏ADP转变成ATP的生理过程，使得ATP合成受阻，最终导致害虫死亡[6]。大量研究表明，虫螨腈对钻蛀、刺吸和咀嚼式害虫以及螨类具有良好的防治效果[7-9]。本试验中虫螨腈对房山黏虫种群的毒力较高，对延庆和顺义黏虫种群的毒力较低，可能与延庆和顺义黏虫种群对虫螨腈产生了抗性有关。

目前在农业生产中防治黏虫主要以有机磷农药和拟除虫菊酯类农药为主，研究表明，黏虫对拟除虫菊酯类农药已产生了不同程度的抗药性，虽然黏虫对有机磷类农药仍较敏感，但有机磷农药的长期使用，势必会导致抗药性的产生[10-12]，本试验也表明，拟除虫菊酯类农药氯氟氰菊酯和有机磷类农药毒死蜱对黏虫的毒力都较低。

在黏虫的化学防治中，推荐使用甲氨基阿维菌素苯甲酸盐、氯虫苯甲酰胺和虫螨腈（延庆除外），尽量减少氯氟氰菊酯和毒死蜱等常规杀虫剂的用药次数，以提高防治效果。同时要交替使用不同杀虫机理的杀虫剂，以减轻农药对害虫的环境压力，延缓害虫抗药性的产生。

参考文献

[1] 喻健. 玉米黏虫发生、为害及综合防治方法 [J]. 安徽农学通报，2010，16 (19)：68-69.

[2] 李亚红，汪铭，李庆红，等. 2012 年云南省黏虫发生特点及防控措施 [J]. 中国植保导刊，2013，33 (6)：32-34.

[3] 章金明，张蓬军，黄芳，等. 浙江菜区斜纹夜蛾对几类杀虫剂的敏感性 [J]. 浙江农业学报，2014，26 (1)：110-116.

[4] 徐尚成，俞幼芬，王晓军，等. 新杀虫剂氯虫苯甲酰胺及其研究开发进展 [J]. 现代农药，2008，7 (5)：8-11.

[5] 杨桂秋，童怡春，杨辉斌，等. 新型杀虫剂氯虫苯甲酰胺研究概述 [J]. 世界农药，2012，34 (1)：31-34.

[6] 张文成，王开运，牛芳，等. 虫螨腈胁迫对甜菜夜蛾保护酶系和解毒酶系的诱导效应 [J]. 植物保护学报，2009，36 (5)：455-460.

[7] 邓明学，覃旭，谭有龙，等. 10% 虫螨腈 SC 防治柑桔木虱、潜叶蛾等四种柑桔害虫田间药效试验 [J]. 南方园艺，2011，22 (6)：6-9.

[8] 莫志莲，许焕明，许光明，等. 240g/L 虫螨腈悬浮剂防治柑橘全爪螨田间药效试验 [J]. 广西植保，2012，25 (1)：12-14.

[9] 王华建，李继，周铁锋，等. 虫螨腈防治茶假眼小绿叶蝉试验 [J]. 浙江农业科学，2012，(6)：864-865.

[10] 杨春龙，龚国玑，谭福杰，等. 黏虫抗药性监测及其机制的初步研究 [J]. 植物保护，1995，21 (3)：2-4.

[11] 裴晖，欧晓明，王永江，等. 杀虫单与有机磷杀虫剂混配对黏虫的增效作用研究 [J]. 新农药，2006，10 (1)：23-25.

[12] 宋高翔，杨胜林，王普昶. 有机生产模式下牧草黏虫防治方法的初步研究 [J]. 草地学报，2011，19 (5)：880-883.

该文发表于《北京农业》2015 年 05 期

几种除草剂对刺果藤等玉米田杂草的防除效果

王品舒[1]　岳　瑾[1]　郭书臣[2]　袁志强[1]
董　杰[1]　乔　岩[1]　张金良[1]
（1. 北京市植物保护站，北京　100029；2. 北京市延庆县植物保护站，北京　102100）

摘　要：为筛选可防除玉米田刺果藤并兼治其他杂草的除草剂，试验设置了 9 种除草剂处理，通过田间试验，评价各药剂的除草效果。结果表明：55% 硝磺·莠去津 SC 783.75 g a. i. /hm^2 和 4% 烟嘧磺隆 OD 24 g a. i. /hm^2 + 38% 莠去津 SC 570 g a. i. /hm^2 的防效较好，用药较少，药后 30d，2 种处理对刺果藤的鲜质量防效均在 87% 以上，对总杂草的鲜质量防效均在 89% 以上。可见，上述 2 种处理适用于发生刺果藤的玉米田除草工作。

关键词：玉米；刺果藤；除草剂；防除效果

刺果藤（*Sicyos angulatus* L.）又名刺瓜藤、刺果瓜，为葫芦科（Cucurbitaceae）野胡瓜属（*Sycyos*）植物[1-2]，原产于美国，早期被作为观赏植物或通过种子运输等途径扩散到了欧洲、亚洲的部分国家和地区。随着刺果藤的蔓延，其强烈的侵占能力给农作物、林木、生态环境造成了巨大为害，引起了许多国家和地区的重视，意大利、西班牙、挪威等国都将其列为入侵杂草。近年，我国的台湾、大连、青岛、北京、张家口陆续报道发现刺果藤，并在北京、张家口发现该杂草由为害草坪、林木开始入侵农田[2-6]。北京在 2013 年发现刺果藤入侵粮田，发生面积 157hm^2，为害作物主要为春玉米、大豆，严重地块导致绝产[7]；河北在 2014 年报道，张家口的高新区、宣化区约有 400hm^2 玉米受害，严重田地减产 50% ~80%[6]。

目前，刺果藤的防治技术极为缺乏，北京春玉米产区通常采用的乙草胺 + 莠去津封闭除草方式不能有效控制刺果藤出苗，在实际生产中防治手段主要依靠多次人工拔除，这一方式不仅费工费力，而且前期多次入田拔草又易影响苗前封闭除草效果。为了解决刺果藤的防治技术难题，实现一次施药防治玉米田刺果藤并兼治其他杂草，本研究选用 4 种除草剂，设置了 9 种处理，通过田间药效试验，以明确各处理对刺果藤和其他杂草的防除效果，从而为发生刺果藤玉米田的除草工作提供防治指导依据。

1　材料与方法

1.1　供试材料

试验药剂：4% 烟嘧磺隆 OD（中国农科院植保所廊坊农药中试厂）；38% 莠去津 SC（山东胜邦绿野化学有限公司）；55% 硝磺·莠去津 SC（瑞士先正达作物保护有限公司）；57% 2，4 - 滴丁酯 EC（佳木斯黑龙农药化工股份有限公司）。

供试作物：玉米，品种为郑单958。

施药器械：濛花 MH－16 型背负式喷雾器（濛花喷雾器有限公司）选用扇形喷头作业。

1.2 试验设计及方法

试验于2014年在北京市延庆县延庆镇莲花池村玉米田进行。玉米于4月29日种植。试验共设9种除草剂处理（表1），以清水处理为对照，每处理设4次重复，每小区 $15m^2$（$3m \times 5m$），小区随机区组排列。各处理于玉米3～5片叶时（6月3日），按 $600kg/hm^2$ 对水均匀喷施。

表1　供试除草剂及用量

处理	除草剂	制剂用量（ml/hm^2）	有效成分含量（$g\ a.i./hm^2$）
1	4% 烟嘧磺隆 OD＋38% 莠去津 SC	600＋1 050	24＋399
2	4% 烟嘧磺隆 OD＋38% 莠去津 SC	600＋1 500	24＋570
3	4% 烟嘧磺隆 OD＋38% 莠去津 SC	600＋1 950	24＋741
4	55% 硝磺·莠去津 SC	1200	660
5	55% 硝磺·莠去津 SC	1425	783.75
6	55% 硝磺·莠去津 SC	1650	907.50
7	4% 烟嘧磺隆 OD＋57% 2，4－滴丁酯 EC	600＋120	24＋68.40
8	4% 烟嘧磺隆 OD＋57% 2，4－滴丁酯 EC	600＋150	24＋85.50
9	4% 烟嘧磺隆 OD＋57% 2，4－滴丁酯 EC	600＋180	24＋102.60

1.3 试验调查方法

田间试验分别于施药后7d、14d、30d调查残存杂草株数，30d调查残存杂草鲜重质量。调查时采取每小区随机5点取样法，每点 $1m^2$，计算株防效和鲜质量防效。

$$\text{杂草株防效（\%）} = \frac{\text{对照区杂草株数} - \text{施药区杂草株数}}{\text{对照区杂草株数}} \times 100$$

$$\text{杂草鲜质量防效（\%）} = \frac{\text{对照区杂草地上部鲜质量} - \text{施药区杂草地上部鲜质量}}{\text{对照区杂草地上部鲜质量}} \times 100$$

1.4 数据处理与分析

试验数据使用SPSS 13.0软件进行分析。

2 结果与分析

2.1 试验地杂草草相

根据6月2日对田间杂草的调查，试验地的主要杂草为刺果藤（*Sicyos angulatus* L.）、马唐（*Digitaria sanguinalis* L.）、狗尾草（*Setaria viridis* L.）、反枝苋（*Amaranthus retroflexus* L.）、马齿苋（*Portulaca oleracea* L.）、苍耳（*Xanthium sibiricum* L.）。此外，田间还有少量阔叶杂草，由于数量较少，未做统计。其中，刺果藤的密度为

7.7 株/m²、马唐为15.5 株/m²、狗尾草为9.4 株/m²、反枝苋为27.3 株/m²、马齿苋为9.7 株/m²、苍耳为9.9 株/m²。调查当时，刺果藤为2～6片叶，其他杂草为2～4片叶。

2.2　不同除草剂对刺果藤的防治效果

试验结果（表2）表明，供试除草剂均对刺果藤有防除作用，其中，以55% 硝磺·莠去津 SC 907.50g a.i./hm² 的防治效果最好，药后7d、14d、30d 的株防效分别为84.38%、94.59%、75.00%。55% 硝磺·莠去津 SC 的3种剂量处理，株防效随着使用剂量的增加而提高，其中，药后7d、30d 时各处理间防效差异不显著。4% 烟嘧磺隆 OD + 38% 莠去津 SC 的3种剂量处理，药后7d、14d、30d 时防治效果差异均不显著，除草剂剂量的变化未对防治效果造成明显影响。4% 烟嘧磺隆 OD +57% 2，4－滴丁酯 EC 的株防效结果表明，57% 2，4－滴丁酯 EC 剂量增加到102.60g a.i./hm² 时，刺果藤的株防效高于处理7和8，但未达到显著差异。另外，供试的9种除草剂处理在药后30d 对于刺果藤均具有较好的鲜质量防效，其中，以55% 硝磺·莠去津 SC 783.75g a.i./hm² 和55% 硝磺·莠去津 SC 907.50g a.i./hm² 的鲜质量防效较好，均在89%以上。

表2　不同除草剂对刺果藤的防治效果

处理	药后7d株防效（%）	药后14d株防效（%）	药后30d株防效（%）	药后30d鲜质量防效（%）
1	71.88 a	83.78 abc	68.18 a	83.90 abc
2	78.13 a	89.19 abc	75.00 a	87.39 bc
3	75.00 a	91.89 bc	72.73 a	86.13 abc
4	65.63 a	81.08 ab	65.91 a	83.27 abc
5	75.00 a	83.78 abc	72.73 a	89.44 c
6	84.38 a	94.59 c	75.00 a	89.26 c
7	62.50 a	78.38 a	65.91 a	79.62 a
8	65.63 a	81.08 ab	63.64 a	79.86 ab
9	75.00 a	86.49 abc	70.45 a	80.21 ab

注：采用 Duncan's multiple range test 方法分析，同一列不同小写字母表示显著性差异（$P<0.05$，$n=4$）

2.3　供试除草剂对玉米田其他杂草的兼治效果

各处理均对试验地块发生的马唐、狗尾草、反枝苋、马齿苋、苍耳等杂草起到了一定的防治效果（表3），其中，以55% 硝磺·莠去津 SC 783.75g a.i./hm² 和55% 硝磺·莠去津 SC 907.50g a.i./hm² 的防治效果较好，药后30d 对马唐、狗尾草、反枝苋、苍耳、总杂草的株防效、鲜质量防效均在90%以上，对马齿苋的株防效、鲜质量防效均在82%以上。而55% 硝磺·莠去津 SC 660g a.i./hm² 对各杂草的防效均低于以上2种剂量处理，对各杂草的株防效均低于90%。4% 烟嘧磺隆 OD +38% 莠去津 SC 的3种剂量梯度处理在株防效和鲜质量防效方面差异不显著。4% 烟嘧磺隆 OD + 57%

2，4－滴丁酯EC的3种剂量处理对马唐、狗尾草、马齿苋、苍耳的株防效和鲜质量防效差异均不显著。另外，供试的9种除草剂处理对马齿苋的株防效、鲜质量防效均未超过90%，且各处理间防效差异不明显。

表3　药后30d供试除草剂对其他杂草的防治效果

处理	马唐		狗尾草		反枝苋		马齿苋		苍耳		总杂草	
	株防效（%）	鲜质量防效（%）	株防效（%）	鲜质量防效（%）	株防效（%）	鲜质量防效（%）	株防效（%）	鲜质量防效（%）	株防效（%）	鲜质量防效（%）	株防效（%）	鲜质量防效（%）
1	83.61a	84.38a	90.48ab	91.26a	94.02bcd	93.14ab	75.61a	80.03a	78.05a	80.54a	86.75ab	87.79a
2	78.69a	86.11ab	88.10ab	89.41a	94.87bcd	95.23ab	73.17a	78.95a	82.93abc	87.15a	86.09ab	89.65ab
3	85.25a	83.51a	83.33a	93.39ab	93.16abcd	95.88ab	78.05a	83.47a	84.76abc	84.28a	87.00ab	89.84ab
4	81.97a	86.98ab	85.71ab	93.71ab	88.03a	94.21ab	68.29a	77.73a	82.93abc	88.58a	83.11a	90.10ab
5	90.16a	93.25bc	92.86ab	95.26ab	95.73cd	97.96b	82.93a	87.38a	92.68bc	91.18a	92.05bc	94.53ab
6	91.80a	96.51c	97.62b	98.49b	97.44d	98.02b	85.37a	85.28a	95.12c	96.61a	94.37c	96.32b
7	85.79a	83.64a	80.95a	91.37a	91.45abc	90.24a	68.29a	76.72a	80.49ab	87.80a	84.22a	87.23a
8	86.89a	80.76a	88.10ab	89.29a	89.74ab	93.54ab	70.73a	78.85a	75.61a	83.74a	84.44a	87.22a
9	85.25a	81.89a	85.71ab	92.52ab	95.73cd`	92.87ab	70.73a	74.75a	82.93abc	89.27a	87.09ab	88.06a

注：采用Duncan's multiple range test方法分析，同一列不同小写字母表示显著性差异（$P<0.05$，$n=4$）

3　讨论

田间试验表明，供试的55%硝磺·莠去津SC、4%烟嘧磺隆OD＋38%莠去津SC、4%烟嘧磺隆OD＋57% 2，4－滴丁酯EC等处理均对刺果藤具有一定防治效果，并可兼治农田其他杂草。其中，55%硝磺·莠去津SC在783.75g a.i./hm^{2}和907.50g a.i./hm^{2}2种剂量处理下对于刺果藤、农田杂草的防治效果较好，且防效差异不显著；4%烟嘧磺隆OD 24g a.i./hm^2＋38%莠去津SC 570 g a.i./hm^{2}处理是北京市常用的玉米茎叶除草方式，有一定的应用面积，易于进一步推广应用，试验也表明，该处理对于刺果藤可以达到较好的防治效果；4%烟嘧磺隆OD＋57% 2，4－滴丁酯EC的3种剂量处理虽然对于刺果藤具有一定防治效果，但未能明显优于其他处理，且北京市玉米田的刺果藤主要发生于春玉米产区，生长周期较长，该处理存在后期农田杂草易于滋生的风险，建议进一步优化配方后使用。通过综合评价供试9种除草剂处理的防治效果、推广的难易程度、使用成本、农药使用量等因素，建议将55%硝磺·莠去津SC 783.75 g a.i./hm^{2}或4%烟嘧磺隆OD 24g a.i./hm^2＋38%莠去津SC 570 g a.i./hm^{2}作为发生刺果藤玉米田的除草方式。

在试验过程中发现，5叶期以前的刺果藤幼苗对于供试除草剂较敏感，喷施4%烟嘧磺隆OD＋38%莠去津SC或55%硝磺莠去津SC的各剂量处理3d后，可观察到刺果藤明显萎蔫，药后6d已有部分刺果藤焦枯、死亡，而叶龄较大的刺果藤较难有效杀死。

另外，几种处理均在药后 14d 对刺果藤的防效达到高峰，随着中毒刺果藤的陆续死亡和新出苗刺果藤数量的不断增加，防治效果逐渐下降，这说明，几种除草剂的封闭效果不理想，各处理主要发挥茎叶除草作用。因此，在使用 55% 硝磺·莠去津 SC 783.75 g a. i. /hm^2或 4% 烟嘧磺隆 OD 24g a. i. /hm^2 +38% 莠去津 SC 570 g a. i. /hm^2 2 种处理防治刺果藤时，要抓住防治关键阶段，在防止玉米产生药害的前提下，尽量选在刺果藤大面积出苗、叶龄 5 叶前施药，从而一次施药有效控制刺果藤群体数量。

另外，刺果藤出苗不整齐，产种量大。调查中发现，北京地区 4 月底至 9 月底均有刺果藤出苗，最长可生长至 24m，1.5m 长的刺果藤即可产果球 9 颗，籽粒 189 粒。早前有研究认为，1 棵刺果藤即可为害 333m^2[6]，每 10m^2 发生 15 ~ 20 棵刺果藤时，玉米可减产 80%[5]。因为化学除草剂的持效期有限，对于刺果藤这种长期、陆续出苗的入侵性杂草，仅依靠除草剂难以实现刺果藤“零发生”。在已发生刺果藤的玉米田，使用 55% 硝磺·莠去津 SC 783.75g a. i. /hm^2 或 4% 烟嘧磺隆 OD 24g a. i. /hm^2 +38% 莠去津 SC 570 g a. i. /hm^2 可以大量节省人力物力，推迟刺果藤为害时间，降低为害损失；但是，在施药后 40d，应坚持每月入田查看一次，人工拔除后续幼苗以及寄生于玉米上的植株，尤其要将刺果藤所产果实，包括未成熟果实，带走焚毁以防留土。

目前来看，刺果藤极易扩散，为害极为严重，一旦发生就难以在短时间内彻底根除，应当引起高度重视。已经侵入农田的地区应尽快开展综合防治技术研究，形成规程，严防刺果藤的进一步扩散。在除草剂方面，建议加大力度筛选持效期较长的封闭除草剂，尤其是可在前期封闭除草基础上，继续安全使用的茎叶除草剂，从而实现刺果藤的持续控制。另外，要加强刺果藤为害的警示和宣传，防止游客、农民将种籽带离发生地，造成更大范围的为害。

参考文献

[1] 王青，李艳，陈辰. 中国大陆葫芦科归化属——野胡瓜属［J］. 西北植物学报，2005，25（6）：1227 - 1229.

[2] 张淑梅，王青，姜学品，等. 大连地区外来植物——刺果瓜（*Sicyos angulatus* L.）对大连生态的影响及防治对策［J］. 辽宁师范大学学报：自然科学版，2007，30（3）：356 - 358.

[3] 刘克学. 警惕一种新的外来生物［J］. 生命世界，2004，178：64.

[4] 王连东，李东军. 山东两种外来入侵种——刺果藤和剑叶金鸡菊［J］. 山东林业科技，2007（4）：39.

[5] 车晋滇，贾峰勇，梁铁双. 北京首次发现外来入侵植物刺果瓜［J］. 杂草科学，2013，31（1）：66 - 68.

[6] 曹志艳，张金林，王艳辉，等. 外来入侵杂草刺果瓜（*Sicyos angulatus* L.）严重为害玉米［J］. 植物保护，2014，40（2）：187 - 188.

[7] 董杰，杨建国，岳瑾，等. 北京农田发现外来杂草刺果藤为害［J］. 中国植保导刊，2014，34（7）：58 - 60.

该文发表于《农药》2015 年第 5 期

北京市玉米矮化病的发生与病因初探

岳　瑾[1]　杨建国[1]　郭书臣[2]　董　杰[1]
王品舒[1]　张金良[1]　乔　岩[1]　袁志强[1]
（1. 北京植物保护站，北京　100029；2. 北京市延庆县植保植检站，北京　102100）

摘　要：本研究针对北京市延庆县为害严重的玉米矮化病，初步总结了其发病情况并开展了病因的初步研究，结果表明：玉米矮化病发病率达13%～26%，减产率达18.56%；发病田块土壤中分离鉴定出马舒德矮化线虫，可能是发病原因之一。

关键词：北京；玉米矮化病；发生；病因

玉米矮化病是近几年来北京市延庆县的一种新发病害，其表现为玉米苗4～5片叶时出现吸水吸肥异常现象，同时停止生长，只有极个别的植株雄穗上结几颗小玉米粒，绝大多数植株不结实或早衰而死。由于病株酷似君子兰，故又称“君子兰”苗，当地农户把呈“君子兰”苗的玉米说成得了“癌症”，由此可见该病害的为害之大。究其病因说法较多，1997年吉林省双辽市玉米制种田发生较重，最初认为是“玉米病毒病”，后经专家会诊被确定为由于金针虫为害，伤口感染所致的“玉米苗期茎基腐病”。2002年该地区发生面积达2 000hm^2，专家会商诊断为由玉米旋心虫为害所致。2008年，国家玉米产业技术体系植保研究人员从辽宁黑山和吉林农安的异常植株根际土壤中也分离到大量的玉米矮化线虫和轮枝镰孢、亚粘团镰孢以及细菌等可能的致病生物。至此，该病的病因存在3种说法[1-4]。

北京市在2013年和2014年玉米矮化病均有发生，主要分布在延庆县的康庄镇、延庆镇、沈家营镇、大榆树镇。为确定其致病因，北京市植保站、延庆县植保植检站共同开展了相关研究。

1　材料与方法

1.1　试验材料

供试土样采自延庆县大榆树镇下辛庄村，将采集的0～20cm鲜土小心掰碎，并拣取其中杂物，混匀，4℃冰箱保存。

1.2　试验方法

1.2.1　线虫分离　贝尔曼漏斗法[5]在口径为20cm的塑料漏斗末端接一段橡皮管，在橡皮管后端用弹簧铗夹紧，在漏斗内放置一层铁丝网，其上放置两层纱网，并在上面放一层线虫滤纸，把100g土样均匀铺在滤纸上，加水至浸没土壤。置于20℃室温条件下分离。经过24h后，打开夹子，放出橡皮管内的水于小烧杯中，然后同离心浮选法一样，用3个套在一起的筛网过筛，冲洗，收集，计数。

1.2.2　鉴定方法　根据线虫的口针、食道及尾部形态等特征的不同，将分离出的线虫进行种类鉴定，此项工作由中国农业科学院植物保护研究所植物线虫课题组负责完成。

1.2.3　测产　收获前，每小区选有代表性的5点，每点10m^2进行实收测产。

2　结果与分析

2.1　北京地区玉米矮化病的表现与发生

玉米叶片呈黄色褪绿或白色失绿纵向条纹；植株矮缩，顶端生长受到严重抑制，外观下部茎节膨大；根系不发达，新生气生根扭曲变形；剥开外部2～3片叶的叶鞘，大部分植株基部可见明显的褐色病斑，病斑呈纵向扩展；再剥开1～2片叶，可见叶鞘和茎秆上有纵向或横向的组织开裂，似“虫道”状，剖秆后观察开裂部撕裂组织呈明显的对合；部分发病的大苗叶鞘边缘发生锯齿状缺刻；少数大苗新长出的叶片顶端发生腐烂（图1）。据统计，2014年延庆县发病时间为6月，发生面积2 666.67hm^2，主要在大榆树镇、延庆镇、康庄镇，发病率平均为13%～26%。

图1　玉米矮化病的为害状

2.2　线虫的鉴定

2.2.1　分类地位　分离线虫为马舒德矮化线虫（*Tylenchorhynchu mashhoodi*）[6]，属垫刃目（Tylenchida），垫刃亚目（Tylenchina），垫刃总科（Tylenchoidea），刺科（Belonolaimidae），端垫刃亚科（Telotylenchinae），矮化属（*Tylenchorhynchus*）。

2.2.2　形态描述　雌虫虫体略向腹面弯曲，体环纹清楚。头圆，稍缢缩，口针基球圆形，中食道球发达，食道腺长梨形，稍交与肠，贲门大。卵巢前伸，卵母细胞单行排列，阴道长不大于体宽的1/2。尾圆锥形，尾环清晰。雄虫基本同雌虫，交合刺弓形（图2）。

2.3　产量影响

矮化病对产量影响较大，平均减产率达18.56%。平均每667m^2产量较未发病地块的744.15kg下降至发病地块的605.99kg。千粒重较未发病地块的449.8 g下降至发病

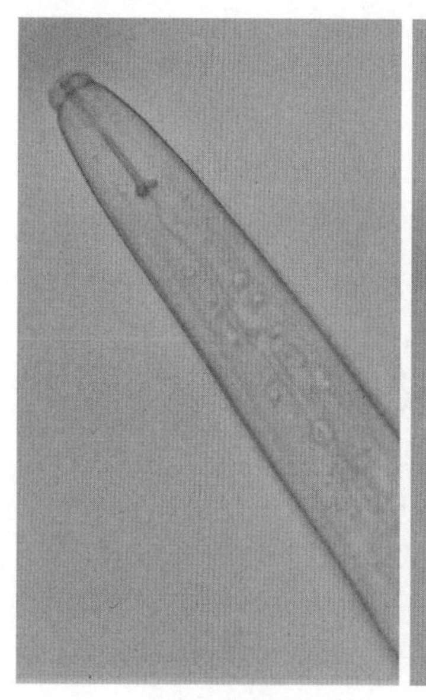

A 雌虫头部

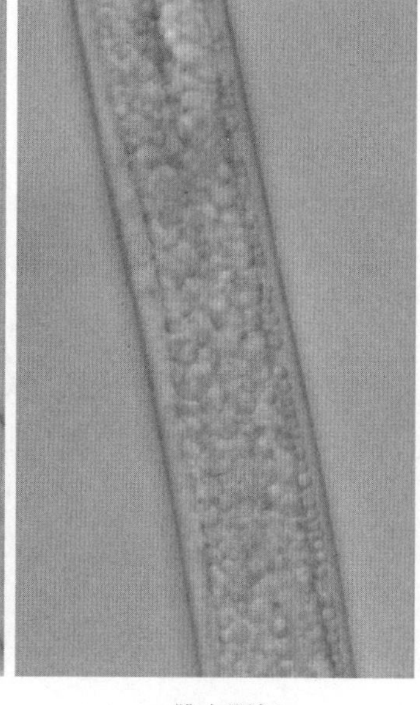

B雌虫阴门

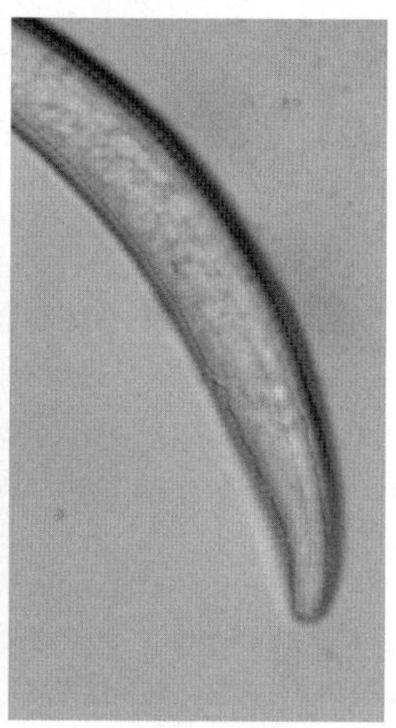

C雌虫尾部

图 2　马舒德矮化线虫

地块的 396. 8g，具体结果详见表 1。

表 1　药剂处理比较

药剂处理	穗粒数（粒）	千粒重（g）	产量（kg/667m^2）	减产率（%）
矮化病地块 1	690. 0	396. 2	654. 06	12. 1
矮化病地块 2	540. 8	384. 8	474. 99	36. 17
矮化病地块 3	653. 2	410. 3	678. 06	8. 88
矮化病地块 4	622. 0	426. 5	627. 39	15. 69
矮化病地块 5	660. 0	405. 7	625. 89	15. 89
矮化病地块 6	640. 4	397. 0	629. 24	15. 44
矮化病地块 7	590. 0	393. 8	562. 27	24. 44
矮化病地块 8	704. 4	372. 9	657. 33	11. 67
矮化病地块 9	579. 6	384. 0	544. 73	26. 80
矮化病平均值	631. 16	396. 8	605. 99	18. 56
CK	601. 6	449. 8	744. 15	—

3　结论与讨论

玉米矮化病对北京市特别是延庆县玉米生产具有很大影响，发病率达 13% ~26%，减产率达 18. 56%。发病田块土壤中分离鉴定出马舒德矮化线虫，这可能是发病原因之一，但还需要开展回接试验验证。下一步应继续开展土壤病原分离鉴定，以确定具体发病原因，进而研究防治技术。

参考文献

［1］ 张宁，高俊明，李红，等．太谷县玉米田植物寄生线虫种类及垂直分布［J］．山西农业科学，2009，37（10）：51－54，96.

［2］ 张绍升．植物线虫病害诊断与治理［M］．福州：福建科学技术出版社，1999：15－16.

［3］ 谢 辉．植物线虫分类学［J］．合肥：安徽科技出版社，2000：21－38.

［4］ 赵立荣，谢辉，冯志新，等．云南省果树根际的两种矮化线虫［J］．植物检疫，2002，16（5）：265－267.

［5］ 毛小芳，李辉信，陈小云，等．土壤线虫三种分离方法效率比较［J］．生态学杂志，2004，23（3）：149－151.

［6］ 刘维志．植物线虫志．北京：中国农业出版社，2004：53－54，105－106.

该文发表于《北京农业》2015年第14期

专题五

农机农艺融合与信息化技术

北京冬小麦各生育期灌水量辅助决策模型研究

王一罡　徐　践　郭大鹏　敖　健
（北京农学院计算机与信息工程学院，北京　102206）

摘　要：北京地区冬小麦不同生育期的需水量不同，灌溉量会影响冬小麦播种、生长和收获质量及产量。利用专家咨询法和文献查询法，得到北京冬小麦各生育期土壤湿度的致死下限、较适宜下限、最适宜、较适宜上限、致死上限5点的值以及这5个点的权重。利用Matlab进行数据拟合，得到冬小麦各个生育期土壤湿度适宜度模型。在了解北京有效降水量及小麦各生育期需水量这些数据的基础上，利用北京冬小麦各生育期灌水量辅助决策模型对其各生育期灌水量进行改良。以冬小麦各个生育期土壤湿度适宜度模型为基础，研究建立北京冬小麦各生育期灌水量辅助决策模型。

关键词：冬小麦；适宜度评价模型；灌水量；各生育期

北京地区的农作物生产主要以小麦、玉米为主，华北地区小麦产量比较集中在北京周边地区。但很多因素限制了北京地区小麦的生产，其中，影响最大的因素就是水资源紧缺，不能为小麦的生长期提供充足的水分。北京地区是一个极度缺水的区域，主要降水月集中在6月至9月，而每年10月至翌年的6月则为北京地区冬小麦的生长期，降水期与生长期的时间差无法保证小麦生长期内能够得到充足的水分。以往为保证冬小麦的高产，北京地区冬小麦在种植过程中往往需要较大量的人工灌水量。据统计，冬小麦每年的灌溉量约为7亿 m^3[1]，占到全北京市用水总量的17.5%[2]，占据全北京市农业水资源的28%[3]。由于小麦生长期灌溉过程中缺乏科学的指导而引起的过量灌溉和水资源浪费问题[4]，已经成为北京地区冬小麦生产过程中亟待解决的问题。

本课题拟通过研究北京冬小麦各生育期对水的需求量，以及检测土壤的含水量，并基于数学建模思想和计算机技术建立北京地区冬小麦各生育期灌水量辅助决策模型，以期能够指导北京地区进行科学节水灌溉，解决当前冬小麦种植过量灌溉的问题。

1　模型概述

随着小麦品种的更新、水资源的日趋紧张和“两高一优”的农业发展观（即高产、高效、优质）的推行[5]，现代高效节水农业已经不能再以原始的灌溉指标和定额为标准，现有的标准已经不能满足不断发展的农业[6]。鉴于此现状，《关于加快推进农业科技创新持续增强农产品供给保障能力的若干意见》作为我国中央及国务院一号文件颁布实施，该文件中明确强调，充分建设农田节水的灌溉基础性设施是水利建设的重点，并对农业灌溉的发展做出明确指示，目前亟待解决的一大问题就是如何实施农田既节水又高效的灌溉措施。

经过调查发现，农作物全生育期的水分变化是目前水资源灌溉需求量的研究焦点，但只研究小麦全生育期的水分需求就无法确定其生长发育过程中的水分变化。经过实地考察发现，北京地区冬小麦各个生育期对水的需求量有着明显差别，所以，分别对冬小麦各个生育期的需水量进行研究具有现实意义。所以，笔者将小麦从出苗期到成熟期分别进行建模研究。

通过文献查阅和专家咨询，发现冬小麦生长所需的土壤湿度的致死下限、较适宜下限、最适宜、较适宜上限、致死上限这 5 个值对冬小麦的生长具有显著影响。因此，笔者通过查阅文献获得了北京地区冬小麦各生育期的土壤湿度致死下限、较适宜下限、最适宜、较适宜上限、致死上限这 5 个值，通过咨询专家确定了这 5 个土壤湿度对冬小麦生长的影响权重，利用 MATLAB 进行数据拟合，以此形成了冬小麦各个生育期的土壤湿度适宜度评价模型，并根据此模型测算和评价冬小麦生育期土壤适宜的湿度。

若想建立北京冬小麦各生育期灌水量辅助决策模型，要以先前建立的土壤湿度适宜度评价模型为基础。采取 FAO 提出的 Penman – Monteith 方法，融合作物系数计算小麦需水量，进一步获得有效降水量数据以及土壤含水量数据，进一步推动评价模型的建立。通过该模型，可以在保证作物生长状况最优的情况下，实现定量灌溉、科学灌溉、节水灌溉，为高效性节水农业提供理论依据。

2 各生育期土壤湿度适宜度模型设计

生长环境直接影响了作物的生长状态，土壤含水量（即土壤湿度）更是一项重要的指标，只有供水充分，才能保证作物的产量。土壤湿度适宜度模型的成功建立，对于实现节水灌溉有着不可替代的作用，通过文献查阅和专家咨询，获得了北京地区冬小麦各生育期生长所需的土壤湿度的致死下限、较适宜下限、最适宜、较适宜上限、致死上限这 5 个极值，如表 1 所示。

表 1 北京地区冬小麦各生育期土壤湿度极值 （%）

生育期	致死含水量下限	较适宜含水量下限	最适宜含水量	较适宜含水量上限	致死含水量上限
播种	50	65	73	80	85
出苗	60	70	75	80	90
拔节	60	70	78	85	90
抽穗	65	75	80	85	90
乳熟	50	70	85	80	90

利用专家咨询法获得这 5 个土壤湿度对冬小麦生长的影响权重，利用 MATLAB 将各生育期土壤湿度的 5 个极值与各自的权重进行拟合，得出冬小麦各生育期土壤湿度适宜度的曲线（图 1），并计算出冬小麦各生育期土壤湿度适宜度式（1）、式（2）、式（3）、式（4）、式（5）。

$$y_1 = -0.3078x_1^2 + 42.11x_1 - 1\,340 \tag{1}$$

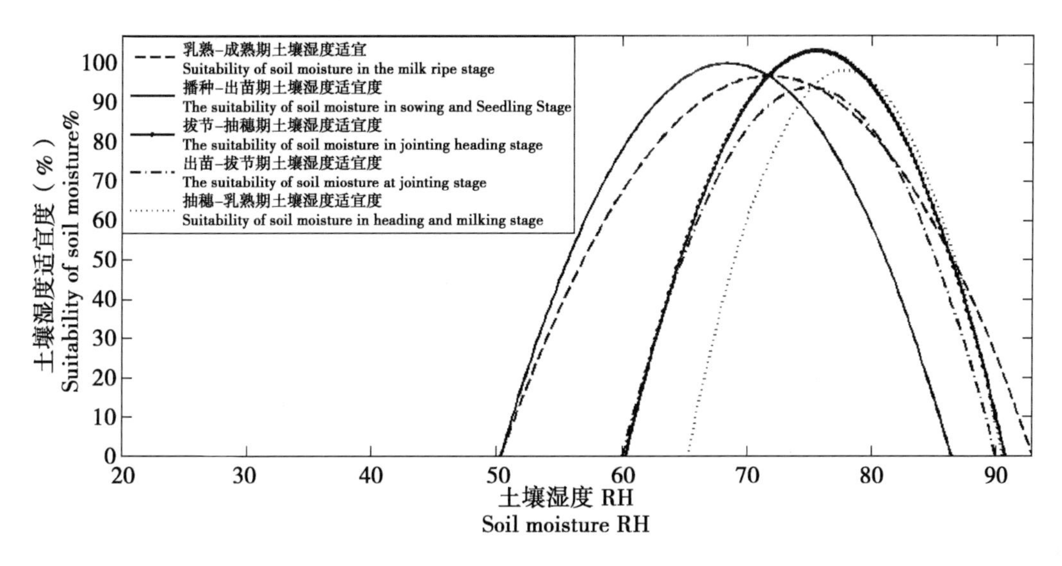

图 1　北京地区冬小麦各生育期土壤湿度适宜度的曲线

Fig. 1　Winter wheat in different growth period of appropriate soil humidity curve

$$y_2 = -0.419x_2^2 + 62.86x_2 - 2\,263 \tag{2}$$

$$y_3 = -0.4422x_3^2 + 66.8x_3 - 2\,420 \tag{3}$$

$$y_4 = -0.6144x_4^2 + 95.69x_4 - 3\,627 \tag{4}$$

$$y_5 = -0.2124x_5^2 + 30.47x_5 - 996.1 \tag{5}$$

其中，y_1、y_2、y_3、y_4与y_5分别表示北京地区冬小麦各生育期土壤湿度适宜度，x_1、x_2、x_3、x_4与x_5分别表示北京地区冬小麦各生育期的土壤湿度极值点。

综上所述，处于各个生育期的冬小麦，土壤是否适合其生长，就可根据以上建立的北京地区冬小麦各个生育期土壤湿度适宜度评价模型来进行有效地评估和监测，若发现问题及时做出调整，以此保证冬小麦顺利生长。

3　各生育期灌水量辅助决策模型设计

以北京地区冬小麦各生育期土壤湿度适宜度评价模型为基础，为了将灌溉量量化，笔者需要建立北京地区冬小麦各生育期灌水量辅助决策模型，引导及推动科学灌溉、节水灌溉的成功实现及应用。

以胡玮[7]等提出的将作物水分的亏缺为基础，从而构建冬小麦生育阶段水分盈亏指数[7]，以此评价冬小麦各生育阶段水分盈亏程度[8]，以下计算公式用以计算小麦生育期水分盈亏指数：

$$W = \frac{p_e - ET_C}{p_e} \tag{6}$$

式中的 W 表示冬小麦各个生育阶段水分盈亏指数，表示某个生育期的需水量（mm），表示冬小麦当前生育期的有效降水量（mm）。W 大于 0 时，当前生育期水分盈余，W 等于 0 时，当前生育期水分收支平衡，W 小于 0 时，则证明当前生育阶段的水分有所亏缺现象。作物的需水量及有效降水是水分盈亏指数主要考虑的两项影响因子，主要显示实际的供水量与该作物的最大需水量的平衡关系，这样能够较好地表示农业田地的湿润程度以及作物是否有旱涝发生。

在 W 小于0（即生育阶段水分有亏缺）的情况下，笔者依据已经得到了冬小麦各生育期土壤湿度适宜度评价模型，在得出土壤湿度适宜度的情况下，引入灌溉量，及时调整土壤湿度使之达到最适。因此，对以上水分盈亏指数模型加以改进，得到关于灌溉量的土壤含水量适宜度评价模型，从而指导节水灌溉。改进后的模型如下：

$$Y = \frac{p_e + I_s + ET_C}{p_e + I_s} \times 100\% \tag{7}$$

式中的 Y 是土壤湿度适宜度，表示冬小麦当前生育期的有效降水量，代表灌溉需水量（mm），代表某个生育阶段的需水量（mm）。经转化，可以得出下列灌溉需水量的计算模型[9]：

$$I_S - \frac{ET_C}{1 - Y} - P_e \tag{8}$$

将得到的灌溉需水量模型与笔者通过数据拟合得到的冬小麦各生育期土壤湿度适宜度模型式（1）、式（2）、式（3）、式（4）、式（5）结合，得到北京地区冬小麦各生育期灌水量辅助决策模型：

$$I_{s1} = \frac{ET_C}{1 - y_1} - P_e \tag{9}$$

$$I_{s2} = \frac{ET_C}{1 - y_2} - P_e \tag{10}$$

$$I_{s3} = \frac{ET_C}{1 - y_3} - P_e \tag{11}$$

$$I_{s4} = \frac{ET_C}{1 - y_4} - P_e \tag{12}$$

$$I_{s5} = \frac{ET_C}{1 - y_5} - P_e \tag{13}$$

其中，y_1、y_2、y_3、y_4与 y_5分别表示北京地区冬小麦各生育期土壤湿度适宜度，I_{s1}、I_{s2}、I_{s3}、I_{s4}与 I_{s5}分别表示北京地区冬小麦各生育期的灌水量。

上述北京地区冬小麦各生育期灌水量辅助决策模型中，考虑到美国国家农业部门提出的有效降水量分析方法[10]，并将其融入其中，从而得出以下公式[11]：

$$P_e = \begin{cases} P(4.17 - 0.2P)/4.17 & P < 8.3\text{mm/d} \\ 4.17 + 0.1P & P \geq 8.3\text{mm/d} \end{cases} \tag{14}$$

公式中，代表每日有效降水量，而 P 代表日总降水量。

而冬小麦生育期对水需求量的确定则采用 FAO 推荐的下述公式，即

$$ET_C = \text{KC} \times \text{EO} \tag{15}$$

此公式中，表示作物需水量；为作物系数，为参考作物蒸散量。

计算每日参考作物蒸散量，即 E0，则 FAO（1998）的 Penman—Monteith 方法是进行处理的一个较为合适的计算方法。以冬小麦的生长发育特征为基础，再结合 FAO 的

推荐值，冬小麦各个生育阶段以及作物系数利用分段单值平均法计算分别为：从播种阶段，到作物覆盖率近似10%，当前阶段的作物系数为 =0.7（越冬期则为0.4）；到了作物生育中期，从覆盖率10%至充分覆盖，该阶段的冬小麦作物系数为 = 1.15；从叶片开始变黄至生长发育成熟时，当前阶段的冬小麦作物系数为 = 0.4。

由计算得出数据，作物需水量及该生育阶段的有效降水量 P_e，将当前生育期土壤湿度适宜度评价模型为基本条件，由以上模型，即可得到最适宜土壤湿度条件下所需的灌溉需水量，这样就可以在保证作物高产的前提下，达到节水灌溉的目的。

4　研究遇到的问题及未来研究方向

首先，本文中有关冬小麦各生育期土壤湿度的最适宜值就是最薄弱的环节，因为在农业生产过程中，很多指标都不可能细化到具体的参数，而其适宜的湿度也只是一个范围值，为了得到精确的数学模型，笔者利用算法求得了具体的数值，这些指标还有待于今后进一步地验证。

其次，本课题提出的模型，即使结合作物系数，又结合 Penman - Monteith 方法作为研究基础，提出计算北京地区冬小麦的日需水量，具有科学合理的使用依据，但由于不具备充足的人力、物力对冬小麦各个生育期灌水量辅助决策模型进行精确验证，所以，本模型还需要通过长期有效的实际验证来保障模型公式的精确性。

最后，在实际的生产过程中，对冬小麦土壤含水量的测定标准不统一，有些测量方法比较模糊，农民往往通过常识判断冬小麦灌溉条件，进而导致该模型公式可能无法广泛普及，因此，今后还要针对实际情况，对不同条件下的耕作环境进行深入调查研究，通过收集整理数据，改善模型公式的普及程度，生产冬小麦的广大种植者将受益匪浅。

5　结论

目前，北京冬小麦的灌溉以定额灌溉为主，若要改变该现状，建立北京冬小麦各个生育期灌水量辅助决策模型是一个有效途径，通过量化数据，以冬小麦各个生育期土壤湿度适宜度模型为基础，对大量数据的分析，有利于更加清楚地了解冬小麦的生长期灌水量，研究建立北京地区冬小麦各生育期灌水量辅助决策模型，在保障产量的同时，达到节水灌溉的目的，真正实现科学合理的生产，对北京地区的冬小麦种植实施节水灌溉提供科学的辅助决策作用。

参考文献

[1]　刘晓英，李玉中，郝卫平. 华北主要作物需水量近50年变化趋势及原因［J］. 农业工程学报，2005，21（10）：155－159.

[2]　史印山，王玉珍，池俊成，等. 河北平原气候变化对冬小麦产量的影响［J］. 中国生态农业学报，2008，16（6）：1 444－1 447.

[3]　曹倩，姚凤梅，林而达，等. 近50年冬小麦主产区农业气候资源变化特征分析［J］. 中国农业气象，2011，32（2）：161－166.

[4]　陈玉民，郭国双，王广兴，等. 中国主要农作物需水量与灌溉［M］. 北京：水利电力出

版社，1995：191－195.
［5］ 段爱旺，孙景生，刘钰．北方地区主要农作物灌溉用水定额［M］．北京：中国农业科学技术出版社，2004：92－112.
［6］ 许莹，马晓群，吴文玉．气候变化对安徽省主要农作物水分供需状况的影响［J］．气候变化研究进展，2012，8（3）：198－204.
［7］ 胡玮，严昌荣，李迎春，等．冀京津冬小麦灌溉需水量时空变化特征［J］．中国农业气象，2013.34（6）：648－654.
［8］ 高晓容，王春乙，张继权，等．近50年东北玉米生育阶段需水量及旱涝时空变化［J］．农业工程学报，2012.28（12）：101－109.
［9］ Simth M. CROPWAT：A computer program for irrigation planning and management－irrigation and drainage paper 46［R］．Rome：FAO，1992：20－21.
［10］ Doll P，Siebert S. Global modeling of irrigation water equirements［J］．Water Resources Research，2002，38（4）：1－8.
［11］ 李勇，杨晓光，叶清，等．1961—2007年长江中下游地区水稻需水量的变化特征［J］．农业工程学报，2011，27（9）：175－183.

该文发表于《华北农学报》2015年增刊

基于 Green seeker 对小麦植被指数与产量形成模型的研究

曹　伟　张　娜

（北京市农村远程信息服务工程技术研究中心，北京　102206）

摘　要：小麦的产量受光照、昼夜温差、降水、病虫害等综合因素的影响。通过小麦不同品种、不同灌溉方式、不同播种方式在小麦整个生育期的监测，研究小麦在不同的生长环境下建立与小麦的产量关系尤为重要。小麦冠层归一化植被指数（NDVI）以及比值植被指数（RVI）的变化情况，可利用主动遥感仪器——Green seeker 进行检测。对测量数据进行筛选，建立回归模型，解析小麦冠层植被指数与产量的变化规律，寻找基于 NDVI 和 RVI 与小麦产量的最佳估算模型，并验证小麦产量预测模型的有效性，对小麦产量预测的公式进行分析。

关键词：Green seeker；归一化差值植被指数；比值植被指数；产量预测模型

小麦的产量是一个动态积累的过程，与其生长过程密切相关，而生长状态又与病虫害、水肥、自然灾害等因素密切相关，这些因素又综合表现在小麦叶片的内部组织结构和叶绿素含量上，即表现小麦在可见光与近红外的光谱反射率的比值上[1]。

传统的测产方式较为简便，但是只能在小麦的收获末期进行测产，不能对小麦的整个生长周期进行估产[2]，也不能详细地分析小麦在每个生长阶段的长势情况，且误差较大，不适用于比较精确的估产。Green seeker 测产方式与遥感测产原理相同，都是利用绿色植物中的叶绿素进行红外光与近红外光的测量，但是因测量尺度的不同而产生不同的误差[3]，遥感测产在测量大尺度的作物时，误差较小[4]，但是在测量近地面尺度较小的作物（如：小麦）误差范围比较大[5]，Green seeker 在测量大尺度的作物时误差较大，但是对测量近地面的尺度较小的作物时，误差较小，所以，在测量小麦植被指数时，采用 Green seeker 仪器进行测量较为科学。

试验地选择北京市顺义区万亩方小麦种植基地，土壤属于褐土。在此土壤条件下，通过测量小麦不同品种、不同灌溉方式、不同播种方式的植被指数，建立小麦与产量的关系模型，此模型更加适用于北京地区小麦产量的预测。此研究综合考虑了小麦在不同的生长环境条件下与小麦产量的关系。测量小麦植被指数采用主动遥感 Green Seeker 仪器监测小麦冠层的反射光谱的变化[6]，通过仪器自带的 Ntech 软件获得小麦冠层 NDVI 和 RVI，运用统计分析和数学建模技术，解析小麦冠层植被指数与生长性状和产量的变化规律，建立回归方程[7]，并进一步对所建方程进行优化和评价，最终建立小麦主动遥感技术与小麦产量的定量化关系与估测模型[8]。

1　小麦测产方式

小麦在整个生长过程中会在叶片颜色、厚度、水分含量及形态特征和内部结构等发生一系列变化，从而引起光谱反射特征的变化。不同的植被其自身具有不同的生物学特征，因此，不同植被受到的光谱反射特征是迥然不同的[9]。植被的生长发育情况、生长环境和营养状况又会影响植被的光谱反射特征，因此，光谱反射特征在一定程度上与植被的长势相关。一般来讲，绿色植物具有相似的光谱反射规律，叶绿素与植物的光合作用息息相关，其可以吸收大部分的红光与蓝光，并影响植物的光合作用[10]。由于叶片中的栅状组织结构内含较多叶绿素，太阳发射的绿色光谱大部分被叶绿素所反射，而红外线不受叶绿素的影响，但红外线会经过多次散射，在近红外谱波段有较高的反射率，这种植物生物学特性与矿石、动物、土壤的光谱特征是迥然不同的[11]。因此，通过测量小麦冠层归一化植被指数（NDVI）和比值植被指数（RVI），利用测量指数反演小麦的生长状态。

$$NDVI = \frac{NIR - R}{NIR + R} \qquad RVI = \frac{NIR + R}{NIR - R}$$

其中，NIR 为近红外波段光谱反射率，R 为红光波段光谱反射率。

2 小麦植被指数与产量的关系

2.1 试验场地（表1）

选择北京市顺义区万亩方农场试验基地，年平均气温为 11.5 ℃，年均相对湿度 50%，年均降水量约 164.6mm，全年降水期的 75% 集中在夏季，属于华北北部晚熟冬麦区。前茬作物为玉米，导致冬小麦播种偏晚，冬前积温不足。北京冬小麦平均产量约 6 750kg/hm^2。

将试验田地分成试验组与对照组，依据试验组测量数据与小麦生长状况的变化规律，建立测产推演仿真模型，对照组数据用于验证测产模型的准确率。

表1　小麦试验地块

小麦实验地块	实验处理方式
不同灌溉方式	滴灌 微喷 指针喷灌 传统喷灌方式
不同播种方式	大华 12 行播种机 大华 9 行播种机 鑫飞达 12 行播种机 鑫飞达 9 行播种机 约翰迪尔 1590 免耕播种机
不同小麦品种	农大 212 农大 211 中麦 175 轮选 987 甘 15 农大 5181

通过测量小麦在不同的生长条件下的 NDVI 和 RVI 的数值，建立小麦在每个生育期与产量关系的预测模型，在每个试验的样点区分 3 个样点进行数据采集，将数据进行筛选、处理，取平均值。

2.2　数据采集与测定

2.2.1　*数据采集*　利用主动传感器 Green Seeker 测定小麦的叶面积指数，测量环境条件应选择晴朗无风、风速较小或微风的天气，叶片没有露水，测定时要保持主动传感器探照头始终平行于小麦冠层，垂直高度约 0.8 m，沿行向保持匀速行进，测定时掌上电脑直接输出所需要的数据。测定过程中为避免小麦边际效应的影响，主动传感器探头始终垂直于小区中央。Green Seeker 手持式主动光谱仪由美国 Ntech 公司生产，仪器已在出厂前校正，测定过程中不需要校正。

2.2.2　*数据筛选*　箱线图是一种直观反映数据分散、数据集中情况的统计图。主要包括最小值、下四分位数、中位数、上四位分位数和最大值 5 个数据节点的数据分布。如图 1 箱线图，纵坐标的数值代表 RVI 的数值，可用于：①粗略的估计测量的小麦数据是否就有对称性；②粗略的观察小麦测量数据的分散情况，反映数据的集中趋势，异常数据对图像的影响不大；③比较几组数据的形状。在图 1 中，可以看到在数据中，异常数据进行标记，筛选出异常数据，然后再对处理后的数据进行计算。

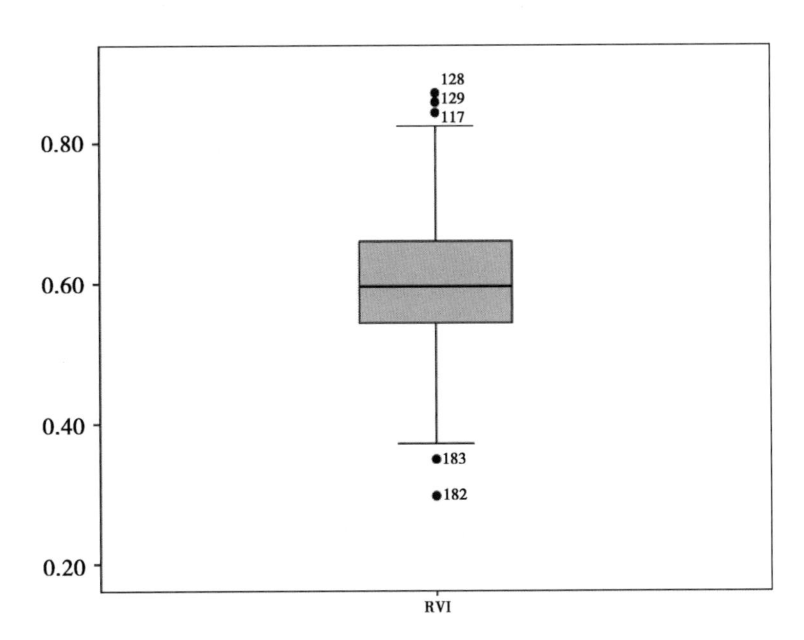

图 1　箱线

2.2.3　*回归模型的建立*　在小麦的不同生育期，以实地测量的冠层 NDVI 和 RVI 数据为自变量，以小麦收获结束得到的小麦实际产量为因变量，通过测量数据的分析，选择最佳的回归模型[12]，建立基于小麦冠层 NDVI 和 RVI 的小麦估产模型。

（1）线性模型：$y = a + bx$

（2）指数模型：$y = a\ ebx$

（3）幂函数模型：$y = a\,xb$

（4）多项式模型：$y = a + bx + c\,x^2$

（5）多变量回归模型：$y = a_0 + a_1 x_1 + a_2 x_2 + \cdots + a_i x_i$

公式中，y 代表因变量（小麦的产量），x 和 x_i 代表自变量（植被指数），a、b、c、a_i 代表回归常数、回归系数及偏回归系数。

2.3 数据检验与精度评价标准

通过植被指数与目标性状所建预测回归模型，首先，对所拟合的回归模型进行统计检验，然后根据决定系数（R^2）和回归估计标准误（SE）进行模型的准确性和精确性评价。

2.3.1 决定系数（R^2）评价　在 NDVI 和 RVI 与小麦的产量建立的回归模型的评价中，决定系数 R^2 可以直观的评价 NDVI 和 RVI 与小麦产量的相关性和预测结果之优劣。其计算公式如下：

R^2 的计算公式：

$$R^2 = 1 - \frac{SSE}{SST}$$

式中，SSE 为数据点与在相应位置上回归直线上的点的差值的平方和，SST 为各个数据点的差值平方和的总和。R^2 的值必须介于 0 ~ 1，R^2 的值越大，NDVI、RVI 和产量的关联性越好，产量的预测结果的准确性越高。

2.3.2 回归估计标准误差（SE）评价　回归估计标准误差（SE）主要用于评价小麦模型的预测产量与实际产量之间的差异程度，其中，SE 的值越小，产量预测模型的精确度越高。

SE 的计算公式：

$$SE = \sqrt{\frac{\sum (y - \hat{y})^2}{n - m}}$$

y 为小麦的实际产量值，$\hat{y}$ 为小麦产量的预测值，n 为小麦的样本数，m 为回归模型中待估参数的个数。

3 结果与分析

小麦整个生育期叶绿素含量 NDVI 的变化呈现先逐渐增加后逐渐减退的现象。如图 2 所示。

图 2 反映了小麦在整个生育期叶片中叶绿素含量的变化，小麦在生长前期，叶绿素的含量逐渐增加，且指数越高，说明小麦的长势越好，但是在小麦生长后期，麦穗处于快速增长成熟阶段，尤其进入灌浆期后，其营养输送主要是运输到小麦的麦穗中，小麦叶片的叶绿素含量应该逐渐降低。

3.1 单变量下小麦生长状况推演

小麦的产量与多种因素相关，植被指数是小麦产量的重要指标，笔者通过测量小麦冠层的 NDVI 和 RVI，选取最佳的回归模型，分别建立了小麦的整个生育期的产量预测模型。

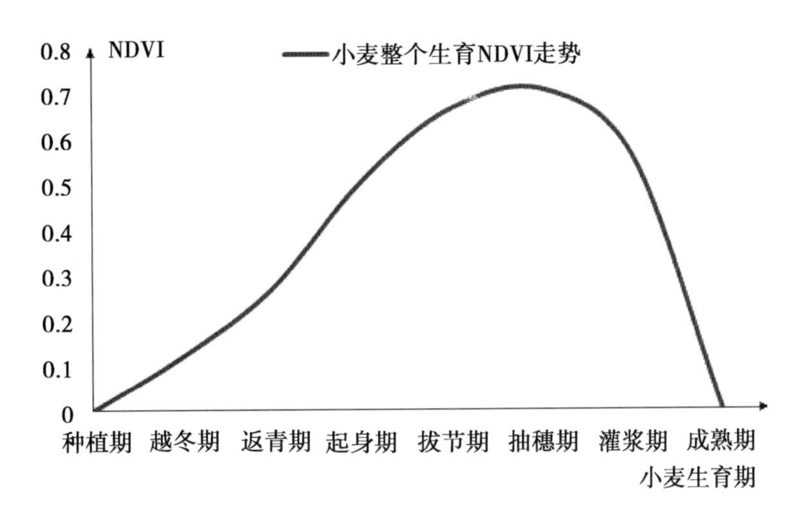

图 2　小麦整个生育期叶绿素含量 NDVI 趋势

建立 NDVI 与小麦生长状况推演　在小麦整个生育期，采用回归模型，以实地测量的冠层 NDVI 数据为自变量，以小麦的实际产量为因变量，建立基于冠层 NDVI 的小麦整个生育期的估产模型。

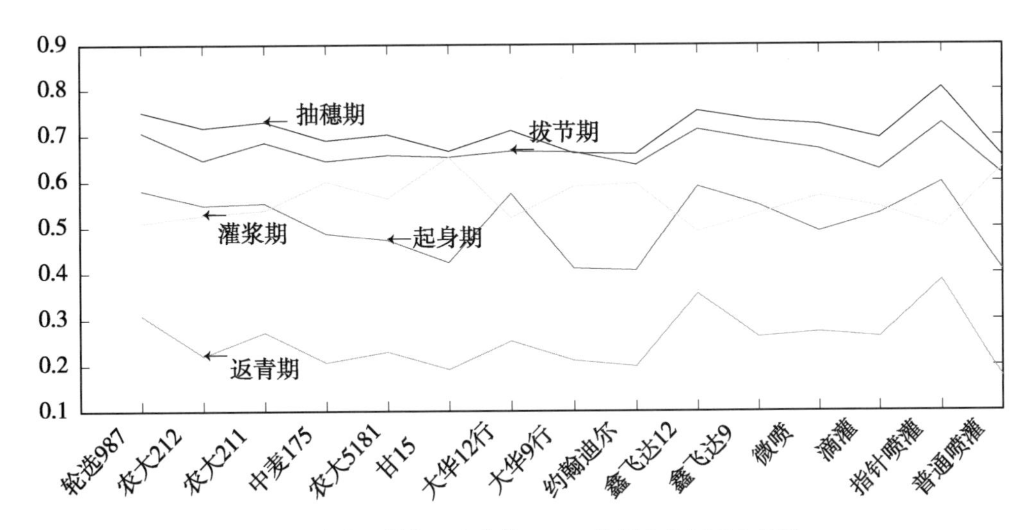

图 3　试验组样点区小麦的 NDVI 数据走势图变化趋势

小麦冠层的反射光谱的归一化植被指数（NDVI）数据应介于 0 ~ 1。NDVI 的值越高，代表小麦的生长条件越好，营养状况越好，产量越高，病虫害为害越小；NDVI 数据的值越低，代表小麦的产量越低，出现枯苗、死苗现象。在小麦的生长后期 NDVI 值应该逐渐降低，小麦的生长主要是麦穗的成熟。从图 3 中的 NDVI 数据可以看出样点区的 NDVI 在普通喷灌方式下长势较差，而指针式喷灌方式下的灌溉方式较好；轮选 987 小麦品种相比较其他品种生长更加旺盛；鑫飞达 12 行的播种效果最好。其中，在返青期中小麦的长势缓慢，有可能小麦在越冬期间发生冻害、死苗现象，应及时补种小麦，仍能获取较好的收成。

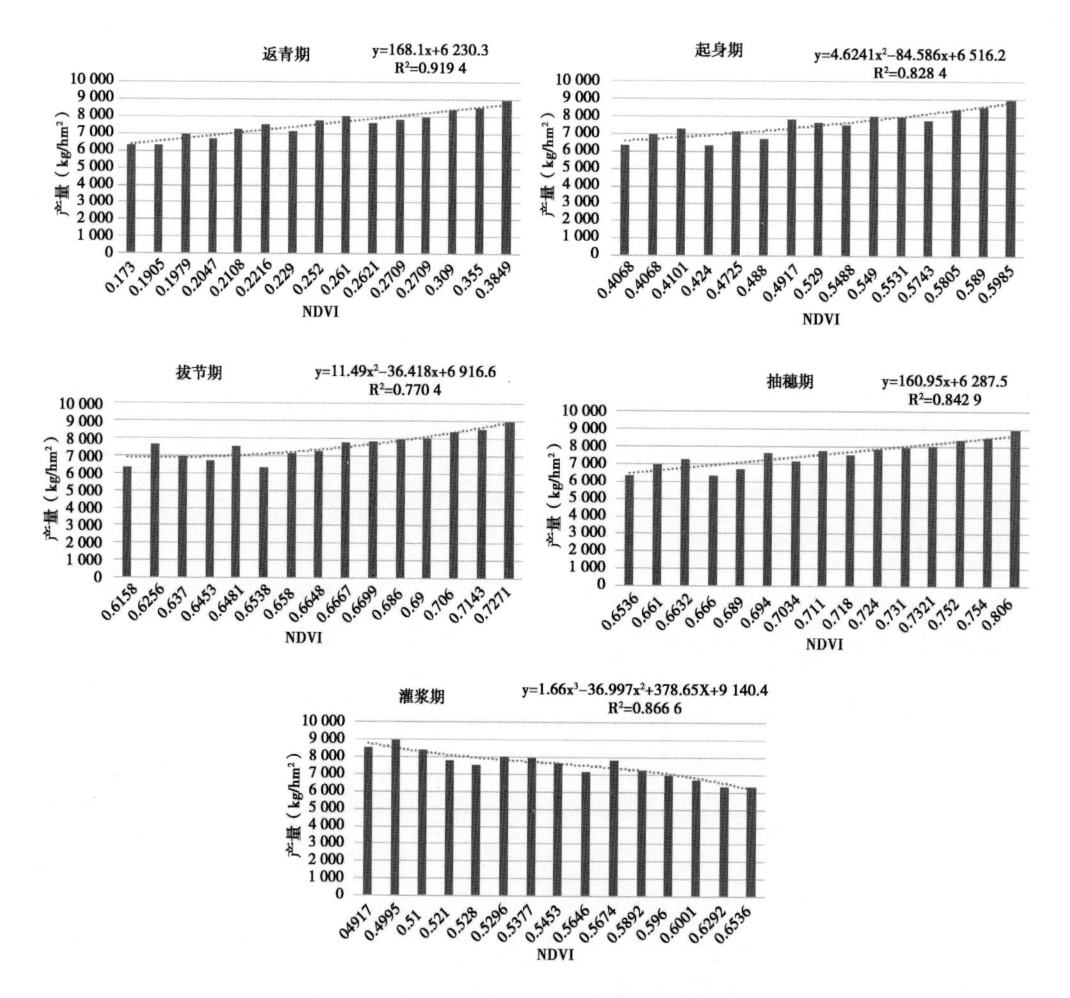

图4　小麦各生育期 NDVI 预测小麦产量趋势

从图4中可以看到小麦预测产量的变化趋势，根据每个图的趋势，选择最适合的回归模型。最终的得到的结果如表2所示。

表2　NDVI 数据预测小麦产量模型

小麦生育期	产量预测模型（kg/hm²）	R^2	SE
返青期	$y = 168.1x_1 + 6\ 230.3$	0.9194	257.745
起身期	$y = 4.6241x_1^2 + 84.586x_1 + 6\ 516.2$	0.8284	394.242
拔节期	$y = 11.49x_1^2 - 36.418x_1 + 6\ 916.6$	0.7704	407.6925
抽穗期	$y = 160.95x_1 + 6\ 287.5$	0.8429	320.6685
灌浆期	$y = -1.661x_1^3 + 36.997x_1^2 - 378.65x_1 + 9\ 140.4$	0.8666	296.8065

表2中，x_1 代表NDVI数值，y 代表小麦预测产量。基于NDVI数据建立的小麦估产模型，其模型的准确性由决定系数（R^2）和标准误差（SE）共同反映，当决定系数越大、标准误差越小时产量预测模型的准确率越高。NDVI作为因变量，产量作为自变量，得出小麦产量的预测模型，从模型中可以看到决定系数大部分在0.8以上，只有在拔节期小麦的决定系数为0.7704，标准误差SE均小于410，说明回归模型的平滑度比较好，模型可以较为准确。

3.1.2　*建立RVI与小麦生长状况推演*　试验地测量的小麦冠层RVI数据作为自变量，以小麦的产量为因变量，通过回归模型分析，建立基于冠层RVI的小麦估产模型。

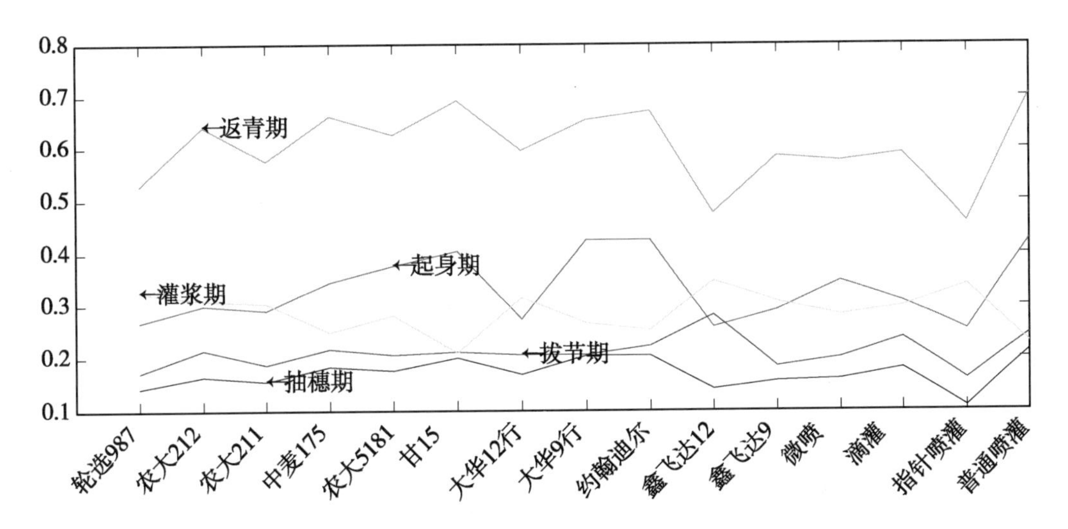

图5　试验组样点区小麦冠层RVI数据变化趋势

在小麦生长前期，RVI数据的值越高，代表小麦的产量越低，出现枯苗、死苗现象。相反，在小麦的生长后期，RVI数据的值越高，代表小麦的长势越好，营养状况越佳，产量越高；RVI数据的值越低，代表小麦成熟越慢，生长缓慢，麦穗不会饱满，导致严重影响小麦的产量。从图5中可以看出，从拔节期到抽穗期大华9行播种方式小麦的长势没有变化，在拔节期小麦处于快速的生长时期，不利于在抽穗期小麦穗粒数的形成，造成小麦的结实率降低而影响小麦的产量。

从图6中可以看到小麦预测产量的变化趋势，根据每个图的变化趋势，选择最适合的回归模型。最终得到的结果如表3所示。

表3　RVI数据预测小麦产量模型

小麦生育期	产量预测模型（kg/hm²）	R^2	SE
返青期	$y = 169.29x_2 + 8\,929.4$	0.9325	221.8665
起身期	$y = 7.3886x_2^2 - 270.41x_2 + 9\,127.6$	0.7798	405.4875
拔节期	$y = 26.266x_2^2 - 513.78x_2 + 9\,514.1$	0.6154	765.4875
抽穗期	$y = -160.84x_2 + 8\,861.8$	0.8417	321.123
灌浆期	$y = 1.3257x_2^3 - 35.212x_2^2 + 428.26x_2 + 5\,787.2$	0.8889	293.9985

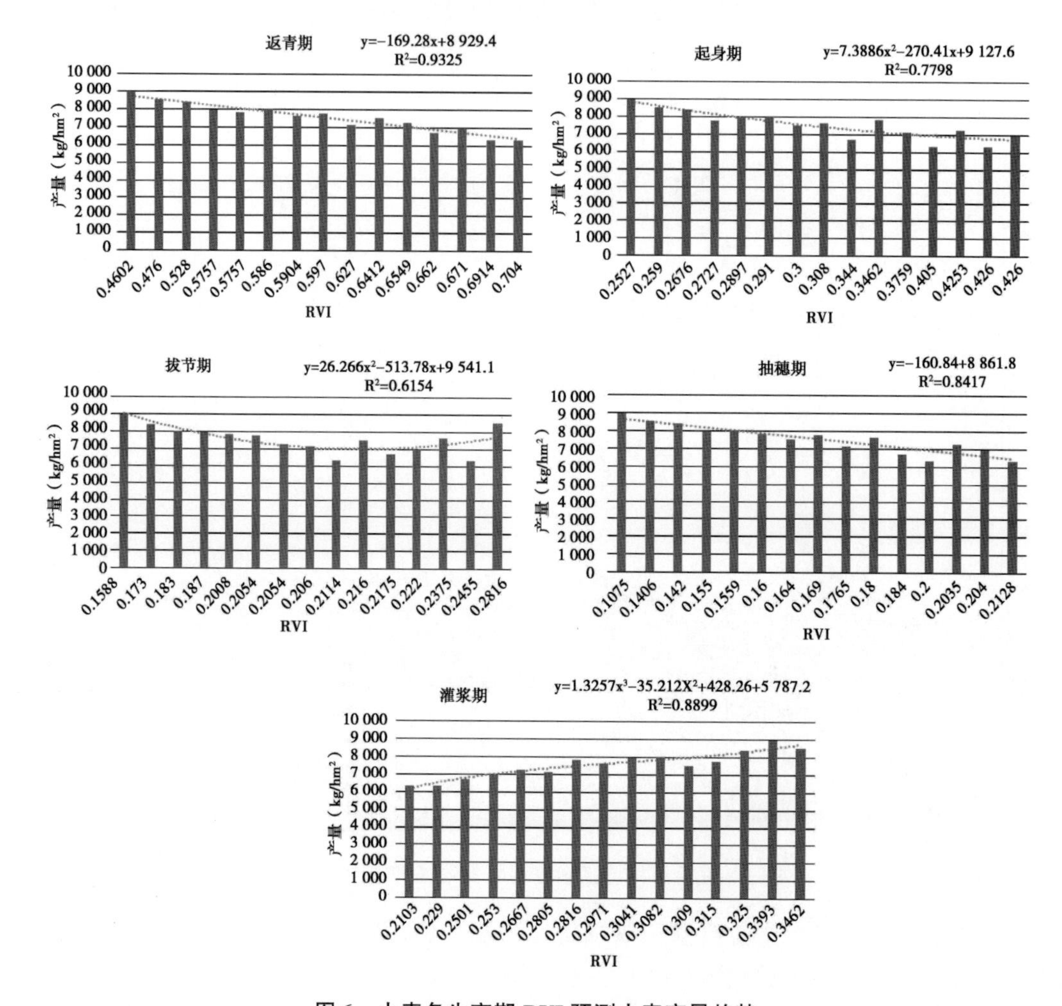

图6　小麦各生育期 RVI 预测小麦产量趋势

表3中，x_2 代表 RVI 数值，y 代表小麦预测产量。从模型中可以看到小麦产量的预测模型决定系数都比较高，但是在拔节期小麦的决定系数为0.6154，决定系数比较低，误差较大，不适用于小麦产量的预测，在此阶段采用其他自变量模型运行预测小麦产量。

3.2　多变量状态下小麦生长状况推演

NDVI 和 RVI 是预测小麦产量的重要数据，为提高模型的准确度，将 NDVI 和 RVI 共同作为自变量去预测小麦产量的变化。与 NDVI 与 RVI 单独作为因变量预测小麦产量模型进行比较，确定最佳的小麦产量预测模型。

表4中，x_1 代表 NDVI 数值，x_2 代表 RVI 数值，y 代表小麦预测产量。从5组公式中根据决定系数和标准误差可以看出 NDVI、RVI 共同作为因变量时，小麦产量预测模型的准确度更高一些，因此，宜采用多变量条件下小麦产量预测模型公式。

表4　NDVI、RVI预测小麦产量模型

小麦生育期	产量预测模型（kg/hm²）	R^2	SE
返青期	$y = -12\,033.405x_1 - 20\,159.85x_2 + 22\,768.53$	0.934	217.7205
起身期	$y = 32\,697.255x_1 + 25\,196.325x_2 - 17\,420.145$	0.768	408.27
拔节期	$y = 20\,802.345x_1 + 621.615x_2 - 6\,435.33$	0.717	450.5055
抽穗期	$y = -10\,750.68x_1 - 41\,098.74x_2 + 22\,213.98$	0.859	317.622
灌浆期	$y = 40\,561.215X_1 + 67\,673.19 - 34\,506.63$	0.926	230.502

3.3　模型的验证

将试验田对照组的数据代入预测模型中进行验证，在测量对照组数据时，每个试验区域分成3个样点区域测量数据，每个样点区域测量数值在300个数据左右，利用箱线图将异常数据进行筛选，取数据的平均值带入公式中进行验证。

将小麦在不同生育期、不同试验地块的数据带入NDVI、RVI共同作为因变量时的公式中，经过计算，在返青期小麦的准确率为92%，在起身期小麦产量预测准确率为79%，在拔节期小麦产量预测准确率为70%，在抽穗期小麦产量预测准确率为84%，在灌浆期小麦产量预测准确率为93%。在起身期和拔节期小麦的准确率较低，而在此阶段小麦处于快速的增长阶段，小麦的长势受到不同自然条件的影响，使得同一时期的小麦长势出现了偏差，可能影响小麦产量预测的准确性。

3.4　误差分析

（1）本试验数据的测量是通过主动传感器Green seeker进行测量，在测量时应该保持相同的高度，但是在实际操作中并不能完全达到都是相同的高度而存在误差。

（2）在实际测量中可能会遇到测量时小麦地块的间隔较大，测量的数据可能含误差偏差较大。

（3）测量仪器在小麦数据测量时本身存在的误差。

4　讨论

小麦是世界上第二大粮食作物，小麦产量直接、间接影响到人民的生活水平及质量[12]。受降水、气温、风向等7项要素的胁迫，冬小麦的主要气象灾害可分为11种，按照冬小麦生育进程，在全生育期内可能遭受的气象灾害有冬前积温不足、晚霜冻、气温骤降型冻害、冬季长寒型冻害、旱冻交加型冻害、倒春寒、早霜冻、孕穗期冷害、干热风、高温逼熟[13]等。因此，在小麦的主要生育阶段对小麦的长势进行检测，能够及早发现小麦在生长过程中所遇到的各种灾害，起到及早预防的目的。

小麦的长势好坏直接影响到了小麦的产量，小麦的生长受到多种条件的制约，因此，在小麦的每个生育期，采用不同的产量预测模型，推演小麦的长势情况，及时采取补救措施，避免造成更大的经济损失。

笔者采用了小麦的长势与产量相结合的研究方法，依据小麦在不同的生长环境下与产量关系的模型。这样可以考虑到小麦在不同的生长环境下的生长状况[14]，对小麦产量预测模型建立更为精确。在选择小麦地块时，应考虑选择包括死亡的、长势旺盛、长势正常的有代表性的小麦地块。有利于综合考虑小麦的在不同的自然环境下的不同的生理变化，预测小麦的产量。在测量小麦植被指数时，应尽量保持仪器处于同一高度，降低测量的误差。同时采用不同的因子作为因变量，建立各种回归模型，选取最优的模型，建立小麦最佳估产模型[15]，充分利用了小麦叶面特有的组织结构。因土壤条件的限制，此模型更加适用于北京地区小麦产量的估产，在后续的研究中，还应综合考虑不同的小麦种植土壤条件，建立适用范围更加广泛的模型。

参考文献

[1] 许大全．光合速率、光合效率与作物产量［J］．生物学通报，1999，34（8）：8－10.

[2] 杨梅，李广．小麦产量预测模型的仿真研究［J］．计算机仿真，2013，30（10）：382－385.

[3] 司文才，刘峻明．冬小麦关键物候空间分布遥感监测方法研究［J］．中国农业科技导报，2011，13（6）：82－89.

[4] 吴军华，岳善超，侯鹏，等．基于主动遥感的冬小麦群体动态监测［J］．光谱学与光谱分析，2011，31（2）：535－538.

[5] 王磊，王贺，卢艳丽，等．NDVI 在农作物检测中的研究应用［I］．地球科学进展，2013，34（4）：43－50.

[6] 王磊，白由路，卢艳丽，等．基于 Green Seeker 的冬小麦 NDVI 分析与产量估算［J］．作物学报，2012，38（4）：747－753.

[7] Moriondo M，Maselli F，Bindi M. A simple model of regional wheat yield based on NDVI data［J］．*Eur J Agron*，2007，26：266－274.

[8] 卢艳丽，胡昊，白由路，等．植被覆盖度对冬小麦冠层光谱的影响及定量化估产研究［J］．麦类作物学报，2010，30（1）：96－100.

[9] 刘伟东，郑兰芬，童庆禧，等．高光谱数据与水稻叶面积指数及叶绿素密度的相关分析［J］．遥感学报，2000，4（4）：279－283.

[10] 张宁，齐波，赵晋铭，等．应用主动传感器 Green Seeker 估测大豆籽粒产量［J］．作物学报，2014，40（4）：657－666.

[11] Al－Bakri J. T.，Taylor J. C. Application of NOAA AVHRR for monitoring vegetation conditions and biomass in Jordan［J］．Journal of Arid Environments，2003，54：579－593.

[12] 贺振，贺俊平．基于 NOAA－NDVI 的河南省冬小麦遥感估产［J］．干旱区资源与环境，2013，27（5）：46－52.

[13] 王丽霞，任志远，任朝霞，等．延河流域 NDVI 与主要气候因子的时空相关性研究［J］．干旱区资源与环境，2011，25（8）：88－93.

[14] 冯美臣，杨武德，等．不同株型品种冬小麦 NDVI 变化特征及产量分析［J］．中国生态农业学报，2011，19（1）：87－92.

[15] 杜培林，田丽萍，薛林，等．遥感在作物估产中的应用［J］．安徽农业科学，2007，35（3）：936－938.

该文发表于《华北农学报》2015 年增刊

北京地区冬小麦播种机选型试验与分析

蒋　彬　张　莉　熊　波　李小龙　高　娇　李传友　盛　顺
（北京市农业机械试验鉴定推广站，北京　100079）

摘　要：为了提高北京地区冬小麦播种质量，参照播种机国家标准和小麦播种机播种质量的检测指标，试验筛选了6种常用的冬小麦播种机，在2种耕整地方式下进行了田间播种选型试验。结果表明：在秸秆粉碎＋重耙的耕整地方式下，大华2BMYF－9型旋耕条播机与郓农2BMFZS－12型振动深松播种机为适宜播种机型；在秸秆粉碎＋重耙＋翻耕＋旋耕的耕整地方式下，郓农2BMFZS－12型振动深松播种机与鑫飞达2BMF－9型播种机为适宜播种机型。用户可根据不同的耕整地方式，选择相适应的小麦播种机。

关键词：小麦播种机；选型试验；耕整地；北京

耕整地模式的不同、是否规范化操作直接影响小麦机械播种质量。北京地区小麦耕整地方式多样，存在播种机型不配套、作业质量参差不齐的问题[1]。适宜的耕整地方式和播种机是提高冬小麦播种质量的重要途径。为了筛选不同耕整地方式下的适宜播种机型，实现耕整地方式与播种机相配套，北京市农业机械试验鉴定推广站筛选了北京地区常用的6种冬小麦播种机型，在2种主要耕整地方式下进行了冬小麦田间播种选型试验，并对这6种冬小麦播种机的作业性能、播种质量进行了比较，为用户选择耕整地方式和适宜播种机型提供参考。

本试验参照GB/T 9478—2005《谷物条播机试验方法》[2]、NY/T 996—2006《小麦精少量播种机作业质量》[3]、NY/T 1411—2007《小麦免耕播种机作业质量》[4]，结合北京地区冬小麦生产农艺特点，制定了试验大纲，对播种机作业性能进行测定，对采集的数据进行综合分析，确定2种耕整地条件下适宜的冬小麦播种机型。

1　参试机型

试验播种机分别为约翰迪尔1590型免耕播种机、大华2BMYF－9型旋耕条播机、大华2BFX－12型旋耕播机、郓农2BMFZS－12型播种机、鑫飞达2BMF－9型播种机和鑫飞达2BMF－12型播种机，共6个机型。各播种机主要技术参数见表1。

（1）约翰迪尔1590型免耕播种机为牵引式，开沟器为圆盘切刀式且为压簧式单体仿形，整机开沟器为双排结构，有种量指示器，排种（肥）轮由右后地轮驱动，经过多级传动链驱动排种轮，播种量可进行人工调整。

（2）大华2BMYF－9型旋耕条播机。该机为悬挂式，单排种器、排种管以及单圆盘双护翼开沟分种装置播种小麦，每行采用单独镇压轮镇压，可一次完成起垄、施肥、宽苗带播种和覆土镇压等多道工序。

（3）大华2BFX－12型耕播种机。为悬挂式，半量螺旋外槽轮式排种器，行距可进行无级调整。可一次完成灭茬旋耕、施肥、播种和镇压等多道工序。

（4）郓农2BMFZS－12型振动深松播种机。为悬挂式，每个开沟器由两个排种器供种，尖凿式深度＞25cm，两行配1个镇压轮。可一次完成深松、旋耕、分层施肥、精量播种和镇压全部工序。

（5）鑫飞达2BMF－9型播种机。为悬挂式，双圆盘式开沟器、外槽轮式排种，能够一次完成开沟、施肥和播种等作业工序，开沟器与施肥管为一体。

表1　6种冬小麦播种机主要技术参数

参试机型	作业行数	行距（mm）	幅宽（m）	配套动力（kW）	排种器形式
大华2BFX－12型旋耕条播机	12	180	2.14	≥63.4	外槽轮
大华2BMYF－9型旋耕条播机	9	285	2.57	≥52.2	外槽轮
郓农2BMFZS－12型振动深松播种机	12	200	2.40	59.7′74.6	外槽轮
约翰迪尔1590型免耕播种机	24	180	4.60	≥74.6	外槽轮
鑫飞达2BMF－12型播种机	12	132	1.58	18.4～25.7	外槽轮
鑫飞达2BMF－9型播种机	9	230	2.07	14.7～18.4	外槽轮

2　试验条件

试验于2014年10月在北京市顺义区赵全营镇去碑营村进行。试验田地势平坦，土壤为黏土，平均含水率为12.4%。两种耕整地方式分别为秸秆粉碎＋重耙、秸秆粉碎＋重耙＋翻耕＋旋耕，试验用小麦品种一致，播量一致。根据北京地区冬小麦生产耕整地方式及小麦生产机械化技术，试验对2种耕整地方式和6种冬小麦播种机进行交叉组合，共10个处理。试验设计见表2。

表2　试验设计

处理	参试机型	耕整地方式
1	大华2BFX－12旋耕条播机	秸秆粉碎＋重耙
2	大华2BMYF－9旋耕条播机	秸秆粉碎＋重耙
3	郓农2BMFZS－12振动深松播种机	秸秆粉碎＋重耙
4	约翰迪尔1590免耕播种机	秸秆粉碎＋重耙
5	郓农2BMFZS－12振动深松播种机	秸秆粉碎＋重耙＋翻耕＋旋耕
6	约翰迪尔1590免耕播种机	秸秆粉碎＋重耙＋翻耕＋旋耕
7	大华2BMYF－9旋耕条播机	秸秆粉碎＋重耙＋翻耕＋旋耕
8	鑫飞达12行播种机	秸秆粉碎＋重耙＋翻耕＋旋耕
9	鑫飞达9行播种机	秸秆粉碎＋重耙＋翻耕＋旋耕
10	大华2BFX－12旋耕条播机	秸秆粉碎＋重耙＋翻耕＋旋耕

3　试验结果分析

按照试验大纲及播种机的实际播种质量情况，主要测定了冬小麦播种的播种深度合格率、断条率、播种均匀性和衔接行距等指标[5-6]。播种质量检测标准见表3，各指标测定结果见表4。

表3　播种质量检测标准　（%）

作业质量指标	标准
播种深度合格率	≥70
播种均匀性变异系数	≤45
断条率（条播）	≤3
衔接行距合格率	≥90

表4　不同处理下的播种质量检测结果

试验机型	整地方式	播种深度			断条		播种均匀性				亩均基本苗（万）	衔接行距		
		播深合格测点	播深合格率（%）	是否合格	断条率（%）	是否合格	平均值	标准差	变异系数（%）	是否合格		平均值（cm）	合格率（%）	是否合格
大华2BFX－12旋耕条播机	秸秆粉碎＋重耙	44	88	合格	6.12	不合格	7	3.08	43.97	合格	25.94	26.25	100	合格
大华2BMYF－9旋耕条播机	秸秆粉碎＋重耙	44	88	合格	0	合格	11.38	3.65	32.02	合格	26.63	26.93	100	合格
郓农2BMFZS－12振动深松播种机	秸秆粉碎＋重耙	35	70	合格	0	合格	8.56	3.35	39.21	合格	28.55	25.73	93	合格
约翰迪尔1590免耕播种机	秸秆粉碎＋重耙	36	72	合格	13.16	不合格	5.27	2.27	43.17	合格	19.53	0	0	不合格
郓农2BMFZS－12振动深松播种机	秸秆粉碎＋重耙＋翻耕＋旋耕	36	72	合格	0	合格	9.01	3.25	36.05	合格	30.05	0	0	不合格
约翰迪尔1590免耕播种机	秸秆粉碎＋重耙＋翻耕＋旋耕	25	50	不合格	12.34	不合格	4.82	2.45	50.71	不合格	17.86	0	0	不合格
大华2BMYF－9旋耕条播机	秸秆粉碎＋重耙＋翻耕＋旋耕	49	98	合格	0	合格	8.79	4.12	46.85	不合格	20.57	27.53	93.3	不合格
鑫飞达12行播种机	秸秆粉碎＋重耙＋翻耕＋旋耕	47	94	合格	7.06	不合格	4.85	2.43	50.2	不合格	24.51	7.73	26.7	不合格
鑫飞达9行播种机	秸秆粉碎＋重耙＋翻耕＋旋耕	43	86	合格	0	合格	5.61	2.19	39.04	合格	16.27	6.6	13.3	不合格
大华2BFX－12旋耕条播机	秸秆粉碎＋重耙＋翻耕＋旋耕	41	82	合格	6.86	不合格	5.27	2.47	46.8	不合格	19.53	8.83	33.3	不合格

3.1　播深合格率

沿对角线等距离取5个测区，测区宽度为1个工作幅宽，长度为5m，每测区内随机取10个测点，测定种子至地表的距离。计算播种深度为（h ±1）cm（播种深度 <

3cm 时，（h ±0.5） cm 范围内的点数占测定总点数的百分比，其中，h 为当地农艺要求的播种深度。5 测区的平均值为最终播种深度合格率。当地农艺要求的播种深度为 3 ~5cm。

测量数据表明：除秸秆粉碎 + 重耙 + 翻耕 + 旋耕耕整地方式下，约翰迪尔 1590 型免耕播种机外，其余 9 个处理的播深合格率均达到机械化播种质量标准要求。合格率最高的为 98%，是秸秆粉碎 + 重耙 + 翻耕 + 旋耕耕整地方式下的大华 2BMYF -9 型旋耕条播机。

3.2 播种均匀性

播种均匀性主要通过小麦播种量的变异系数来评价。按照抽样方法和确定测区的方法确定 5 个测区，随机取 3 个测区，以 10cm 为分段，每行连续等分 10 段，测定每段的种子粒数。测定 6 行（少于 6 行的机型全测），检测时先去掉覆盖在种子上面的大部分覆土，在近种子深度时，连同种子和土壤一起取出，放在孔隙小于种子的筛子内，压碎土块，筛去粉状土壤，捡出种子，数其粒数。测量数据表明：秸秆粉碎 + 重耙耕整地方式下的播种机播种均匀性均达到播种质量标准。秸秆粉碎 + 重耙 + 翻耕 + 旋耕耕整地方式下有 4 个处理的播种机播种均匀性达不到作业质量标准，分别为约翰迪尔 1590 型免耕播种机、大华 2BMYF -9 型旋耕条播机、鑫飞达 2BMF -12 型播种机和大华 2BFX -12 型旋耕条播机。

3.3 断条率

按照确定测区的方法确定 5 个测区，每个测区随机抽取单行检测长度 1m，检测 10 行，以 1 行为 1 个测点，采用检测播种均匀性的方法查看断条长度（ >10cm 为断条），然后计算每一测区的断条率，5 个测区的平均值即为最终断条率。

测量数据表明：有 5 个处理的断条率达到了播种质量标准。秸秆粉碎 + 重耙 + 翻耕 + 旋耕耕整地方式下，鑫飞达 2BMF -9 型播种机、郓农 2BMFZS -12 型振动深松播种机和大华 2BMYF -9 型旋耕条播机断条率合格；秸秆粉碎 + 重耙耕整地方式下，大华 2BMYF -9 型旋耕条播机和郓农 2BMFZS -12 型振动深松播种机断条率合格。

4 结论与讨论

在秸秆粉碎 + 重耙的耕整地方式下，大华 2BMYF -9 型旋耕条播机与郓农 2BMFZS -12 型振动深松播种机播种质量符合标准；在秸秆粉碎 + 重耙 + 翻耕 + 旋耕的耕整地方式下，郓农 2BMFZS -12 型振动深松播种机和鑫飞达 2BMF -9 型播种机符合标准。以上 3 种机型在相对应的耕整地方式下，它们的播种深度、播种均匀性和断条率等各项主要播种质量指标均达到作业质量标准，其余参试播种机的播种质量均有个别指标未达到作业质量标准。

大华 2BMYF -9 型旋耕条播机是在秸秆切碎还田后的地块一次完成灭茬旋耕、施肥、播种和镇压等多道工序，作业速度 1.3m/s 左右，配套动力 52.2kW 以上，与传统的耕作种植方式相比具有节约作业成本、节水、节能、省工、省时、省肥和环保等优点。鑫飞达 2BMF -9 型播种机采用圆盘式开沟器、槽轮式排种器，结构简单，价格便宜，适宜在耕整地效果较好的地块播种，作业速度 2.2m/s 左右，配套动力 18.4kW 以上。郓农 2BMFZS－12 型振动深松播种机采用圆盘式开沟器、外槽轮式排种器，对不同耕整地方式的适应性强，作业速度 1m/s 左右，配套动力 59.7kW 以上。

参考文献

［1］ 高娇，闫子双，张莉，等．北京市冬小麦机械化发展问题与建议［J］．农业工程，2013，3（S2）：1－3.

［2］ GB/T 9478—2005 谷物条播机试验方法［S］.

［3］ NY/T 996—2006 小麦精少量播种机作业质量［S］.

［4］ NY/T 1411—2007 小麦免耕播种机作业质量［S］.

［5］ 赵生军，李春霞，罗忠香，等．冬麦播种机具选型与应用［J］．农业开发与装备，2009（9）：43－45.

［6］ 薛惠岚，张桐华，田志宏，等．陕西关中播种机械选型研究［J］．西北农业大学学报，1997，25（3）：59－63.

本文已发表于《农业工程》2014，12（4）

典型扇形雾喷头雾滴沉积和飘移潜力特性研究

李新杰　李传友[2]　刘亚佳[1]　宋坚利[1]　李龙龙[1]　王士林[1]
（1. 中国农业大学理学院，北京　100193；
2. 北京市农业机械试验鉴定站，北京　100079）

摘　要：为大田喷杆喷雾机作业合理选用配备喷头，提高农药有效利用率，减少流失、飘失，本文应用激光雾滴粒径分析仪和改进后农药雾滴沉积飘移测试平台，依据 ISO24253－1 田间喷雾沉积试验测试标准和 ISO22369－3 农药飘失潜力测试平台标准，对具有代表性的德国 Lechler 公司生产的射流（IDK 系列）和双扇面射流（IDKT 系列）新型大雾滴扇形雾喷头在不同喷雾压力（0.2MPa、0.3MPa、0.4MPa）下的雾滴谱、雾滴裸地沉积分布和雾滴飘移潜力进行测试研究，并与常用标准扇形雾喷头 Lechler ST、LU 系列喷头进行对比。结果表明：标准扇形雾喷头和射流喷头均随喷雾压力的增大，雾滴粒径变小，雾滴谱宽增大，V_{100}增大。标准扇形雾喷头雾滴为细雾和非常细雾，射流喷头雾滴为中等雾和粗雾。喷头雾滴粒径决定了雾滴的沉积和飘移特性，在相同喷雾压力条件下，同种型号喷头雾滴裸地沉积量 IDKT120 > IDK120 > LU120 > ST110，射流喷头雾滴沉积量显著高于标准扇形雾喷头（$P<0.05$），所测喷头雾滴沉积变异系数均低于 8.5%。随着喷雾压力增加，喷头雾滴的飘移量均增加，喷雾压力对标准扇形雾喷头雾滴飘移影响更加明显。在相同喷雾压力条件下，标准扇形雾喷头雾滴飘移量远大于射流喷头，各喷头雾滴飘移量均随雾滴收集距离增大而呈现减小趋势，且飘移均主要集中在测试平台前 5m 处。标准扇形雾喷头 ST 和 LU 之间飘移潜力 DPV 无显著性差异，射流喷头 IDK 和 IDKT 之间 DPV 无显著性差异，但标准扇形雾喷头 DPV 显著高于射流喷头（$P<0.05$），射流喷头与 ST 喷头相比，相对防飘能力均在 55% 以上。

关键词：扇形雾喷头；射流喷头；雾滴粒径；沉积；飘移潜力

我国病虫草害年发生面积达 4.67 亿 hm^2 次以上，目前化学防治仍然是控制农作物病虫草害的主要手段和措施，在保证国家粮食安全中发挥着不可替代的作用[1]。我国每年在商品粮上的农药使用量近 100 万 t，农药生产与用量居世界第一位[2]，但是我国农药使用技术水平远落后于世界水平，普遍使用一种机型和一种喷头，“打遍百药”防治各种作物病虫草害，农药利用效率低，喷洒出去的农药只有 20% ~30% 能够沉积在靶标上，大部分农药流失、飘移到环境中，造成严重的环境污染[3-6]。影响农药利用率的主要因素有喷雾机具性能、操作条件、气象条件、植株冠层结构、叶片表面特性等，高效植保施药技术与机具的应用是提高农药利用率的有效途径[7-9]。

喷头是农药喷雾技术中最关键的部件，决定了农药雾滴的大小、沉积分布、飘移、作物冠层穿透性等[10-12]。吴罗罗等[13]和曾爱军等[14]在风洞内比较了德国 Lechler 公司生产和国产标准扇形雾喷头的飘失特点。Knoche 等[15]证明小雾滴比大雾滴具有更好的沉积均匀性和冠层穿透性，但小于 100μm 的雾滴易飘移。为减少农药雾滴飘移给环境造成的污染和对邻近作物产生的药害，美国 Teejet 公司、德国 Lechler 公司近年研制出了防飘、射流和双扇面等新型扇形雾喷头，这些喷头通过增大雾滴粒径来减少飘失[16-17]。Ferguson 等[18]在风洞内测试并研究了防飘喷头的雾滴粒径；杨希娃等[19]使用 Lechler 公司生产的 3 种喷头（普通扇形雾喷头 LU120－02、防飘喷头 AD120－02、射流喷头 IDK120－02），研究了雾滴尺寸对小麦冠层药液沉积和麦蚜防治的影响。张文君[20]等使用 6 种喷头（标准扇形雾喷头 ST110 系列和射流喷头 IDK120 系列），研究了氯虫苯甲酰胺在玉米冠层上的沉积特性以及有效利用率。Huiyu Zhao 等[21]研究了有无挡板条件下 3 种喷头（LU120－02、AD120－02 和 IDK120－02）在小麦田中喷施吡虫啉时的飘失情况。

2007 年由意大利都灵大学农林与食品科学系研制成功的农药雾滴飘移潜力测试平台，可准确测量行走中喷杆喷雾机上喷头的农药雾滴飘移潜力[22-23]，不同于以往风洞环境中喷头静态喷雾条件下农药雾滴飘移测试方法。2011 年针对该新型测试平台制定了相关的国际标准 ISO22369－3[24]，王潇楠等[25]依据 ISO22369－3 国际标准，研发了喷杆式喷雾机雾滴飘移测试系统。为大田喷杆喷雾机合理选用配备喷头，提高农药有效利用率，减少流失、飘失，本试验依据 ISO24253－1 田间喷雾沉积试验测试标准[26]和 ISO22369－3 农药飘移潜力测试平台标准[24]，对具有代表性的德国 Lechler 公司生产的射流（IDK 系列）和双扇面射流（IDKT 系列）新型大雾滴扇形雾喷头雾滴谱、雾滴地面沉积分布和飘移潜力进行测试分析研究，并与常用标准扇形雾喷头 Lechler ST、LU 系列喷头进行对比，为喷头的合理选择与使用提供参考。

1　材料与方法

1.1　仪器设备

试验采用喷头类型有德国 Lechler 公司生产的 IDK120－03、IDK120－05、IDKT120－03、IDKT120－05、LU120－03、LU120－05、ST110－03 和 ST110－05。其中 LU 和 ST 系列为普通扇形雾喷头，IDK 和 IDKT 系列为射流喷头。喷头雾滴粒径测试仪器为珠海欧美克公司生产的 OMEC DP－2 型雾滴粒径仪。

农药雾滴沉积飘移测试平台（图 1）是在比利时 Advanced Agricultural Mesurement System 公司（A. A. M. S.）生产的农药雾滴飘移潜力测试平台上改进加装雾滴沉积收集装置，农药雾滴飘移潜力测试平台由雾滴飘移收集装置和控制系统两部分组成。雾滴飘移收集装置由 11m ×0.5m 的铝型材台架结构组成，每隔 0.5m 有 0.5m ×0.2m 大小的凹槽，凹槽中并列放置 2 个 Ø9cm 培养皿，作为飘移雾滴的收集单元，每个凹槽上面均有滑盖，控制系统可同时打开或关闭所有滑盖。雾滴沉积收集装置是在雾滴飘移装置台架一侧每隔 3m 安装雾滴沉积收集平台，平台上放置 100cm^2 大小的麦拉片，用于测量沉积分布雾滴的收集。

1.2　试验方法

1.2.1　雾滴粒径测试　随机选定每种喷头 10 个，分别重复 3 次测量流量，选取流量测

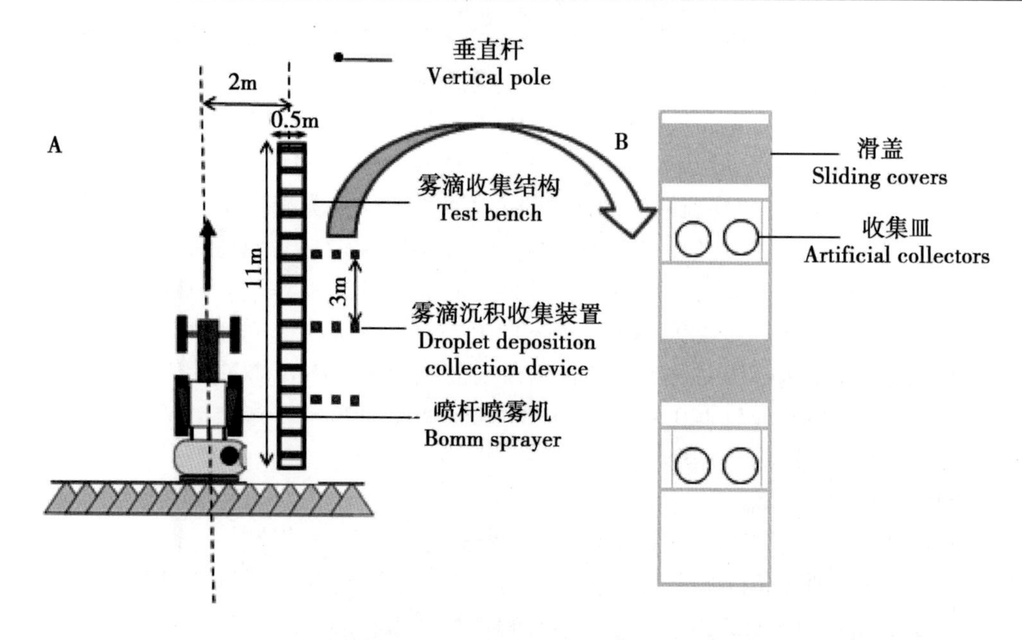

图1 雾滴沉积与飘失潜力测试平台结构示意图

量值与标准值最接近喷头作为测试喷头[27]。采用 OMEC DP－2 型雾滴粒径仪进行测量，测试坐标为（0，0，50cm），每次测试时间为 60s[28]，且测试重复 3 次。喷雾压力为 0.2MPa、0.3MPa、0.4MPa，喷雾采用常温自来水。记录 D_{V10}、D_{V50}、D_{V90} 和 100μm 以下的雾滴体积百分比（$V_{100}\%$），并计算雾滴谱相对宽度（RS）。RS 计算公式为：

$$RS = (D_{V90} - D_{V10}) / D_{V50} \tag{1}$$

式中：D_{V90} 为体积累加到 90% 时的雾滴直径，μm；D_{V10} 为体积累加到 10% 时的雾滴直径，μm；D_{V50} 为雾滴体积中径，即体积累加到 50% 时的雾滴直径为 μm。

1.2.2 雾滴沉积与飘移潜力测试 试验在中国农业大学药械与施药技术中心室外进行，使用环境探测仪测试并记录。环境平均温度为 23℃，相对湿度范围在 50%～65%，风速范围为 0～0.6m/s，平均风速为 0.45m/s。试验使用北京丰茂植保机械公司生产的 3WX－400 型喷杆喷雾机，喷幅为 10m，喷头间距为 0.5m，工作压力范围是 0.2～0.4MPa。调整喷头高度距离雾滴沉积与飘失潜力测试平台收集装置为 0.5m，工作压力分别为 0.2MPa、0.3MPa 和 0.4MPa，每个处理重复 3 次。

依据 ISO24253－1 田间喷雾沉积试验测试标准[26]和 ISO22369－3 农药飘移潜力测试平台标准[24]，测试平台放置在喷杆喷雾机一侧，并与喷杆喷雾机作业方向平行，与拖拉机中心距离为 2m（图 1）。在每个凹槽中并列放入两个 Ø9cm 培养皿收集飘移雾滴，在沉积收集平台每隔 0.5m 放置一面积为 100cm^2 的麦拉片收集沉积雾滴。喷雾机行走方向见图 1，作业长度 51m，起步正常喷洒到测试平台为 20m，经过所有的收集装置后继续行走喷雾作业 20m。试验前，将无盖培养皿放入凹槽，关闭滑盖，当喷杆喷雾机行驶至其上喷头距最后经过的凹槽 2m 时，控制系统打开滑盖，凹槽内培养皿实时定点收集飘移雾滴，在滑盖打开时开始计时，收集时间为 60s，60s 后多人同时迅速盖上培养皿盖子，按顺序标号并收集，同时用自封袋收集测试雾滴沉积分布的麦拉片。试验时，使用5%柠檬黄（上海染料研究所有限公司生产）作为示踪物，配制水溶液进行测试。将收集的样品用去离子水洗脱后，使用可见分光光度计（上海仪电分析仪器有限公司）测定洗脱液吸光度。

1.2.3　雾滴沉积和飘移潜力计算　根据ISO24253－1田间喷雾沉积试验测试标准[26]和ISO22369－3农药飘移潜力测试平台标准[24]，雾滴沉积量和雾滴飘移量计算公式如下：

$$\beta_{dep} \text{或} D_i = [(\rho_{smpl} - \rho_{blk}) \times V_{dil})] / [\rho_{spray} \times A_{col}] \quad (2)$$

其中，β_{dep}为单位面积雾滴沉积量，μL/cm²；D_i为单位面积雾滴飘移量，单位是μL/cm²；ρ_{smpl}为洗脱液吸光度；ρ_{blk}为去离子水吸光度；V_{dil}为加入的洗脱液体积，μL；ρspray为标定液吸光度；Acol为收集器面积，cm²。

飘移潜力（dPV）计算公式为：

$$d_{PV} = \sum D_i / d_{RS} \times 100 \quad (3)$$

其中，d_{PV}为飘移潜力,%；d_{RS}为理论喷量单位面积沉积量，μL/cm²。

表1　不同喷雾压力条件下喷头雾滴粒径分布

压力(MPa)	喷头类型	喷头流量(l/min)	DV10(μm)	DV50(μm)	雾滴分类	DV90(μm)	RS	V100(μm)
0.2	ST110－03	0.97	89.01	171.40	细	310.83	1.29	15.70
	LU120－03	0.97	85.79	173.81	细	306.46	1.27	16.89
	IDK120－03	0.97	147.28	363.72	中等	650.16	1.38	2.58
	IDKT120－03	0.97	178.32	546.60	非常粗	941.88	1.40	1.39
0.3	ST110－03	1.19	77.95	151.97	细	276.99	1.31	22.09
	LU120－03	1.19	74.20	154.09	细	276.51	1.31	23.38
	IDK120－03	1.19	130.43	307.25	中等	575.24	1.45	4.35
	IDKT120－03	1.19	129.05	415.82	粗	901.84	1.86	2.30
0.4	ST110－03	1.37	72.70	142.84	非常细	265.24	1.35	25.80
	LU120－03	1.37	71.14	144.38	非常细	262.47	1.33	26.46
	IDK120－03	1.37	116.33	267.21	中等	517.16	1.50	5.28
	IDKT120－03	1.37	122.54	355.03	粗	848.68	2.05	2.77
0.2	ST110－05	1.61	103.38	208.89	细	450.52	1.66	9.92
	LU120－05	1.61	95.49	195.06	细	374.06	1.43	12.60
	IDK120－05	1.61	158.49	404.62	粗	700.60	1.34	1.34
	IDKT120－05	1.61	134.46	395.41	粗	1041.46	2.29	2.00
0.3	ST110－05	1.97	89.96	186.74	细	404.28	1.68	14.52
	LU120－05	1.97	87.73	174.17	细	343.37	1.47	17.93
	IDK120－05	1.97	140.15	361.91	粗	663.08	1.45	1.95
	IDKT120－05	1.97	113.48	329.10	中等	984.75	2.65	2.45

（续表）

压力（MPa）	喷头类型	喷头流量（l/min）	DV10（μm）	DV50（μm）	雾滴分类	DV90（μm）	RS	V100（μm）
0.4	ST110－05	2.28	81.84	167.29	细	369.73	1.72	18.94
	LU120－05	2.28	78.84	168.36	细	351.71	1.62	19.95
	IDK120－05	2.28	123.07	319.01	中等	602.50	1.50	2.40
	IDKT120－05	2.28	101.33	287.90	中等	956.46	2.97	2.94

2 结果与分析

2.1 雾滴粒径及分布

雾滴粒径是衡量药液雾化程度和比较各类喷头雾化质量的主要指标，决定了农药雾滴的覆盖密度和飘失性能，是选用喷头的主要参数。雾滴粒径及分布测试结果见表1，所测标准扇形雾和射流喷头的雾滴粒径均随喷雾压力的增大而减小，雾滴谱相对宽度随喷雾压力增大而增大，射流喷头雾滴粒径大于标准扇形雾喷头。根据 ASABE standard S－572 雾滴分级标准[29]，ST110－03 和 LU120－03 喷头在 0.2MPa 和 0.3MPa 喷雾压力条件下雾滴为细雾，在 0.4MPa 喷雾压力条件下，为非常细雾，ST110－05 和 LU120－05 喷头在所测 3 种喷雾压力条件下雾滴均为细雾，LU 型喷头与 ST 型喷头相比，雾滴谱相对宽度较窄，雾滴粒径分布相对均匀。在表 1 中 3 种喷雾压力条件下 IDK120－03 喷头雾滴为中等雾，IDK120－05 为粗雾和中等雾，IDKT120－03 为粗雾，IDKT120－05 为粗雾和中等雾。IDK 型喷头与 IDKT 喷头相比，雾滴谱相对宽度较窄。

ST、LU、IDK 喷头，在相同压力条件下，随喷头型号和流量增大，雾滴粒径增大，但 IDKT 喷头，随型号和流量增大，雾滴粒径减小。射流喷头采用文丘里原理，当高压药液进入喷头，空气亦经空气孔被吸进喷头，气液混合，经喷孔喷出后，形成液包气泡雾滴，雾滴体积变大。当雾滴到达作物表面时，含有气泡的雾滴与作物表面发生碰撞、破碎，破碎后沉积在作物表面的雾滴粒径及分布密度还有待于进一步研究。

2.2 雾滴沉积分布

所测喷头雾滴沉积分布特点见表2，从表 2 可知，在相同喷雾压力条件下，型号大小相同喷头雾滴沉积量 IDKT120 > IDK120 > LU120 > ST110，经单因素方差分析，在 0.2MPa 喷雾压力较低条件下，4 种 03 号喷头雾滴沉积量无显著性差异；但压力升高到 0.3MPa 和 0.4MPa 时，03 号两种射流喷头雾滴沉积量显著高于两种标准扇形雾喷头（$P<0.05$）。05 号喷头中，IDKT120 喷头雾滴沉积量在 0.2MPa 和 0.3MPa 时显著高于其他 3 种喷头，在 0.4MPa 时与 IDK120 无显著性差异，但显著高于 ST110 和 LU120（$P<0.05$）。雾滴粒径大小影响雾滴沉积量，随着压力升高，标准扇形雾喷头 $V_{100}\%$ 显著增大，导致雾滴飘移量增加，沉积量减少。采用变异系数衡量雾滴沉积分布均匀性，所测喷头雾滴分布变异系数均小于 8.5%，分布均匀性较好。射流喷头均随喷雾压力的增大，雾滴粒径减小，雾滴分布变异系数减小，均匀性提高。

表2　不同喷雾压力条件下喷头雾滴沉积量及分布

喷头类型	0.2MPa		0.3MPa		0.4MPa	
	沉积量	变异系数 CV（%）	沉积量	变异系数 CV（%）	沉积量	变异系数 CV（%）
ST110－03	1.34a	2.3	1.57b	2.6	1.74c	4.8
LU120－03	1.35a	8.2	1.67ab	2.6	1.85bc	3.7
IDK120－03	1.37a	6.4	1.72a	1.2	1.95ab	0.9
IDKT120－03	1.39a	6.1	1.76a	2.1	2.00a	1.6
ST110－05	1.73c	2.2	2.21b	2.5	2.50b	6.1
LU120－05	1.78bc	4.8	2.32b	2.1	2.53b	1.8
IDK120－05	1.90b	5.0	2.36b	4.4	2.82a	0.6
IDKT120－05	2.26a	4.0	2.51a	3.0	2.90a	2.7

2.3　不同喷头雾滴的飘移特性

2.3.1　*不同喷头雾滴飘移量*　使用农药雾滴飘移测试系统，对不同喷头农药雾滴飘移特性进行测试，测试结果见图2，从图中可以看出，相同喷雾压力条件下，标准扇形雾喷头雾滴飘移量远大于射流喷头，射流喷头单位面积上的最大飘移量均在0.05μL/cm^{2}以下，而普通扇形雾喷头单位面积上的最大飘移量均达到了0.20μL/cm^{2}以上。各喷头雾滴飘移量均随雾滴收集距离增大而呈现减小趋势，而且飘移均主要集中在前5m，尤其是标准扇形雾，在0～5m处的每个雾滴飘移收集点处单位面积的飘移量之和远大于5～10m处。随着喷雾压力增加，喷头雾滴的飘移量均增加，压力对标准扇形雾喷头雾滴飘移影响来说更加明显。除IDKT喷头外，其他05喷头和相应型号的03喷头对比，可以看出随着喷头型号增加，单位面积上的飘失量相应减小。

这是因为在相同压力条件下，型号越大，其DV_{50}也就越大，V_{100}所占的比例也就越小。小雾滴量减少，所以飘失所占的比例也就变了。总的来说，IDK和IDKT 2种防飘喷头无论型号大小，单位面积的飘失量都很小。单位面积飘失最大的是3种普通喷头（ST、XR、LU）。

2.3.2　*不同喷头雾滴飘移潜力*　由式3可计算出各喷头雾滴飘移潜力（DPV），结果见表3，可以看出所测喷头飘移潜力均随喷雾压力增大而增大，标准扇形雾喷头随喷雾压力增大飘移潜力显著性增大，而射流喷头飘移潜力增大不显著（$P>0.05$）。ST、LU和IDK均随着型号的增加其飘失潜力相对减小，IDKT相反，IDKT120－05的雾滴粒径小于IDK120－03，因此其DPV大于IDK120－03。所测标准扇形雾喷头DPV显著高于射流喷头（$P<0.05$），标准扇形雾喷头ST和LU之间DPV无显著性差异，射流喷头IDK和IDKT之间DPV无显著性差异（$P>0.05$）。分别以ST110－03和ST110－0505在0.3MPa下的DPV为标准来计算相应型号射流喷头的防飘效果（表4），可以看出，射流喷头与ST喷头相比，相对防飘能力均在55%以上。

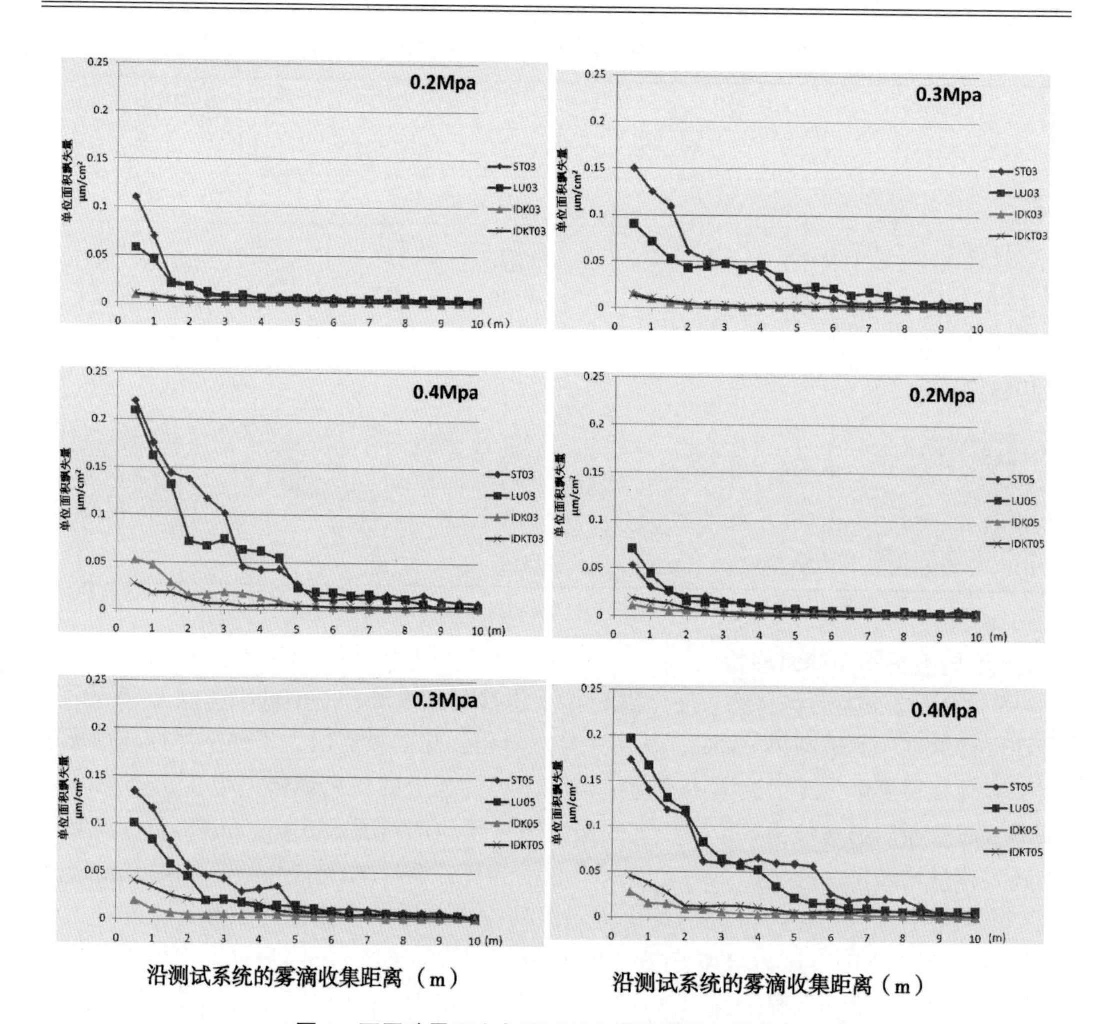

图 2　不同喷雾压力条件下喷头雾滴飘移特性曲线

表 3　不同喷雾压力条件下喷头雾滴飘移潜力 DPV　（%）

喷头类型	0.2MPa	0.3MPa	0.4MPa
ST110－03	23.7cde	41.8b	62.7a
LU120－03	19.7de	40.7b	65.1a
IDK120－03	6.2ghi	8.3hi	16.2efg
IDKT120－03	4.0i	7.7ghi	12.7fghi
ST110－03	14.7efgh	29.8c	45.4b
LU120－03	18.7def	27.1cd	48.5b
IDK120－03	5.4hi	6.1ghi	8.1ghi
IDKT120－03	7.5ghi	12.7fghi	10.7fghi

表4　不同喷雾压力条件下射流喷头相对 ST 型喷头防飘能力值　　（%）

喷头类型	0.2MPa	0.3MPa	0.4MPa
ST03	—	0.0	—
IDK03	91.5	82.3	65.4
IDKT03	86.8	83.5	72.9
ST05	—	0.0	—
IDK05	81.9	79.5	72.8
IDKT05	74.8	64.1	57.4

3　结论

本文对大田喷杆喷雾机常用标准扇形雾喷头 ST110－03、ST110－05、LU120－03、LU120－05 和新型射流喷头 IDK120－03、IDK120－05、新型射流双扇面喷头 IDKT120－03、IDKT120－05，在 0.2MPa、0.3MPa、0.4MPa 喷雾压力条件下的雾滴粒径及分布、雾滴沉积及分布和雾滴飘移特性，进行了测试比较研究。

标准扇形雾喷头和射流喷头均随喷雾压力增大，雾滴粒径减小，雾滴谱宽增大，V_{100}增大。标准扇形雾喷头雾滴为细雾和非常细雾，V_{100}最高值为 26.46%，LU 型喷头与 ST 型喷头相比，雾滴谱相对宽度较窄，雾滴粒径分布相对均匀。射流喷头雾滴为中等雾和粗雾，V_{100}最高值仅为 5.28%，IDK 型喷头与 IDKT 喷头相比，雾滴谱相对宽度较窄。

在相同喷雾压力条件下，相同型号喷头在裸地雾滴沉积量 IDKT120 > IDK120 > LU120 > ST110，双扇面射流喷头雾滴沉积量最高。随着喷雾压力升高，标准扇形雾喷头 V_{100}增高，雾滴飘移增加，射流喷头雾滴沉积量显著高于标准扇形雾喷头（$P < 0.05$），小型号喷头变化更为显著。雾滴沉积分布均匀性均较好，变异系数低于 8.5%，但射流喷头液包气雾滴二次雾化后，沉积在靶标上的雾滴粒径及分布密度还有待于进一步研究。

标准扇形雾喷头和射流喷头均随喷雾压力的增大，雾滴飘移量增加，飘移潜力值 DPV 增大，飘移均主要集中在测试平台雾滴收集距离前 5m 处。标准扇形雾喷头 DPV 显著高于射流喷头（$P < 0.05$），射流喷头与 ST 喷头相比，相对防飘能力均在 55% 以上。

改进农药雾滴沉积飘移测试平台，可作为衡量评价喷头雾滴裸地沉积分布和雾滴飘移潜力的简单而有效方法，为喷头的选择使用提供参考。

本试验是在室外平均风速为 0.45m/s 条件下进行测试，喷头雾滴粒径影响雾滴沉积和飘移，尤其是 V_{100}雾滴，但标准扇形雾喷头和射流喷头对风速、温度、湿度等环境因素的适应性及药液理化特性的影响，还有待于进一步研究。

参考文献

[1]　农业部全国农业技术推广服务中心．全国植保专业统计资料：2013 年［Z］．北京：农业

部全国农业技术推广服务中心，2014.
[2] 陈生斗．我国农作物有害生物发展动态与防控趋势［J］．中国农药，2015，02：40－46.
[3] 傅锡敏，薛新宇．基于我国施药技术与装备现状的发展思路［J］．中国农机化，2008，06：72－76.
[4] 周海燕，杨炳南，严荷荣，等．我国高效植保机械应用现状及发展展望［J］．农业工程，2014，4（6）：4－6.
[5] 杨学军，严荷荣，徐赛章，等．植保机械的研究现状及发展趋势［J］．农业机械学报，2002，33（6）：129－131＋137.
[6] 何雄奎．改变我国植保机械和施药技术严重落后的现状［J］．农业工程学报，2004，20（1）：13－15.
[7] 袁会珠．农药使用技术指南［M］．北京：化学工业出版社．2011.
[8] 袁会珠，杨代斌，闫晓静，等．农药有效利用率与喷雾技术优化［J］．植物保护，2011，37（5）：14－20.
[9] Hoffmann W C，Salyani M. Spray deposition on citrus canopies under different meteorological conditions［J］．Tr ansactions of the ASA E，1996，39（1）：17－ 22.
[10] Matthews GA. Application of Pesticides to crops. Imperial College Press，1999.
[11] 何雄奎．药械与施药技术［M］．北京：中国农业大学出版社．2013.
[12] 曾爱军．减少农药雾滴飘移的技术研究［D］．中国农业大学，2005.
[13] 吴罗罗，李秉礼，何雄奎，等．雾滴飘移试验与几种喷头抗飘失能力的比较［J］．农业机械学报，1996（增刊）：120－124.
[14] 曾爱军，何雄奎，陈青云，等．典型液力喷头在风洞环境中的飘移特性试验与评价［J］．农业工程学报，2005，21（10）：78－81.
[15] Knoche，M.，1994. Effect of droplet size and carrier volume on performance of foliage－applied herbicides. Crop Prot. 13：163－178.
[16] Teejet. http：//www. teejet. Com.
[17] Lechler. http：//www. Lechler－Agri. Com.
[18] Fergusion，J. C，Hewitt，A. J，Eastin，J. A，Connell，R. J，Roten，R. L，Kruger，G. R，2014. Developing a comprehensive drift reduction technology risk assessment scheme［J］. Plant Prot. Res. 54：85－89.
[19] 杨希娃，周继中，何雄奎，等．喷头类型对药液沉积和麦蚜防效的影响［J］．农业工程学报，2012，28（7）：46－50.
[20] 张文君．农药雾滴雾化与在玉米植株上的沉积特性研究［D］．中国农业大学，2014.
[21] Huiyu Zhao，Chen Xie，Fengmao Liu，Xiongkui He，Jing Zhang，Jianli Song. Effects of sprayers and nozzles on spray drift and terminal residues of imidacloprid on wheat［J］．Crop Protection，Volume 60，June 2014，Page 78－82.
[22] Balsari，P.，Marucco，M.，Tamagnone，M.，2007. A test bench for the classification of boom sprayers according to drift risk［J］．Crop Prot，26：1 482－1 489.
[23] Vanella，G.，Salyani，M.，Balsari，P.，Futch，S. H.，Sweeb，R. D.，2011. A method for accessing droft potential of a cirrus herbicide applicator［J］．hortechnology.，21：745－751.
[24] ISO22369－3－2010，Crop protection equipment－Drift classification of spraying equipment－Part 3：Potential sptay drift measurement for field crop sprayers by the use of a test bench［S］.

[25]　王潇楠，何雄奎，Andreas. Herbst，Jan Langenakens，郑建秋，李云龙．喷杆式喷雾机雾滴飘移测试系统研制及性能试验［J］．农业工程学报，2014，30（18）：55－62.

[26]　ISO24253－1，Crop protection equipment－Spray deposition tests of field crop sprayers－Part1：Field deposit measurement［S］.

[27]　王双双，何雄奎，宋坚利，等．农用喷头雾化粒径测试方法比较及分布函数拟合［J］．农业工程学报，2014，30（20）：34－42.

[28]　张文君．农药雾滴雾化与在玉米植株上的沉积特性研究［D］．中国农业大学，2014.

该文发表于《华北农学报》2015 年增刊

玉米精量播种机适应性试验与分析

李小龙　高　娇　张　莉　熊　波　蒋　彬　李传友
（北京市农业机械试验鉴定推广站，北京　100079）

摘　要：玉米精量点播技术可提高玉米产量，省工节本，增加经济效益，而京郊地区此技术应用较少。为了在北京地区推广玉米精量播种技术，开展了玉米精量播种机适应性试验，明确适宜推广应用的播种机型。根据京郊地块特色选择库恩 MAXIMA－6、迪尔 1030－4 和 2BMF－4 型玉米精量播种机参与试验，试验结果表明，3 种机型均可达到 NY/T 1628—2008《玉米免耕播种机作业质量》要求，库恩 MAXIMA－6、迪尔 1030－4 适宜成方连片大型地块播种作业，2BMF－4 适宜小型地块作业。

关键词：玉米；精量播种机；适应性试验

玉米精量点播技术与传统播种技术比较具有苗齐、苗匀、苗壮、苗正、省工和节约成本的优点。然而北京春玉米区精量播种技术应用率低，配套机具短缺，导致玉米生产中下种量大，造成种子浪费，同时需要人工间苗、定苗，费时费工，提高了春玉米生产成本[1]。实现玉米精量点播的关键在于精量播种机的选择应用，而目前市场上的玉米精量、精密播种机厂家众多。精量播种机类型根据排种器主要分为机械式和气力式两类。机械式精密排种器结构简单、制造容易，国内生产的精量播种机多选择此类型排种器；气力式排种器结构复杂，对配套动力拖拉机要求较高，国外生产的精量播种机多为此类型排种器。本试验根据京郊特点，分别选择 1 台国外进口的气力式精量播种机、1 台国外进口的机械式精量播种机和 1 台国内生产的机械式精量播种机，开展适应性试验，筛选适宜京郊玉米生产应用精量播种技术的播种机具。

1　试验机具

1.1　机具技术参数

根据北京地区春玉米生产区地块大小不一、种植户和农机服务组织的购买力不同等实际特点，筛选出以下 3 种机型参与选型对比试验，其中，2 台为进口高配置精量播种机，1 台为国产中低配置精量播种机[2]。按照排种器类型分，主要为勺轮式、指夹式和气吸式 3 种播种机，型号依次为 2BMF－4（国产精量播种机，价格较低，1 万元以下）、库恩 MAXIMA－6 和迪尔 1030－4（这 2 台为国外进口精量播种机，价格较高，20 万元以上）。3 台播种机基本技术参数见表 1。

1.2　机具结构特点

3 种机具均为悬挂式，2BMF－4 外形小巧，质量小，转弯半径小，适用于小地块播种作业。配套动力为13.2～29.4kW小型四轮拖拉机，传动机构为链条－链条－齿轮型，排种器为勺轮式，排肥器为外槽轮式，地轮形式为标准胶轮式（4.00－12），播种深度3～6cm，施肥深度8～16cm，侧下方施肥，结构简单，易于调试、播种操作。库恩MAXIMA－6、迪尔1030－4外形较大，质量较大，转弯半径大，适用于成方连片大地块作业。MAXIMA－6配套动力为88.2kW及以上拖拉机，播种单体质量范围120～150kg，前后协同仿形，液压调控；内配刮种器，偏心安装、带有凹槽的结构设计，可使播种质量保证单穴单粒；播种深度可通过刻度手柄在16位置凹槽选择器上快速、精准选择，保证播种深度一致。结构设计趋于人性化，易于操作。1030－4所需配套动力为55.1kW以上拖拉机，传动系统为链轮式，开沟器为双圆盘式，播种深度2.5～15cm，标配2个半充气限深轮，标配橡胶轮胎覆土系统，液压控制划印器。

表1　参试播种机主要技术参数

播种机型号	排种器类型	工作行数	行距	划印器类型	肥箱容积	种箱容积	排种量（kg//hm^2）	工作效率（hm^2/h）	工作速度（km/h）	挂接方式	配套动力
2BMF－4	勺轮式	4	50～70cm（无级）	无	54L×2个	8L×4个	22.5～45	0.3～0.6	3～5	悬挂式	18～40马力小四轮拖拉机
1030－4	指夹式	4	50cm、60～66cm、76～85cm	串联液压输出阀	109L（2个）	52L（6个）	22.5～45	0.6～1.2	12k	悬挂式	75马力以上大型拖拉机
MAXIMA－6	气吸式	6	50～70cm	双向液压控制	280L（2个）	40L（4个）	22.5～45	0.6～1.2	12	悬挂式	120马力以上大型拖拉机

2　试验设计

2.1　试验条件

本试验在北京密云县高岭镇瑶亭村粮经作物产业技术体系创新团队玉米生产试验基地开展，试验为品种和播种机型双因素试验，采用随机区组试验设计。土壤为砂壤土，播种当天土壤含水量为11%，土壤紧实度为1 115.6kPa。2014年5月4～5日播种，整地方式为深松＋旋耕，参试品种有大粒型品种郑单958和籽粒相对较小的品种农华101，播种密度为6.3万～7.2万株/hm^2。试验时，各参试机具均按设计要求调试到最佳作业状态。

2.2　试验方法

试验按照NY/T 1628—2008《玉米免耕播种机作业质量》要求的试验条件及测定方法开展[3]。抽样方法为，划分出同一机手驾驶机组班次所进行的播种作业范围，作业地块面积≥50m×140m，沿测试地块长、宽方向的中点连十字线，把地块划分成4块，随机选取对角的两块地作为检测样。

3　试验结果及分析

3.1　作业质量检测结果

根据玉米精量播种技术要求，本试验着重考察3台参试机具的种子破损率、漏播率、重播率、晾籽率、断条率、播深、播深变异系数、粒距和粒距变异系数等指标[4-5]。

经过试验调查，3 台机器在播种郑单 958 和农华 101 两种种子时，均无种子破损、漏播、重播、晾子和断条情况发生。

3 台机具的播深、播深合格率、粒距和粒距合格率等指标见表 2。

表 2 各播种机作业质量检测结果

播种机型	第一播种单体				第二播种单体				第三播种单体				第四播种单体			
	播深	播深合格率	粒距	粒距合格率	播深	播深合格率	粒距	粒距合格率	播深	播深合格率	粒距	粒距合格率	播深	播深合格率	粒距	粒距合格率
标准	4~6	≥75%	—	≥95%	4~6	≥75%	—	≥95%	4~6	≥75%	—	≥95%	4~6	≥75%	—	≥95%
MAXIMA-6	4.2	100%	27	95%	4.4	100%	26.8	98%	4.3	100%	26.8	97%	4	100%	26	95%
1030-4	4.5	95%	23.2	95%	5	100%	23.4	96%	5.1	100%	23.5	95%	4.7	100%	23.8	95%
2BMF-4	5.8	95%	26.4	93%	5.8	100%	25.3	95%	5.3	100%	27.4	96%	6	95%	26.5	95%

库恩 MAXIMA-6 各排种器播种深度变化为 4.0~4.4cm，平均播深分别为 4.2cm、4.4cm、4.3cm 和 4.0cm，符合当地生产农艺要求，播深合格率均为 100%，符合标准要求。各排种器的粒距变化为 26~27cm，平均粒距分别为 27.0cm、26.8cm、26.8cm 和 26.0cm，粒距合格率分别为 95%、98%、97% 和 95%，均符合标准。

迪尔 10306 各排种器播种深度变化为 4.5cm，平均播深分别为 4.5cm、5.0cm、5.1cm 和 4.7cm，符合当地生产农艺要求，播深合格率分别为 95%、100%、100% 和 100%，均符合标准要求。各排种器的粒距变化为 23.2~23.8cm，平均值分别为 23.2cm、23.4cm、23.5cm 和 23.8cm，粒距合格率分别为 95%、96%、96% 和 96%，符合标准要求。

2BMF6 各排种器播种深度变化为 5.3~6.0cm，平均播深分别为 5.8cm、5.8cm、5.3cm 和 6.0cm，播深均符合当地农艺生产要求，播深合格率分别为 95%、100%、100% 和 95%，符合标准要求。各排种器粒距变化为 25.3~27.4cm，U 均粒距分别为 26.4cm、25.3cm、27.4cm 和 26.5cm，粒距合格率分别为 93%、95%、96% 和 95%，第 1 播种器未达到标准要求，其他均符合标准。

3.2 农艺指标检测结果

出苗整齐度在苗期（3 叶期）测定。由图 1 可知，MAXIMA-6 和 1030-4 出苗整齐度均为 9，2BMF-4 出苗整齐度为 7，略低于 MAXIMA-6 和 1030-4 播种作业的出苗整齐度。

4 讨论与结论

由试验结果分析可知，3 种参试机型的作业质量均达到 NY/T1628—2008《玉米免耕播种机作业质量》标准中精量播种的要求（播种深度按照当地农艺生产要求），因此，3 台量播种机均可在京郊玉米生产区推广应用。根据精量播种机的选择方法，以及京区种植地块大小、农户对农机购买力的差异，平原春玉米区大面积地块可选用

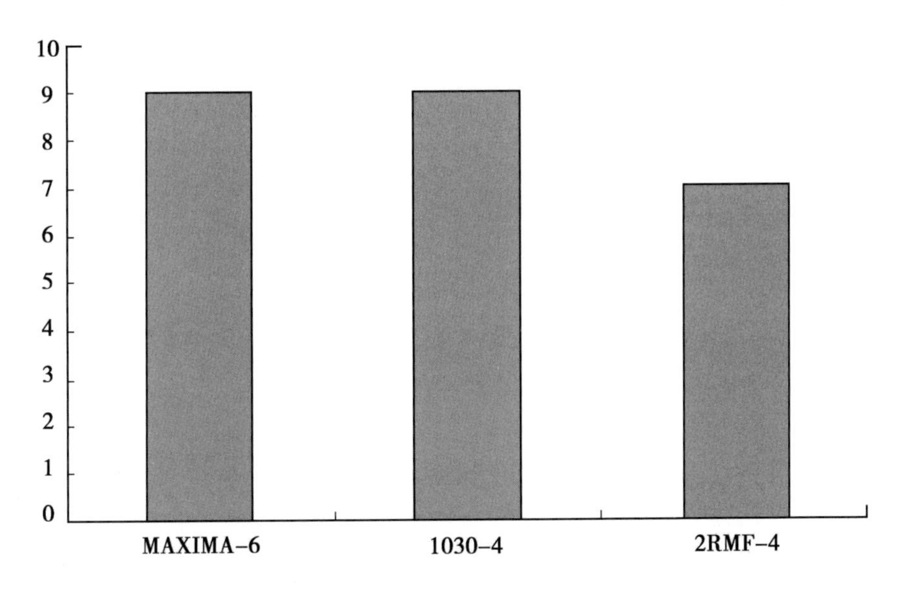

图1　3台播种机播种作业的出苗整齐度

MAXIMA－6和1030－4两种播种机，机型大，作业速度快，作业质量高，可提高平原区精量播种作业质量及作业效率[6]。在山区及小面积地块可选用2BMF－4机型，该机型结构小巧，转弯半径小，作业质量亦可满足精量播种技术要求。3种机型价位差异较大，种植农户、农机服务组织可根据自身购买能力、作业范围选择不同机型。

参考文献

[1]　马国权．推广玉米精量播种技术势在必行［J］．湖北农机化，2013（1）：58.

[2]　李小龙，高娇，闫子双．北京地区春玉米种植农机农艺技术融合问题与建议［J］．农业工程，2013，3（S2）：98603.

[3]　NY/T 1628—2008玉米免耕播种机作业质量［S］.

[4]　于长生．玉米精量点播技术［J］．内蒙古农业科技，2014（1）：109.

[5]　刘欣．玉米精量播种机械化技术研究［J］．农业科技与装备，2013（1）：66－67.

[6]　王丽．精量播种机的选择和使用［J］．养殖技术顾问，2010（2）：161.

本文已发表于《农业工程》2014第12期

甘薯贮藏病害模型研究

陈海啸　徐　践　张　娜
（北京农学院，北京　102206）

摘　要：甘薯是中国最主要的粮食作物之一，年产量高达1亿t，然而因为贮藏不当，有大量的甘薯产生病害导致霉烂变质。本文主要研究了温度和湿度对贮藏甘薯易发病害的影响，利用专家咨询法和文献查询法得到甘薯贮藏时期易发病害与环境温度、湿度的关系。再使用matlab对这些数据进行数据拟合，建立甘薯贮藏病害评价模型。该模型可以对甘薯贮藏条件进行评价，得到甘薯贮藏的最佳温湿度条件。该模型有利于甘薯的科学安全贮藏，减少经济损失。

关键词：甘薯；温湿度；数据拟合；病害模型

我国甘薯的年产量已经超过1亿t，是最重要的粮食作物之一。然而，由于贮藏方法的不当和环境条件的影响，导致大量的甘薯发生病害导致霉烂变质，造成巨大的经济损失。研究甘薯贮藏病害模型，对于控制甘薯霉烂变质挽回经济损失具有重要意义。对于甘薯贮藏的条件和病害方面，国内外有很多相关的文献进行了报道，认为甘薯贮藏期发生病害主要分为生理性病害和侵染性病害两种。生理性病害主要是由于贮藏温度过低导致薯块的冻伤和破烂。侵染性病害中最主要的病害有黑斑病、软腐病、干腐病等。

本文主要研究侵染性病害，由于甘薯贮藏期间所引发的病害大多是由于环境温湿度控制不当引起的，所以，针对环境温度、湿度与甘薯贮藏期间易发病害关系的研究能够帮助农民更加科学合理的贮藏，有效减少经济损失。

本文从甘薯贮藏时期易发病害与贮藏环境的相关关系开始着手研究，通过查阅大量的文献资料了解到，目前针对甘薯贮藏病害的预测模型还少之又少，大多是针对如何预防病害进行阐述，所以，建立利用环境温湿度预测甘薯贮藏时期易发病程度的模型能够更好地帮助农民或用户减少因贮藏不当引起的经济损失。

1　甘薯贮藏病害的研究

1.1　甘薯主要贮藏方法和条件

在甘薯收获之后，精挑细选尽快送入窖内贮藏。为了避免薯块遭到撞击受伤，在运送过程中需要尽量小心轻放。贮藏窖一定要坚固耐用，便于做好窖内通气、保温防寒等措施。薯块堆内温度应迅速降到10~15℃，一般前期温度宜保持14~15℃，中、后期控制在11~13℃。一般窖温降到7.5~8.5℃甘薯就会发生冻害腐烂。甘薯贮藏的最适湿度为85%~90%。窖内相对湿度过低会导致薯块的水分流失，相对湿度过高，微生物活动异常活跃，从而会导致病害的发生。

1.2　甘薯贮藏病害种类和介绍

黑斑病、干腐病、软腐病、线虫病是甘薯贮藏期间的主要病害。黑斑病又名黑疤病，由于甘薯自身携带病菌和贮藏环境残留病菌长时间的高温环境下快速繁殖，导致病害发生。甘薯收获初期和整个贮藏期内都容易发生干腐病，病因是薯块的水分缺失病菌乘机滋生。发病初期，薯皮不规则收缩，皮下组织呈海绵状淡褐色；后期薯皮表面产生圆形或不规则形病斑，黑褐色，稍凹陷，边缘清晰。最严重时会导致贮藏窖内甘薯全部发病，会影响整窖甘薯的贮藏，损失严重。软腐病是由于甘薯含水量高而引起的重要病害。发病的主要原因是入窖和开春后薯块的碰伤、受涝、受冻，窖温偏低、轻微受冻的薯块温度回升后病菌滋生繁衍，处理不当就会造成甘薯腐烂。在甘薯生长期间线虫病菌侵入薯块内部，在薯块生长后期和进入窖贮藏期间继续发展形成症状。糠心病、空梆、糠裂皮等都是甘薯线虫病的俗称，是甘薯生产上危险性病害之一。

1.3　贮藏条件与病害的关系

甘薯软腐病在贮藏环境温度为15～23℃时最容易发病，在温度低于9℃或者高于35℃时一般都不会发病。

干腐病发病原因：种薯和土壤均可带菌。甘薯幼苗被病菌侵染后，带病菌的甘薯幼苗在田间会一直处于潜伏状态，等到甘薯成熟期病菌会通过维管束到达薯块从而引起发病。在贮藏环境温度为20～28℃最容易发生，30℃以上或者10℃以下基本上不发病。

黑斑病发病原因：由于薯块和贮藏窖内残留病菌，在薯块受伤后通过伤口进入薯块，在温度为25～28℃最容易发生病害，当温度低于10℃以下或者高于35℃以上时一般不会发生病害。薯块上有水滴并且处在高温高湿的环境下，最有利于黑斑病的发生和蔓延。

2　甘薯贮藏病害模型设计研究

甘薯贮藏病害的发生与薯块的生活力关系密切，而贮藏环境的温湿度直接影响着薯块的生活力。甘薯贮藏所产生的病害有很多种，本文选取其中3种病害：黑斑病、干腐病、软腐病，进行算法推演再进行比较。由于这3种属于高发病害，选取这些病害进行模型的建立具有普遍意义。

2.1　温度与病害及算法推演

每种病害都有适合其发病的环境温度及湿度，也有不适宜其发病的环境温湿度。通过调研和文献查阅发现5个温度点对引起甘薯贮藏病害的发生起到至关重要的作用。5个点分别为不发病温度上限、适宜发病温度上限、最适发病温度、适宜发病温度下限、不适宜温度下限。通过专家咨询发对这个5个点设置权重，利用MATLAB分别拟合出温度与甘薯贮藏期间易发黑斑病、软腐病、干腐病的关系模型。并得出相关公式（1）、式（2）、式（3）。

表1　病害发生温度点　（℃）

病害名	致死温度下限	适宜温度下限	最适宜温度	适宜温度上限	致死温度上限
黑斑病	10	25	27	28	35
软腐病	9	15	19	23	35
干腐病	10	20	24	28	30

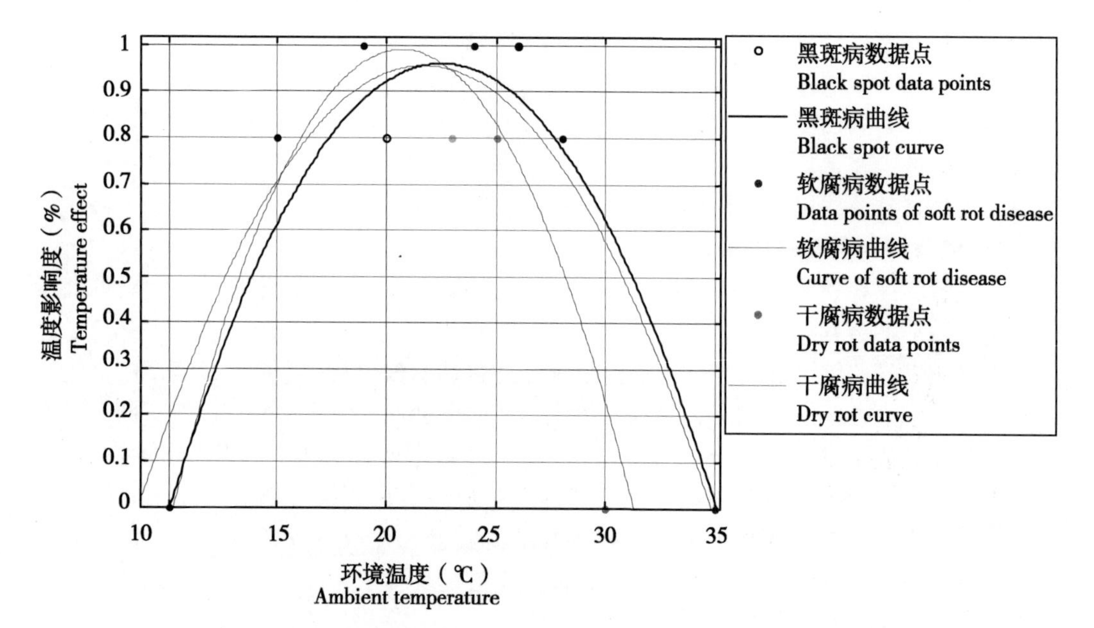

图1　温度与甘薯贮藏期间易发黑斑病、软腐病、干腐病的关系模型

甘薯贮藏病害环境温度影响度公式：

$$y_1 = -0.006x^2 + 0.267x - 2.155 \quad (1)$$

$$y_2 = -0.005x^2 + 0.242x - 1.669 \quad (2)$$

$$y_3 = -0.008x^2 + 0.369x - 2.835 \quad (3)$$

y_1 表示甘薯贮藏黑斑病环境温度影响度公式，y_2 表示甘薯贮藏软腐病环境温度影响度公式，y_3 表示甘薯贮藏干腐病环境温度影响度公式，单位是%。x 表示温度变量，单位是℃。

根据上述公式，随机选取7个温度点分别对温度与甘薯贮藏期间易发黑斑病模型、温度与甘薯贮藏期间易发软腐病模型、温度与甘薯贮藏期间易发干腐病模型进行验证。

2.2　湿度与病害及算法推演

甘薯贮藏病害的发生与环境湿度也有着重要关系，直接影响着病害的发生几率。甘薯贮藏主要病害的发生与孢子的形成有关，湿度过高过低都会影响孢子的形成。所以，为了防止甘薯贮藏期间因环境湿度控制不当而引发病害，本文建立环境湿度与甘薯贮藏期间易发病害的关系模型。与前述环境温度与甘薯贮藏期间易发病害关系模型相同，通过专家咨询法与文献查阅法针对湿度进行研究，了解到湿度的变化与甘薯贮藏期间病害发生的相关关系，如表3所示。对引发甘薯贮藏期间病害的5个湿度点进行权重分配，再利用MATLAB拟合出湿度与甘薯贮藏期间病害关系模型（如图2），计算出公式(4)。

表2　黑斑病验证

黑斑病	T_1	T_2	T_3	T_4	T_5	T_6	T_7
测算值	10	26	35	18	20	30	32
结果	-0.002	0.998	0.001	0.87	0.965	0.725	0.533

表3　软腐病验证

软腐病	T_1	T_2	T_3	T_4	T_5	T_6	T_7
测算值	9	19	35	13	15	20	25
结果	0.0003	1.002	-0.001	0.632	0.836	0.829	0.744

表4　干腐病验证

干腐病	T_1	T_2	T_3	T_4	T_5	T_6	T_7
测算值	10	24	30	15	11	20	28
结果	0.0004	1.00023	-0.003	0.9	0.256	0.655	0.775

表5　病害发生湿度

	致死湿度下限	适宜湿度下限	最适宜湿度	适宜湿度上限	致死湿度上限
数值	80	90	94	98	100

甘薯贮藏环境湿度影响度公式：

$$y = -0.01x^2 + 1.19x - 85.59 \tag{4}$$

其中，y表示环境湿度影响度，x表示湿度变量。

根据拟合出的公式，随机选取7个湿度点进行测算。

表6　湿度验证

	RH_1	RH_2	RH_3	RH_4	RH_5	RH_6	RH_7
测算值	80	98	100	83	99	89	95
结果	0.0014	1.12	-0.005	0.552	0.23	0.862	0.8

2.3　温度与湿度结合条件下算法的推演

几何平均数和算数平均数是数据统计中常用的概念，它可以表现在一定条件下基本环境现象会达到一定水平，是进行数据分析、模型研究中最重要的指标。

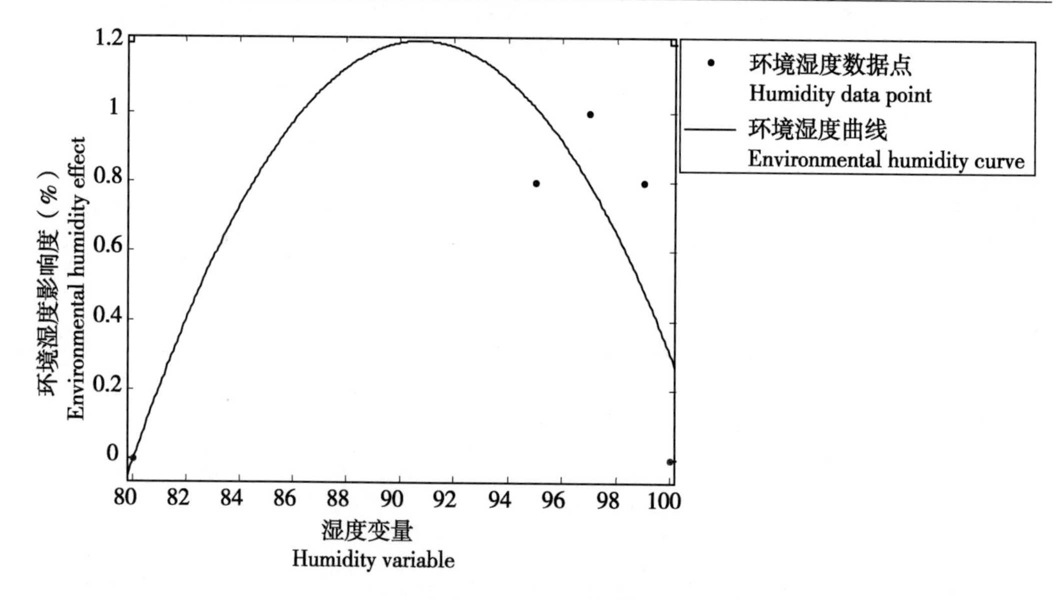

图 2　湿度与甘薯贮藏易发病害关系模型

几何平均数的性质与环境现象形成速度的过程基本一致。经过详细对比后，变量值的连乘积等于总速度的基本环境现象，可以用几何平均数来计算平均速度。

即 $X_g = \sqrt[n]{X_1 \times X_2 \times X_3 \times \cdots X_N}$

X_g为几何平均数，X_1、X_2、X_3、…、X_n 均为数据，且均大于 0。

算数平均数的计算方法更适用于计算环境中个别现象的发生和总体与现象之间的数量关系。变量值综合于现象总量平均数，可以用算数平均数进行计算，即：

设置一组数据为 X_1，X_2，…，X_n，算术平均数为 M，相对简单的算术平均数的计算公式为：

$$M = \frac{X_1 + X_2 + \cdots + X_n}{n}$$

综上所述，对比几何平均数和算数平均数的计算方法，发现几何平均数的算法更适合于建立甘薯贮藏病害模型。所以计算公式可以为：

$$Z = \sqrt[2]{X \times Y}$$

式中：Z 表示甘薯贮藏病害发生概率；X 表示温度公式；Y 表示湿度公式。

3　模型的验证

通过对拟合出的公式进行合理测算，从得到的数值发现虽然结果略有误差但误差不大，能够合理有效的针对环境温湿度的调节，适当减少因环境温湿度引起的甘薯贮藏期间易发病害对农民造成的经济损失。

甘薯贮藏病害模型包含贮藏环境温度影响度模型、贮藏环境湿度影响度模型、甘薯贮藏病害综合评价模型，已知温度参数、湿度参数、初始条件及温湿度的边界条件，就可以动态模拟甘薯贮藏病害发生概率的变化。通过薯块病坏数量的监测与调查，比较实测值与模拟值，可以对模型进行验证。本文通过对甘薯病害模型的研究，着重分析环境温湿度条件对甘薯贮藏的影响，为制订科学的贮藏方法提供理论参考。

4　模型研究的薄弱之处和今后研究方向

首先，甘薯贮藏病害的致死温度和湿度指标是研究中最薄弱的环节。现在国内对不同种甘薯贮藏病害的致死温度和湿度参数的研究相对较少，想要更加准确的计算出甘薯贮藏病害的发生几率，还要投入更多的人力和物力。今后研究的主要方向就是不同种甘薯贮藏时导致产生的环境温度和湿度参数。

其次，甘薯贮藏病害模型是针对在甘薯贮藏过程中可以正确保证贮藏的环境温度和湿度，目的是减少甘薯贮藏中因为贮藏不当而造成的经济损失。但是大多数甘薯种植者对于甘薯的贮藏凭借的是经验，该模型真正想应用到实际中还需要技术人员的支持和宣传。

甘薯由于种植地区广阔，品种和贮藏环境有很大的区别。需要通过对不同地区的不同品种甘薯大量进行关于病害数据的收集和研究，对上述模型进一步的完善。

5　结论

甘薯贮藏病害模型从温度和湿度两方面进行算法推演，再将两个公式与算数平均数的方式结合起来，可以更加准确地计算出甘薯贮藏病害的发生概率。本模型研究为提高甘薯贮藏技术水平提供了更为数据化和实质化的依据。

参考文献

［1］　张有林．甘薯采后生理、主要病害及贮藏技术研究［J］．中国农业科学，2014，47（3）：553－563.

［2］　刘爽．甘薯的安全贮藏技术［J］．吉林蔬菜，2009（6）：69.

［3］　翟洪民，高霞．甘薯烂窖的原因及综合预防措施［J］．蔬菜，2006（2）：31－32.

［4］　朱红，李洪民，张爱君，等．贮藏温度对甘薯呼吸强度的影响［J］．江苏农业科学，2009（4）：299－300.

［5］　王海山，肖佩刚．甘薯的科学收获和安全贮藏［J］．现代农村科技，2009（23）：47.

［6］　游春平，陈炳旭．我国甘薯病害种类及防治对策［J］．广东农业科学，2010（8）：115－119.

［7］　王钊，刘明慧，樊晓中，等．甘薯收获与安全贮藏［J］．中国种业，2008（5）：72－73.

［8］　王炜，黄开红，刘春泉，等．不同贮藏温度对甘薯商品性的影响［J］．江苏农业科学，2012，40（3）：233 － 235.

［9］　闫加启．甘薯贮藏期病害发生与预防［N］．北京农业－实用技术，2007，42（3）.

该文发表于《华北农学报》2015 年增刊

甘薯起垄机适应性试验与分析

高　娇　张　莉　李小龙　熊　波　蒋　彬　李传友
（北京市农业机械试验鉴定推广站，北京　100079）

摘　要：京郊地区甘薯生产机械化技术落后，专用机具短缺。甘薯起垄机多为简易制作的起垄机或用其他起垄机具代替，起垄质量差，垄形不统一，影响甘薯生长，造成土地浪费。本文选择 1 – QL 型起垄机、1 – LQL – 2 型起垄机和 1 – LKN – 2 型甘薯起垄机 3 种机型进行了适应性试验，检测结果表明 1 – LQL – 2 和 1 – QL 均可满足标准要求，其中，1 – QL 适宜小型地块作业，1 – LQL – 2 适宜大型地块作业。

关键词：甘薯；起垄机；适应性试验

随着人们生活水平的提高，甘薯以其独特的营养保健功效深受市民欢迎，但北京市甘薯生产机械化技术相对落后，生产各环节的作业机具专用化、高效化和系列化程度较低，不仅落后于玉米、小麦等粮食作物，亦落后于马铃薯、花生等地下结实作物，其耕种收综合机械化指数距离北京市平均水平尚有较大差距[1-3]。甘薯种植地块普遍较小、交错分散，且相当大一部分集中在山区、坡地和林下，不利于机械化作业，各个生产环节仍以人工操作为主[1,4]。随着城镇化进程的发展，农村劳动力已严重缺乏，加上缺少农机农艺结合的高效轻简化实用技术，这些都成为甘薯产业发展的限制因素。实现甘薯生产全程机械化作业的第 1 个环节是实现起垄机械化。甘薯起垄环节的机械化主要应用大田作物机械或简易制作的起垄机，专用起垄机具较少，作业质量差。为提高甘薯起垄环节机械化作业质量，并提高机械化作业质量，开展了甘薯起垄机适应性试验。

试验选择北京市密云县农机推广站研制的 1 – QL 型起垄机、国家甘薯产业体系创新团队研制的 1 – GQL – 2 型起垄机和江苏银华春翔机械制造有限公司研制的 1 – GKN – 2 型甘薯起垄机 3 种机型。试验方法参照 DB11/T654—2009《起垄机作业质量》[5] 检测方法进行，根据北京地区甘薯生产的实际情况，对起垄机的工作性能进行测定，筛选出适合北京地区使用的甘薯起垄机。

1　参试机型主要技术参数及结构特点

本次选型试验为起垄机单因素试验，共 3 个处理，分别为 1GQL – 2 型犁式旋耕起垄机、1 – QL 型双圆盘式旋耕起垄机和 1GKN – 2 型挡板式旋耕起垄机。

（1）1 – QL 型双圆盘式旋耕起垄机。该机由北京市密云县农机推广站研制，单行起垄，适用于小面积地块及林下甘薯种植。配套动力为 14.9kW 以上的小型拖拉机，由小型旋耕机、双圆盘整形器组成。作业档位为慢Ⅲ – 慢Ⅳ，作业效率为 0.13 ~

0.27hm²/h，设计垄形尺寸为600mm×300mm×150mm（垄底宽×垄高×垄顶宽），垄角45°。

（2）1－GQL－2型犁式旋耕起垄机。该机由徐州龙华农业机械科技发展有限公司与农业部南京农业机械化研究所联合研制开发，双行起垄，适用于大面积平整地块或缓坡地块的砂土、砂壤土、壤土和轻质黏土的甘薯起垄作业。配套动力为44.7kW以上的拖拉机，一次完成旋耕、起垄和镇压整形等功能。由小型旋耕机、3段式单翼过中起垄犁组成。作业档位为慢Ⅳ，作业效率为0.53～0.6hm²/h，设计垄形尺寸为垄距800～1 000mm，起垄高度250mm以上，垄角45°。

（3）1－GKN－2型挡板式旋耕起垄机。该机由江苏银华春翔机械制造有限公司生产，双行起垄，适用于大面积平整地块的甘薯起垄作业。配套动力为44.7kW以上的拖拉机，具有旋耕、起垄功能。由小型旋耕机、挡板整形器组成。作业档位为中Ⅲ－慢Ⅲ，作业效率为0.73～0.80hm²/h，设计垄形为垄距1 000～1 100mm，起垄高度300mm，垄角45°～55°。

3种机型主要技术参数见表1。

表1　3种甘薯起垄机主要技术参数

起垄机型	垄距（mm）	垄高（mm）	垄角/（°）	配套动力（kW）	作业档位	作业效率（hm²/h）	主要功能
1－QL	600	300	45	＞14.9	慢Ⅲ－慢Ⅳ	0.13～0.27	旋耕、起垄
1－GQL－2	800～1 000	＞250	45	＞44.7	慢Ⅳ	0.53～0.60	旋耕、起垄、镇压
1－GKN－2	1 000～11 000	300	45～55	＞44.7	中Ⅲ－慢Ⅲ	0.73～0.80	旋耕、起垄

2　试验条件及试验方法

试验地点在北京市密云县高岭镇粮经作物创新团队甘薯生产示范基地。2014年4月29日开展起垄作业，土质为砂壤土，起垄作业当天的土壤含水率为9.5%，土壤紧实度为0.98MPa，《起垄机作业质量》要求土壤含水率为8%～20%，土壤紧实度1.0MPa，试验条件符合要求。3种机型均按照设计值要求，选配动力合适的拖拉机。

测试方法按照DB11/T 654—2009《起垄机作业质量》要求开展，并根据起垄机选型试验与推广要求进行检测。土垄横截面尺寸，即土垄的上底宽度、下底宽度和土垄高度应符合产品设计值；土垄垄形一致性≥95%；垄距达到当地生产农艺要求的±5cm，垄距一致性≥80%。

3　试验结果及分析

试验测试结果（表2）表明，3种机型工作效率均达到设计要求。起垄质量具体分析如下。

3.1　土垄横截面尺寸

由表2可知，1－QL和1－GKN－2垄高均低于设计值，1－GQL－2垄高达到设计值，3 种机型均满足当地生产农艺要求；1 - GKN - 2 上底宽度低于设计值，1 - QL 和 1 - GQL - 2上底宽度达到设计值要求，均满足当地生产农艺要求；1 - GKN62 下底宽度高于设计，高于当地农业要求值；1 - QL 和 1 - GQL - 2 下底宽度均达到设计值，符合当地农艺要求。

表 2　甘薯起垄机性能指标

机型	垄高（mm）	上底宽度（mm）	下底宽度（mm）	垄形一致性（%）	垄距（mm）	垄距均匀性（%）
标准	设计值	设计值	设计值	≥95	当地农艺标准 ±5cm	≥80%
1 - QL	251	180	601	77	913	10. 2
1GQL - 2	268	265	800	97	998	47. 8
1GKN - 2	246	176	913	75	1 039	28. 3

3. 2　垄形一致性

按照垄形截面积均匀性评价垄形一致性，通过上底宽度、下底宽度和垄高计算垄形截面积，并计算其一致性。由表 2 可知，1 - QL 和 1 - GKN - 2 的垄形一致性未达到标准，1 - GQL - 2 的垄形达到标准要求。

3. 3　垄距均匀性

按照当地甘薯生产农艺要求，垄距在 900 ~ 1 000mm。由表 2 可知，1 - QL 和 1 - GQL - 2 垄距在农艺要求范围内，但垄距均匀性均未达到标准要求，这主要与机手作业水平有关。其中，1 - GQL - 2 垄距均匀性较高，而 1 - QL 的垄距均匀性较低，其主要原因是 1 - QL 机型为单行起垄，其垄距变化与地形、地面平整度和机手操作水平关系较大。1 - GQL - 2 机型垄距超出当地农艺标准 5cm，未达到标准要求。

4　结论与讨论

1 - QL 型起垄机垄高未达到设计值，垄形一致性低于标准要求，其余各项技术指标均符合当地农艺要求。1 - QL 型起垄机为单行起垄，结构小巧，机具转弯半径小，价位较低，综合分析其优势劣势，建议其加装整形器以提高垄形一致性后，推荐用于小面积地块及林下甘薯起垄作业。适合种植大户、农机大小型合作社购置使用。

1 - GQL - 2 型起垄机为双行起垄，作业效率高，其各项技术指标均达到设计值，并符合当地生产农艺要求，且垄形一致性达到北京市起垄作业质量要求，其他技术指标的均匀性均较高，可用于大面积平整地块起垄作业。该机型价位偏高，适合大、中型农机合作社购置使用。

1 - GKN - 2 型起垄机为双行起垄，起垄垄形上底宽度、下底宽度均未达到设计值，与当地生产农艺要求也有差距，可将其各项指标设计略加修改达到当地生产农艺要求后，应用于大面积平整地块的甘薯起垄作业。

参考文献

[1]　张莉，熊波，高娇，等. 北京市甘薯机械化生产现状及发展建议 [J]. 农业工程，2013，

3（S2）：6－9.
[2] 何润兵，王明武，李学斌．京郊甘薯生产机械化技术分析［J］．农业机械，2011（12）：47－48.
[3] 郑云新．起垄机选型试验与推广［J］．现代农业装备，2008（3）：44－45.
[4] 郑伯秋，张志国．北京市密云县甘薯产业发展中的问题与对策［J］．北京农业，2009（21）：70－72.
[5] DB11/T 654—2009 起垄机作业质量［S］.

该文已发表于《农业工程》2014 年第 12 期